Laufzeittheorie
der
Elektronenröhren

Von

Dr. phil. H. W. König
Wien

Erster Teil
Ein- und Mehrkreissysteme

Mit 72 Textabbildungen

Springer-Verlag Wien GmbH

1948

ISBN 978-3-211-80055-3   ISBN 978-3-7091-5741-1 (eBook)
DOI 10.1007/978-3-7091-5741-1

DEM ANDENKEN
AN MEINE VERSTORBENEN ELTERN

Vorwort.

Die in der vorliegenden Sammlung zusammengefaßten Abhandlungen sollten ursprünglich in Fachzeitschriften veröffentlicht werden. Aus kriegsbedingten Gründen war dieses Vorhaben zunächst undurchführbar. Der erhebliche Umfang einzelner Arbeiten, sowie deren verhältnismäßig große Zahl lassen es heute jedoch zweckmäßiger erscheinen, sie auf diesem Wege zur Veröffentlichung zu bringen. Die zusammengefaßte Herausgabe dürfte umso berechtigter sein, als die Gesamtheit dieser Untersuchungen sich zu einer einigermaßen geschlossenen Theorie vereinigt, soweit sie die lineare Seite des Fragenkomplexes betrifft.

Die neuartige Betrachtungsweise, welche die Grundlage für sämtliche Arbeiten bildet, ließ es angebracht erscheinen, den eingenommenen Standpunkt in einer an die Spitze gestellten Einführung näher zu beleuchten und auf die wesentlichen Unterschiede gegenüber der gewohnten Auffassung hinzuweisen.

In den ersten vier Arbeiten des 1. Teiles, „*Ein- und Mehrkreissysteme*" werden die Fragen behandelt, welche durch die Anzahl der Elektronenstrecken einer Elektronenröhre gestellt werden. Hierbei wird durchwegs der vereinfachende Standpunkt eingenommen, daß die Elektronen die Kathode mit der Geschwindigkeit Null verlassen. Der 2. Teil „*Kathodeneigenschaften, Vierpole*", enthält vier Untersuchungen, die den Einfluß erfassen, der durch die Elektronengeschwindigkeit an der Kathode hervorgerufen wird. Häufig wiederkehrende mathematische Zusammenhänge sind in einer anschließenden Formelsammlung zusammengestellt. In der letzten Arbeit wird die Vierpolseite der Elektronenröhre in den Vordergrund gestellt.

An dieser Stelle möchte ich Herrn *Dir. Dr. W. Jacobi* für seine tatkräftige Initiative danken, durch die die Durchführung dieser Untersuchungen ermöglicht wurde. Durch Herrn *Prof. Dr. H. Thirring* und Herrn *Dr. K. Siebertz* wurden mir freundlicher Rat und manche wertvolle Hilfe zuteil. Besonderer Dank gebührt noch Herrn *Dr. E. Pfleger* für die kritische Durchsicht eines Manuskriptteiles. Beim Lesen der Korrekturen hat mich Herr *Dipl.-Ing. K. H. Beck* in dankenswerter Weise unterstützt.

Mein Dank gebührt in besonderem Maße dem Verlag, der trotz zeitbedingter Schwierigkeiten das Erscheinen des Buches ermöglicht hat.

Wien, im März 1948.

Der Verfasser.

Einführung.

Der Entwicklungsprozeß, den die Hochvakuum-Elektronenröhre im Laufe von nahezu einem halben Jahrhundert durchgemacht hat, führte von der ursprünglichen *Lieben*-Röhre über die modernen Verstärker- und Senderöhren der Hochfrequenztechnik bis zu den Laufzeitröhren für die kürzesten, heute erzeugbaren, elektrischen Wellen.

Das anfängliche und mittlere Stadium dieses Entwicklungsvorganges beschränkte sich auf Frequenzgebiete, innerhalb deren alle Röhren praktisch ein frequenzunabhängiges elektronisches Verhalten zeigen. Die verhältnismäßig einfachen Eigenschaften des Elektronenmechanismus beruhen auf der Tatsache, daß jedes Elektron nur einen verschwindend kleinen Bruchteil der Periode den Kräften des Feldes ausgesetzt ist, sich also unter dem Einfluß eines zeitlich nahezu konstanten elektrischen Feldes bewegt. Die Elektronenströmung kann daher in jedem Augenblick als stationär betrachtet werden (quasistationäre Elektronenströmung). Aus dem *Langmuir-Schottky*schen Raumladungsgesetz läßt sich unter Berücksichtigung des Durchgriffes eine allgemeine Theorie der Elektronenröhre gewinnen. In dem Begriff der Steilheit kann die elektronische Wirkung der Hochvakuumtriode zusammengefaßt werden. Diese Theorie gipfelt zunächst in der linearen Beziehung, daß bei kurzgeschlossenem Anodenkreis der Anodenstrom gleich dem Produkt aus Gitterspannung und Steilheit im Arbeitspunkt ist. Nun sind aber die Raumladungszusammenhänge nichtlinear, so daß die genannte Beziehung nur näherungsweise gilt, indem das Produkt Steilheit mal Gitterspannung nur das erste Glied einer in Potenzen der Gitterspannung fortschreitenden Potenzreihe darstellt. Bei Beschränkung auf genügend kleine Werte der Gitterspannung liefert jedoch das lineare Glied den ausschlaggebenden Anteil und dessen Kenntnis erhält damit primäres Interesse. Wir können daher auch sagen, daß die „linearen Eigenschaften" der Triode durch die Steilheit allein bestimmt werden. Durch ihre Kenntnis ist man nicht nur in der Lage, die Verstärkung, die ein schwaches Signal erfährt, anzugeben, sondern es lassen sich auch alle Fragen hinsichtlich der Anfachung von Schwingungen beantworten; denn der Einsatz der Schwingung beginnt mit beliebig kleinen Werten der Gitterspannung. Wir können aber nicht mehr angeben, bis zu welcher

Amplitude sich die Schwingung aufschaukelt. Zur Beantwortung dieser Frage müssen die nichtlinearen Eigenschaften herangezogen werden. Ebenso haben alle Untersuchungen der Frequenzvervielfachung und des günstigsten Wirkungsgrades, sowie Fragen der Gleichrichterwirkung, nichtlinearen Charakter. Es war nur natürlich, daß bei dem Aufbau der Theorie zunächst die Untersuchung der linearen Eigenschaften im Mittelpunkt des Interesses stand, ähnlich wie man bei einer komplizierten Kurve wohl zuerst nach der Tangente in einem bestimmten Punkt fragen wird, bevor man ihre Krümmung untersucht. Nun werden bekanntlich die linearen Eigenschaften der Triode durch die oben angeführte einfache Beziehung noch nicht vollständig erfaßt. Sie bezieht sich nämlich nur auf den Kurzschlußzustand des Anodenkreises und berücksichtigt daher noch nicht den im allgemeinen vorhandenen Einfluß des inneren Widerstandes der Röhre, welcher durch den Reziprokwert aus Durchgriff und Steilheit gegeben ist. Wir haben also noch ein zweites Glied anzubringen, welches der Anodenspannung proportional ist. Zu dieser Gleichung tritt noch eine entsprechend gebaute hinzu, die die Eigenschaften des Gitterkreises berücksichtigt, häufig aber deshalb nicht angeschrieben wird, weil der Gitterstrom bei niedrigen Frequenzen als vernachlässigbar klein angesehen werden kann. Bei höheren Frequenzen und insbesondere bei leistungsschwachen Steuergeneratoren stellt die Eingangsseite der Röhre eine erhebliche Belastung dar und ist daher mit in Rechnung zu stellen. Dabei ist der Gitterstrom nicht nur von der Gitterspannung abhängig, sondern infolge der sogenannten Rückwirkung auch durch die Anodenspannung mitbestimmt. Diese beiden Zusammenhänge haben die Form

$$\mathfrak{J}_g = \mathfrak{A}\,\mathfrak{U}_g + \mathfrak{B}\,\mathfrak{U}_a$$
$$\mathfrak{J}_a = \mathfrak{C}\,\mathfrak{U}_g + \mathfrak{D}\,\mathfrak{U}_a.$$

Durch diese Gleichungen ist das lineare Verhalten der Triode vollständig bestimmt. Es ist daher jede Röhre hinsichtlich ihrer linearen Eigenschaften als ein linearer Vierpol aufzufassen. Durch die Koeffizienten des Gleichungssystems, welche die Dimension von Leitwerten besitzen, ist das Vierpolschema in Leitwertform gegeben. Die Umkehrung der Gleichungen liefert die Widerstandsmatrix des Vierpoles.

Als mit dem Vordringen der Hochfrequenztechnik in das Gebiet der dm- und cm-Wellen die Röhren nach Art der Triode und Mehrgitterröhren an der Grenze ihrer Leistungsfähigkeit angelangt waren, bestand keine Theorie der Laufzeitvorgänge, welche auch nur annähernd als eine Fortsetzung der alten linearen Theorie hätte angesprochen werden können und damit für Forschung und Entwicklung auf diesem noch verhältnismäßig jungen Gebiet richtungsweisend hätte sein können. Im Gegensatz zu den bei verschwindend kleinen Laufwinkeln arbeitenden Röhrenanordnungen mit

quasistationärer Elektronenströmung, bei denen die Untersuchung
der linearen Eigenschaften den Ausgangspunkt gebildet hatte,
ging die theoretische Forschung auf dem Gebiet der Laufzeitröhren nahezu die umgekehrte Richtung. So stand nach den grund-
legenden Arbeiten von *J. Müller* und *O. Heil* fast ausschließlich
die Frage nach dem günstigsten Wirkungsgrad im Vordergrund.
Als dann *L. Webster* für eine Abart des *Heil*schen Generators, das
sogenannte Klystron, einen Wirkungsgrad von 58% errechnete,
wurden fast nur noch Arbeiten über Wirkungsgrade bekannt,
d. h. nichtlineare Probleme behandelt. Diese Untersuchungen be-
schränkten sich aber fast ausschließlich auf einen ganz speziellen
Betriebszustand, nämlich auf raumladungsschwache und feldfreie
Entladungsräume oder aber sie enthielten so spezielle Voraussetzungen, daß das Wesen der Laufzeitvorgänge nicht in voller
Allgemeinheit zu erfassen war. Hingegen wurde das Problem der
Vorverstärkerröhre fast nicht behandelt und auf Grund der genannten speziellen Ergebnisse des öfteren der Schluß gezogen, daß
diese Frage mit Laufzeitröhren infolge des Rauschens überhaupt
unlösbar sei.[1] Gerade das Problem, welches ursprünglich den
Anstoß für die Entwicklung der Hochvakuumröhre gegeben hatte,
verschwand in dem in Rede stehenden Wellengebiete vollkommen
von der Bildfläche. Infolge dieser einseitigen Forschungsrichtung
der Theorie, zeigen die Senderöhren der gegenwärtigen cm-Technik
ein gänzlich ungewohntes Aussehen; sie lassen sich am besten
durch das Schlagwort „Ganzmetallröhren" charakterisieren. Diese
Bauweise entspricht der natürlichen Ausführungsform einer Röhre,
bei der zwischen den einzelnen Hochfrequenzelektroden keine
Gleichspannungen liegen, die Entladungsräume im stationären Zustand also feldfrei sind. Aus diesen Tatsachen geht hervor, wie die
theoretische Forschungsrichtung ihren äußerlichen Niederschlag
in der technischen Bauweise gefunden hat.

Der Grund für die bevorzugte Behandlung des speziellen, nichtlinearen Problems liegt darin, daß zu dessen Lösung die altbe-
währte Betrachtungsweise ausreicht, während das allgemeine
lineare Problem in exakter Form eine neuartige Betrachtungsweise
erfordert. Seine Lösung betrifft den Gegenstand der hier ver-
öffentlichten Arbeiten. Die dabei benutzte Betrachtungsweise unterscheidet sich von der sonst üblichen in einigen ganz wesentlichen
Punkten. Man ist im allgemeinen gewohnt, den Strom als Funktion der Spannung zu betrachten. So untersucht man auch die
Elektronenbewegung unter diesem Gesichtspunkt, indem man eine
gegebene Spannung zwischen den Elektroden voraussetzt und
den Strom als Funktion derselben ermittelt. Nun ist aber die
Spannung als Linienintegral der elektrischen Feldstärke eine

---

[1] Erst neuerdings wurde mit der „Traveling-Wave Tube" der erste
experimentelle Schritt in dieser Richtung getan.

„sekundäre" Größe, die in den allgemeinen Grundgleichungen nicht
enthalten ist, während die Stromdichte in ihnen unmittelbar in
Erscheinung tritt. Wenn man also ein exaktes, allgemein gültiges
Ergebnis anstrebt und daher von den Grundgleichungen ausgeht,
kann man nur den Gesamtstrom, d. h. die Summe aus Konvektionsstrom und Verschiebungsstrom, als „primäre" Ausgangsgröße
zur Berechnung des Feldes und damit der Spannung benutzen.
In besonders einfachen Fällen (quasistationäre Strömung) führen
beide Betrachtungen zum Ziel, ebenso wie es gleichgültig ist, ob
man im *Ohm*schen Gesetz den Strom als Funktion der Spannung
betrachtet oder die umgekehrte Auffassung vertritt. Im allgemeinen Fall der Laufzeiterscheinungen scheitert man mit der
einen Methode ebenso, wie es praktisch ohne Anwendung von
Näherungen unmöglich ist in einer algebraischen Funktion
n-ten Grades die Rollen zwischen unabhängig und abhängig Veränderlicher zu vertauschen, obwohl natürlich beide Auffassungen
formal vollkommen gleichberechtigt sind. Die Strom-Spannungsbetrachtung ist daher nicht eine unanschaulichere oder kompli-
ziertere als die gewohnte Spannungs-Strombetrachtung, — eine
Ansicht, die man öfter hören kann — sondern sie ist die natürliche
und für allgemeinere Untersuchungen einzig mögliche Art der Betrachtung. Diese Tatsache liegt letzten Endes begründet in der
genialen Tat von *Maxwell*, der durch die Hinzunahme des „Verschiebungsstromes" zum Konvektionsstrom den Gesamtstrom zu
einem quellenfreien Vektor ergänzte. Hiedurch wurde dem alten
Streit über „offene" und „geschlossene" Stromkreise mit einem
Federstrich ein Ende gesetzt. Die Stromlinien sind immer geschlossen, der Gesamtstrom in einer ebenen Elektronenströmung
daher örtlich konstant. Durch die Benutzung der Strom-Span-
nungsauffassung allein aber ist das allgemeine lineare Problem
noch immer nicht zu bewältigen. Einige Begriffe, die in der alten
Theorie der quasistationären Strömung eine Standardrolle ge-
spielt hatten, müssen durch andere, zweckmäßigere abgelöst
werden, um einer allgemeinen Theorie der Laufzeitvorgänge Raum
zu schaffen. Es sind dies die Begriffe Elektrodenabstände und
Gleichspannungen, die als unabhängige Grundgrößen den Arbeitspunkt einer Röhre charakterisiert hatten. An ihre Stelle müssen die
stationären Laufwinkel und Geschwindigkeiten treten. Mit dieser
Methode gelingt es letzten Endes die linearen Eigenschaften
sämtlicher Röhrenanordnungen mit ebener Elektronenströmung
aus einem einzigen Vierpolschema abzuleiten.

Der Zusammenhang zwischen den Strömen und Spannungen
erscheint hier wegen der benutzten Strom-Spannungsbetrachtung
im Gegensatz zu der eingangs angeführten Leitwertdarstellung in
Widerstandsform. Die Vierpolgleichungen beziehen sich zunächst
auf die Spannungen innerhalb der Elektronenströmung (innere
Spannungen), nicht aber auf die Spannungen zwischen den Elek-

troden (äußere Spannungen); denn das Linienintegral über die
tatsächlich an den Elektronen angreifende Feldstärke ergibt die
„inneren Spannungen", während die „äußeren Spannungen"
erst aus den Durchgriffen und inneren Spannungen gewonnen
werden. Die in der alten Theorie benützte „effektive Gitterspannung"

$$\mathfrak{U}_{eff} = \mathfrak{U}_g + D\,\mathfrak{U}_a$$

ist eine solche innere Spannung, $\mathfrak{U}_g$ und $\mathfrak{U}_a$ dagegen sind äußere
Spannungen. Während man aber dort von den letzteren Span-
nungen ausging und die inneren Spannungen aus ihnen bestimmte,
haben wir gerade in umgekehrter Richtung zu gehen. Dieser
natürliche Weg, der sich von selbst aufdrängt, hat deshalb eine besondere Bedeutung. weil man zunächst bei allen Untersuchungen
die Gitter als „feldideal", d. h. für Feldlinien vollkommen undurchlässig, betrachten kann und erst nachträglich den Einfluß des
Durchgriffes zu berücksichtigen braucht. Dadurch erhält man
nicht nur eine Vereinfachung in der Darstellung, sondern auch
eine klare Trennung zwischen den exakt ermittelbaren inneren
Zusammenhängen und den nur näherungsweise geltenden äußeren
Beziehungen. Aus diesem Grunde werden wir uns vorwiegend
mit der Untersuchung der inneren Eigenschaften befassen.
Dann unterscheiden sich alle Röhren mit gleicher Elektrodenzahl
nur noch durch ihren Betriebszustand, d. h. durch den Arbeitspunkt. Unter diesem Gesichtspunkt fließen beispielsweise die
Formeln für die Schirmgitterröhre und für das „Klystron" aus
derselben Quelle. Die Bremsfeldröhre läßt sich in einfacher
Weise aus der Raumladegitter-Röhre durch ein geeignetes Spiegelungsverfahren gewinnen.

So unanschaulich und ungewohnt eine derartige Betrachtungsweise zunächst auch erscheinen mag, sie führt uns den einzigen
Weg, um allgemeine Zusammenhänge aufzudecken, die man sonst
wohl nur recht unklar zu erkennen vermag. Man befindet sich hier
etwa in derselben Lage wie in der Differentialgeometrie, wo man
an manchen Stellen die gewohnte koordinatenmäßige Darstellung
verläßt und zu der natürlichen Gleichung übergeht, die in einer
Beziehung zwischen Krümmungsradius und Bogenlänge besteht.
Die Gleichung der Kardioide erscheint dann beispielsweise in der
einfachen Gestalt

$$\varrho^2 + s^2 = 1.$$

Der natürliche Charakter einer Betrachtungsweise offenbart
sich am eindeutigsten immer in der Einfachheit, mit der physikalisch komplizierte Zusammenhänge formelmäßig zum Ausdruck gebracht werden können. Wir werden feststellen, daß altbekannte Beziehungen in der neuen Betrachtungsweise eine außerordentlich einfache Gestalt annehmen.

Inhaltsverzeichnis.

Übersicht über den Inhalt des zweiten Teiles.

Kathodeneigenschaften, Vierpole.

V. Raumladungszustände der ebenen Elektronenströmung.
VI. Stationäre und frequenzbedingte Kathodeneigenschaften.
VII. Laufzeittheorie des Schroteffektes.
VIII. Schroteffekt und Funkeleffekt.
IX. Formelsammlung.
X. Zur Vierpoltheorie der Elektronenröhren.

I. Lineare Laufzeiterscheinungen in Einkreissystemen.

1. Problemstellung.

Die theoretische Erforschung des Verhaltens ebener Elektronenströmungen unter dem Einfluß elektrischer Längsfelder muß von zwei Richtungen aus vorgenommen werden, von denen jede einer besonderen Einschränkung unterliegt. Dementsprechend lassen sich zwei Gruppen von Problemen unterscheiden. Die eine Gruppe bezieht sich auf das Studium der linearen Zusammenhänge zwischen Wechselströmen und Wechselspannungen; die zweite Gruppe umfaßt dagegen alle Probleme, welche den nichtlinearen Eigenschaften entspringen. Zu ihr gehören alle Fragen, welche sich mit Wirkungsgradbetrachtungen oder Untersuchungen der Frequenzvervielfachung befassen.

Im Gegensatz zu den Näherungen, die für sehr kleine Laufwinkel der Elektronen gelten und bei denen die Untersuchung der linearen Eigenschaften den Ausgangspunkt gebildet hat, ging die Forschung auf dem Gebiet der Laufzeiteffekte nahezu die umgekehrte Richtung. Mit dem Vordringen in das Gebiet der kürzesten Wellen und der damit fortschreitenden Annäherung an die prinzipiellen Grenzen, verschiebt sich jedoch der Schwerpunkt immer mehr zu Gunsten der Erforschung der linearen Eigenschaften. Darüber hinaus aber zeigt sich, daß die aus linearen Betrachtungen gewonnenen Ergebnisse auch in solchen Fällen noch eine recht gute Übereinstimmung mit dem Experiment ergeben, in denen eine solche nicht mehr ohne weiteres zu erwarten wäre.

Die Spaltung in die genannten beiden Gruppen von Problemen ist begründet in dem besonderen Bau, den die allgemeine Lösung der Gleichungen für die Elektronenbewegung aufweist. Die elektrische Feldstärke und die Geschwindigkeit der Elektronen erscheinen in einer Parameterdarstellung, wobei der Parameter durch eine dritte Gleichung mit der Ortskoordinate und der Zeit verknüpft ist. Die Auflösung dieser Beziehung nach dem Parameter, der in einem einfachen Zusammenhang mit der Elektronenlaufzeit steht, ist nur möglich unter Beschränkung auf die linearen Wechselstromglieder oder ·aber gelingt durch eine Reihenentwicklung mit allgemein erkennbarem Bildungsgesetz unter der Voraussetzung, daß die von den Elektronen hervorgerufenen Abstoßungskräfte keinen nennenswerten Einfluß auf ihre Bewegung hervorrufen. Das ist nun aber auch bei „kleinen" Stromdichten nicht mehr der Fall, wenn die Elektronen durch Eintritt in ein stark verzögerndes elektrisches Gleichfeld den größten Teil ihres Impulses verlieren und damit inneren Kräften unterworfen sind, welche zu den äußeren Kräften einen nicht unerheblichen Beitrag liefern, u. U. diese aber bei weitem übertreffen.

Einer Theorie der linearen Wechselstromeigenschaften, der eine weitere Einschränkung als ihr Name besagt, nicht mehr zugrunde liegt, muß daher eine besondere Vorrangstellung eingeräumt werden. Ihre letzte Begründung kann sie erst durch die zu Tage geförderten Erkenntnisse, bzw. durch ihre experimentelle Bestätigung erfahren. Die konsequente Durchführung einer solchen Theorie ist allerdings nur möglich unter Verzicht auf eine althergebrachte Betrachtungsweise, bei welcher der Arbeitspunkt einer Elektronenröhre durch die Elektrodenabstände und Gleichspannungen festgelegt wird. Diese beiden Grundelemente müssen ein für allemal ihres elementaren Charakters entkleidet und durch geeignete andere Größen ersetzt werden, um einer einheitlichen Theorie Raum zu schaffen. Die Parameterdarstellung der allgemeinen Lösungen wird uns den Weg zeigen, auf dem die natürliche, d. h. die formal einfachste Darstellungsform aufzubauen ist. Die ursprünglichen Grundelemente sind abzulösen durch die Laufwinkel und Feldstärken, die als neue unabhängig Veränderliche den Arbeitspunkt bestimmen. Die Elektrodenabstände und Gleichspannungen erscheinen in dieser Darstellung als algebraische Funktionen der neuen Grundelemente. Mit dieser Betrachtungsweise wird es letzten Endes gelingen, aus einem Vierpolschema sämtliche Röhrenanordnungen durch Spezialisierung abzuleiten und damit Zusammenhänge aufzudecken, die man sonst wohl kaum zu erkennen vermag. Diesen Erfolg müssen wir aber zunächst erkaufen mit einem Verzicht auf Anschaulichkeit. Während nämlich einem System von Elektrodenabständen eine ganz bestimmte Röhre entspricht, ist einem Laufwinkelsystem eine kontinuierliche Folge geometrisch verschiedenartigster Röhren zugeordnet. Wenn man aber bedenkt, daß ein großer Teil unserer Anschauung der Übung entspringt, muß uns die notwendige Umstellung als durchaus gerechtfertigt erscheinen.

In der vorliegenden Arbeit soll eine Theorie der linearen Eigenschaften entwickelt werden, soweit sie sich auf Systeme mit einem Wechselstromkreis bezieht. Sie liefert uns gleichzeitig eine allgemeine Theorie des Steuervorganges. Ihre Erweiterung auf Systeme mit mehreren aneinandergrenzenden Kammern ist ebenfalls als abgeschlossen zu betrachten und bleibt nachfolgenden Arbeiten vorbehalten.

Die ungewohnte und zunächst etwas unanschaulich anmutende Art der Betrachtung läßt es zweckmäßig erscheinen, auch altbekannte Zusammenhänge von diesem Standpunkt aus näher zu beleuchten, insbesondere auf das reine Gleichstromverhalten näher einzugehen.

2. Die allgemeine Lösung für die ebene Elektronenströmung.[1]

Wir betrachten eine ebene Elektronenströmung nach Abb. 1, die gegeben ist durch die Stromdichte J_0 und die Geschwindigkeit v_0 an der Eintrittsstelle des Entladungsraumes 1, über dessen Begrenzungsebenen ein Wechselstrom der Stromdichte $J_{1h} \cdot \sin \omega t$ zugeführt werde. Für die elektrische Feldstärke und die Geschwindigkeit v der Elektronen gelten, wenn K ihre spezifische Ladung[2] kennzeichnet, die beiden Gleichungen

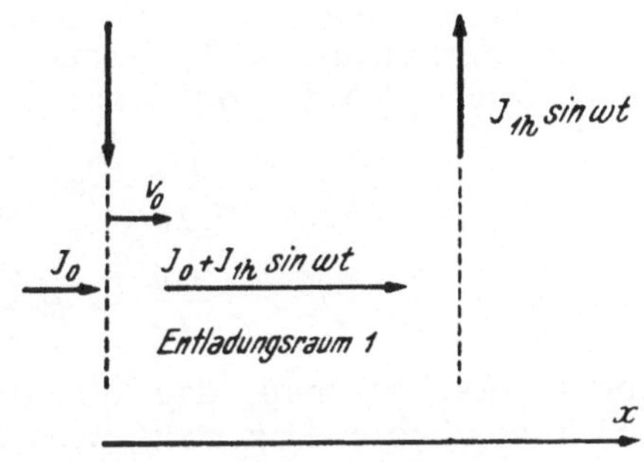

Abb. 1. Ebene Anordnung.

$$\varepsilon_0 \frac{\partial E}{\partial t} + \varepsilon_0 v \frac{\partial E}{\partial x} = J_0 + J_{1h} \sin \omega t$$

$$\frac{\partial v}{\partial t} + v \frac{\partial v}{\partial x} = K E . \tag{1}$$

Zu einer dimensionslosen Schreibweise dieser Gleichungen [1] gelangen wir durch Einführung der folgenden Bezeichnungsweise:

$$\omega t = \varphi \qquad\qquad \frac{K}{v_0 \omega} E = F$$

$$\frac{\omega x}{v_0} = z \qquad\qquad \frac{J_{1h}}{J_0} = p_1 \tag{2}$$

$$\frac{v}{v_0} = u$$

$$\frac{\varepsilon_0 v_0 \omega^2}{K J_0} = q_0 . \tag{3}$$

---

[1] Zur Ergänzung dieses Abschnittes und zur näheren Begründung der hier benutzten Sätze sei auf die unter [1] zitierte Arbeit des Verfassers hingewiesen.

[2] Die spezifische Ladung K kann man als eine negative oder positive Konstante betrachten. Je nach ihrem Vorzeichen sind auch die Vorzeichen von E, J_0 und J_{1h} festzulegen. Man erkennt dies aus dem Gleichungssystem (1), das sich nicht ändert, wenn man die Vorzeichen der genannten Größen umkehrt. Setzt man $K > 0$, dann sind J_0 und J_{1h} ebenfalls positiv zu wählen, eine beschleunigende Spannung erhält ebenfalls positives Zeichen. Diese Annahme liegt Abb. 1 zugrunde.

Das Gleichungssystem (1) geht dadurch über in

$$q_0 \frac{\partial F}{\partial \varphi} + u q_0 \frac{\partial F}{\partial z} = 1 + p_1 \sin \varphi$$

$$\frac{\partial u}{\partial \varphi} + u \frac{\partial u}{\partial z} = F \, . \tag{4}$$

Die ins Verhältnis zu J_0 gesetzten Konvektions- bzw. Verschiebungsanteile des Gesamtstromes sind demnach gegeben durch

$$\frac{J_{1\mathrm{K}}}{J_0} = u q_0 \frac{\partial F}{\partial z}$$

$$\frac{J_{1\mathrm{V}}}{J_0} = q_0 \frac{\partial F}{\partial \varphi} \, . \tag{5}$$

Ebenso erkennt man, daß die auf die Eintrittsstelle bezogene Elektronendichte dargestellt wird durch den Ausdruck

$$\sigma = \frac{\varrho}{\varrho_0} = q_0 \frac{\partial F}{\partial z} \, . \tag{6}$$

Für die Spannung als Linienintegral der elektrischen Feldstärke erhält man mit den Gleichungen (2)

$$U = \int_0^x E \, dx = \frac{v_0{}^2}{2\,K} \; 2 \int_0^z F \, dz \, .$$

Führt man an Stelle von $v_0{}^2/2K$ die von den Elektronen durchlaufene Gleichspannung U_0 ein, so ergibt sich

$$\frac{U}{U_0} = 2 \int_0^z F \, dz \, . \tag{7}$$

Die allgemeine Lösung des Gleichungssystems (4) enthält zwei willkürliche Funktionen und besitzt die Gestalt

$$q_0 F = \psi - p_1 \cos \varphi$$

$$2\,q_0\,u = \psi^2 + G(\psi - \varphi) - 2\,p_1 \sin \varphi \tag{8}$$

$$6\,q_0\,z = \psi^3 + H(\psi - \varphi) + 3\,\varphi\,G(\psi - \varphi) + 6\,p_1 \cos \varphi \, . \tag{9}$$

Die Gleichungen (8) liefern uns Feldstärke und Geschwindigkeit als Funktionen des Phasenwinkels φ und des Parameters ψ, der durch die „Laufwinkelgleichung" (9) mit φ und z in komplizierter Weise verknüpft ist. Die beiden willkürlichen Funktionen G und H sind so zu bestimmen, daß die Randbedingungen an der Eintrittsstelle der Elektronen in den Entladungsraum 1 erfüllt werden.

Einem Wertepaar $\bar{\varphi}$, $\bar{\psi}$ entspricht nach den allgemeinen Gleichungen (8) und (9) eine ganz bestimmte Stelle des Raumes $\bar{z}$ und die dort herrschende Geschwindigkeit $\bar{u}$. Hierdurch ist aber ein ganz bestimmtes Teilchen ins Auge gefaßt, nämlich das, welches sich zur Zeit $\bar{\varphi}$ gerade an der Stelle $\bar{z}$ befindet. Die Abb. 2 entspricht einer schematischen Darstellung der Laufwinkelgleichung, wobei φ als Parameter benutzt ist. Diese einparametrige Kurvenschar wird von der gestrichelt gezeichneten Hüllkurve umschlossen. Der Punkt $\bar{P}$ kennzeichnet somit unser Teilchen. Es befindet sich zu einem späteren Zeitpunkt φ an der Stelle z, die dem Punkt P entsprechen möge.

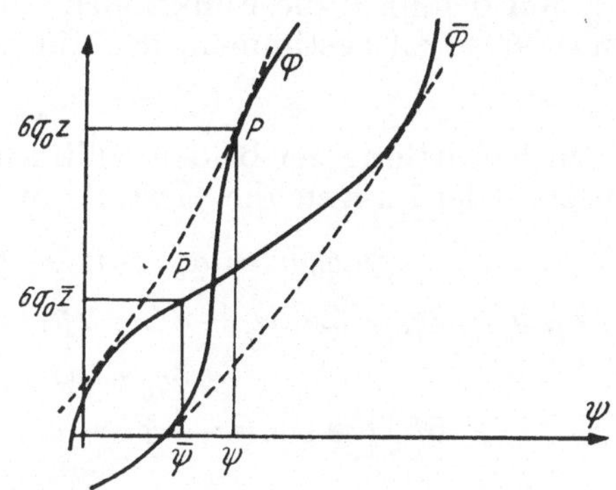

Abb. 2. Zur Laufwinkelgleichung.

Zwischen den beiden Wertepaaren $\bar{P}$ $(\bar{\psi}; \bar{\varphi})$ und P $(\psi; \varphi)$ besteht nun die allgemein gültige Beziehung

$$\psi - \bar{\psi} = \varphi - \bar{\varphi}. \tag{10}$$

Die Differenz zweier Werte von ψ, die zu ein und demselben Elektron gehören, ergibt also den Laufwinkel dieses Teilchens.

3. Gesättigte und ungesättigte Elektronenquelle.

Wir gehen nun dazu über, die Gleichungen für zwei Spezialfälle aufzustellen, die sich lediglich durch das Verhalten der Feldstärke an der Eintrittsstelle voneinander unterscheiden.

In einem Falle[1] — wir werden ihn im folgenden mit A bezeichnen — sei die Dichte ϱ_0 der mit der Geschwindigkeit v_0 in den Entladungsraum eintretenden Elektronen vollständig bestimmt durch die links von der Eintrittsebene vorliegenden Verhältnisse; wir haben in der linken Begrenzungsebene eine gesättigte Elektronenquelle vor uns. An der Stelle $z = 0$ muß daher der Verschiebungsstrom $q_0 \cdot \partial F / \partial \varphi$ mit dem gesamten Wechselstrom $p_1 \sin \varphi$ übereinstimmen. Unter Berücksichtigung von (8) ergibt sich hieraus

$$\frac{\partial \psi}{\partial \varphi} = 0$$

oder
$$\psi = a_1 = \text{const.}$$

---

[1] Einander entsprechende Formeln der Fälle A und B sind in der Numerierung kenntlich gemacht.

Die Stetigkeitsforderung für die Geschwindigkeit führt unmittelbar auf die zweite Randbedingung

$$u = 1.$$

Es sind demnach die Funktionen G und H in den Gleichungen (8) und (9) so zu bestimmen, daß für jeden Wert von φ gilt:

$$z = 0; \quad \psi = a_1; \quad u = 1. \tag{11 A}$$

Nach Ermittlung der beiden willkürlichen Funktionen [1] nehmen unsere Gleichungen die Gestalt an:

$$q_0 F = a_1 + w - p_1 \cos \varphi$$

$$2q_0 u = 2q_0 + 2a_1 w + w^2 - 2p_1 \{ \sin (w - \varphi) + \sin \varphi \} \tag{12 A}$$

$$6q_0 z = 6q_0 w + 3a_1 w^2 + w^3 -$$

$$- 6p_1 \{ w \sin (w - \varphi) + \cos (w - \varphi) - \cos \varphi \} . \tag{13 A}$$

Hierbei ist an Stelle von ψ die neue Variable

$$w = \psi - a_1 \tag{14 A}$$

eingeführt. Der entsprechend Abb. 2 von der Hüllkurve der Laufwinkelgleichung umschlossene Bereich ist in Abb. 3 für den vorliegenden Fall dargestellt; die Größe $w = \psi - a_1$ gibt uns den Laufwinkel gezählt von der Stelle $z = 0$.

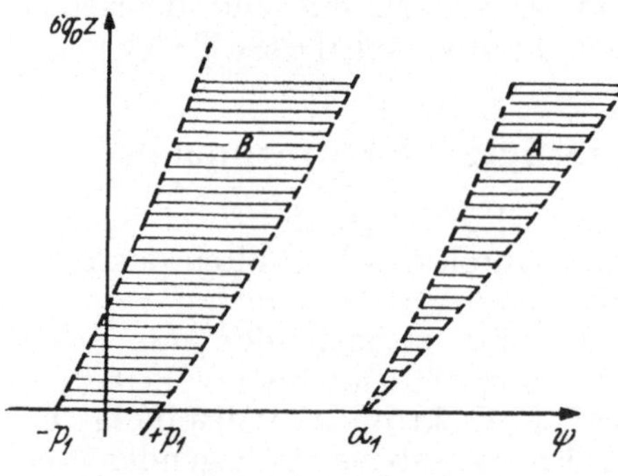

Abb. 3. Zur Laufwinkelgleichung für die Fälle A und B.

Im Falle B der ungesättigten Elektronenquelle ist die Dichte ϱ_0 nicht unabhängig von den besonderen Verhältnissen im Entladungsraum, sondern möge sich immer gerade so einstellen, daß in jedem Augenblick die Feldstärke an der Stelle $z = 0$ den Wert Null erhält. Es treten also immer so viele Elektronen aus, daß ihre Raumladungswirkung gerade die Feldstärke kompensiert, die im raumladungsfreien Zustand vorhanden wäre. Das Verschwinden der Feldstärke an der Stelle $z = 0$ führt nach der ersten Gleichung von (8) auf die Beziehung

$$q_0 F = \psi - p_1 \cos \varphi = 0.$$

Wir haben also die Funktionen G und H so zu bestimmen, daß für jeden Wert von φ gilt:

$$z = 0; \quad \psi = p_1 \cos \varphi; \quad u = 1. \tag{11 B}$$

Mit diesen Randbedingungen geht aus der zweiten Gleichung von (8) die Funktionalgleichung

$$G\,(p_1 \cos \varphi - q) = 2q_0 + 2p_1 \sin \varphi - p_1{}^2 \cos^2 \varphi$$

hervor.

Wir führen jetzt eine neue Veränderliche ein durch die Gleichung

$$\xi = p_1 \cos \varphi - q\,. \tag{15 B}$$

Gemäß unserer Problemstellung bilden wir hiervon die Umkehrfunktion, indem wir φ in eine Potenzreihe von p_1 entwickeln, aber nur das lineare Glied in p_1 berücksichtigen. Es wird

$$\varphi = -\,\xi + p_1 \cos \xi\,. \tag{16 B}$$

Führt man in der letzten Gleichung für G an Stelle von φ die Variable ξ ein und läßt das quadratische Glied $p_1{}^2 \cos^2 \varphi$ gleich fort, so kommt

$$G\,(\xi) = 2q_0 - 2p_1 \sin (\xi - p_1 \cos \xi).$$

Unter Berücksichtigung der Reihenentwicklung

$$\sin (\xi - p_1 \cos \xi) = \sin \xi - p_1 \cos^2 \xi + \dots\dots$$

wird hieraus

$$G\,(\xi) = 2q_0 - 2p_1 \sin \xi\,. \tag{17 B}$$

Auf gleiche Weise findet man aus der Laufwinkelgleichung (9) bei Weglassung Glieder höherer als erster Ordnung in p_1 und mit Benutzung der Gleichungen (15 B), (16 B), (17 B) die Beziehung

$$0 = H\,(\xi) - 3\,(\xi - p_1 \cos \xi)\,(2q_0 - 2p_1 \sin \xi) + 6p_1 \cos \xi,$$

oder

$$H\,(\xi) = 6q_0\,\xi - 6p_1\,\xi \sin \xi - 6q_0\,p_1 \cos \xi - 6p_1 \cos \xi. \tag{18 B}$$

Ersetzt man nun die Variable ξ in (17 B) und (18 B) durch das Argument $\psi - \varphi$, so ergeben sich aus (8) und (9) nach einfacher Umformung die Gleichungen für den Fall B in der Gestalt

$$q_0\,F = \psi - p_1 \cos \varphi$$

$$2q_0\,u = 2q_0 + \psi^2 - 2p_1\,\{\,\sin (\psi - q) + \sin \varphi\,\} \tag{12 B}$$

$$6q_0\,z = 6q_0\,\psi + \psi^3 -$$
$$-\,6p_1\,\{\psi \sin (\psi - \varphi) + \cos (\psi - \varphi) - \cos \varphi\} -$$
$$-\,6q_0\,p_1 \cos (\psi - \varphi). \tag{13 B}$$

Diese Gleichungen für die ungesättigte Elektronenquelle gehen rein formal aus den Gleichungen (12 A); (13 A) und (14 A) durch die Spezialisierung

$$a_1 = 0$$

hervor, wenn man von dem letzten Glied

$$-\,6q_0\,p_1 \cos (\psi - \varphi)$$

der Laufwinkelgleichung absieht. Die in diesem Term zum Ausdruck kommende Abweichung zwischen dem Fall der ungesättigten (B) und dem der gesättigten (A) Elektronenquelle für $a_1 = 0$ rührt her von den verschiedenartigen Randbedingungen. Während im Falle A uns die Größe ψ den Laufwinkel angibt, ist dieser nach (10) im Falle B gegeben durch

$$w = \psi - p_1 \cos \varphi. \qquad (14\,B)$$

Die Hüllkurvenäste der Laufwinkelgleichung ergeben daher nach Abb. 3 auch keine Spitze für $z = 0$, sondern rufen an der ψ-Achse einen Abschnitt von der Länge $2p_1$ hervor. Aus (14 B) entnehmen wir noch, daß für solche Werte von ψ, bzw. w, die der Größenbeziehung

$$|\psi| \gg p_1 \quad \text{oder} \quad w \gg p_1 \qquad (19\,B)$$

genügen, die Größe ψ mit dem Laufwinkel w identifiziert werden kann. Die einzige Abweichung zwischen dem Fall B und A für $a_1 = 0$, die dann noch bestehen bleibt, wird durch das letzte Glied der Laufwinkelgleichung (13 B) hervorgerufen. Treffen wir nun noch die weitere zur *Langmuir*schen Kathode führende Annahme, daß die Elektronen mit der Geschwindigkeit $v_0 = 0$ in den Raum eintreten, dann verschwindet wegen (3) auch noch q_0 und damit das oben genannte Glied. Wir können dann die Gleichungen (12 A) und (13 A) für die Fälle A und B benutzen, wobei im Falle B die Größen a_1 und q_0 gleich Null zu setzen sind.[1] Hierbei ist aber zu beachten, daß sie in dieser Form für B nur bei Erfüllung der Größenbeziehung (19 B) gelten, d. h. für Laufwinkel, die groß sind gegenüber der Stromaussteuerung. In „unmittelbarer Nähe" der Kathode muß die Beziehung (14 B) benutzt werden. Die hierdurch bedingten Korrekturen sind aber im allgemeinen so geringfügig, daß wir im folgenden die Fälle A und B ($q_0 = 0$) unter Benutzung der Gleichungen (12 A) und (13 A) gemeinsam behandeln können. An der einen oder anderen Stelle werden wir auf diesen Punkt näher eingehen.

4. Gleichstromverhalten. Arbeitspunkt.

Die allgemeinen Gleichungen (12) und (13) gehen für den stationären Zustand $p_1 = 0$ über in

$$q_0 F = a_1 + w$$
$$2 q_0 u = 2 q_0 + 2 a_1 w + w^2 \qquad (20)$$
$$6 q_0 z = 6 q_0 w + 3 a_1 w^2 + w^3. \qquad (21)$$

Durch diese Beziehungen sind Feldstärke, Geschwindigkeit und

---

[1] Man beachte, daß in den Kombinationen $q_0 F$; $2\,q_0\,u$ und $6\,q_0\,z$ nach (2) und (3) v_0 herausfällt, so daß diese Glieder nicht zum Verschwinden kommen.

Abstand (virtueller Laufwinkel) für jeden Laufwinkel innerhalb des Entladungsraumes bestimmt. Die entsprechenden Größen für die rechte Begrenzungsebene der Kammer seien durch den Index 1 gekennzeichnet, also F_1; u_1; z_1 und w_1.

Wir stellen zunächst eine kurze Betrachtung an, welche uns zu einer anschaulichen physikalischen Deutung der Raumladungskonstanten q_0 verhilft. Zu diesem Zweck betrachten wir eine vom Strom J_0 durchflossene Vorbeschleunigungsstrecke 0 in Abb. 4, an deren Ende die Elektronen gerade die für den Entladungsraum 1 maßgebende Eintrittsgeschwindigkeit v_0 besitzen. Da die Gleichungen (20) und (21) für den Raum 1 gelten und alle Größen auf die Anfangsgeschwindigkeit v_0 bezogen sind, können wir sie auch für den Raum 0 anschreiben, wenn wir v_0 durch v_0', d. h. q_0 nach (3) durch

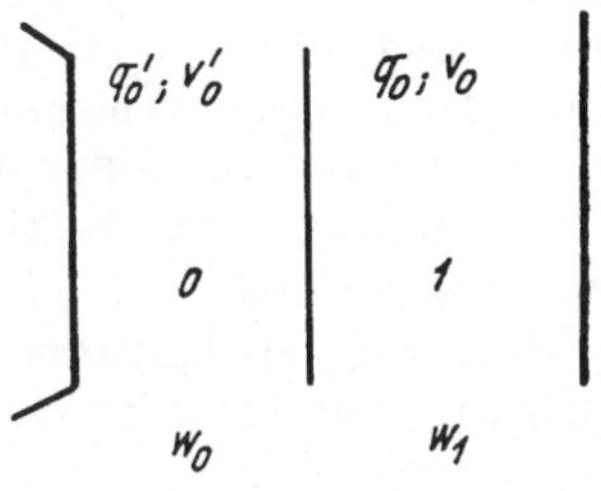

Abb. 4.
Raumladungskonstante.

$$q_0' = \frac{\varepsilon_0 v_0' \omega^2}{K J_0} = \frac{v_0'}{v_0} q_0$$

und a_1 durch a_0 ersetzen. In den linken Seiten von (20) und (21) wirkt sich die Vertauschung $v_0 \rightarrow v_0'$ nicht aus, da in den Produkten $q_0 F$; $2 q_0 u$ und $6 q_0 z$ die Geschwindigkeit v_0 nach (2) und (3) überhaupt herausfällt. Wir haben somit für die Kammer 0 die Gleichungen

$$q_0 F = a_0 + w$$
$$2 q_0 u = 2 q_0' + 2 a_0 w + w^2$$
$$6 q_0 z = 6 q_0' w + 3 a_0 w^2 + w^3.$$

Als Bezugsgeschwindigkeit für die Größen F, u und z ist v_0 zu betrachten.

Machen wir die linke Begrenzung unserer Vorbeschleunigungskammer zu einer *Langmuir*schen Kathode, so wird wegen $v_0' = q_0' = a_0 = 0$ hieraus

$$q_0 F = w \tag{22}$$
$$2 q_0 u = w^2$$
$$6 q_0 z = w^3. \tag{23}$$

Für das Ende der Kammer ist $w = w_0$ und $u = 1$ zu setzen, und wir erhalten

$$2 q_0 = w_0^2 \tag{24}$$
$$3 z_0 = w_0. \tag{25}$$

Das Doppelte der für den Entladungsraum 1 maßgebenden Raumladungskonstante q_0 ist also gleich dem Quadrat des für die Vorbeschleunigungskammer maßgebenden Laufwinkel w_0, der seinerseits dreimal so groß ist wie der virtuelle Laufwinkel z_0. Dabei ist es ganz gleichgültig, ob die betreffende Anordnung in Wirklichkeit wie angenommen aufgebaut ist, oder die mit der *Langmuir*schen Kathode ausgerüstete Vorbeschleunigungskammer nur eine Fiktion darstellt. Bei einer solchen Festsetzung ist z. B. die strahlkonzentrierende Wirkung elektronenoptischer Hilfsmittel ebenso mit einer Verkleinerung von w_0 verbunden, wie eine Verkleinerung des Kathodenabstandes oder eine Erhöhung der Gleichspannung U_0.

Für die Vorkammer 0 gelten nach (22) und (23) unter Benutzung von (24) die Beziehungen

$$F = \frac{2}{w_0{}^2} \cdot w$$

$$\tag{26}$$

$$u = \frac{1}{w_0{}^2} \cdot w^2 \qquad\qquad 0 \leqq w \leqq w_0$$

$$z = \frac{1}{3w_0{}^2} \cdot w^3 . \tag{27}$$

Die Gleichungen (20) und (21) für den Entladungsraum 1 gehen mit (24) über in

$$F = \frac{2}{w_0{}^2} (a_1 + w)$$

$$\tag{28}$$

$$u = \frac{1}{w_0{}^2} (w_0{}^2 + 2a_1 w + w^2) \qquad\qquad 0 \leqq w \leqq w_1$$

$$z = \frac{1}{3w_0{}^2} (3w_0{}^2 w + 3a_1 w^2 + w^3). \tag{29}$$

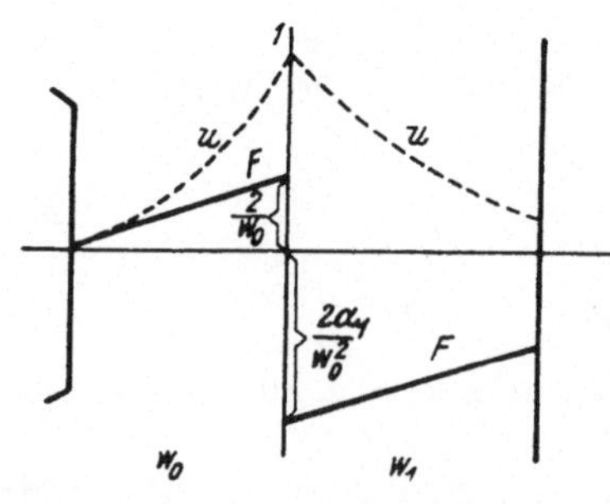

Abb. 5.   Arbeitspunkt.

In Abb. 5 ist der durch (26) und (28) gegebene Feld- und Geschwindigkeitsverlauf eingetragen. Die Neigung der aus zwei parallelen Geradestücken bestehenden Feldfunktion wird ausschließlich durch w_0 gegeben, die Größe des Feldstärkesprunges durch a_1 festgelegt. Wegen

$$\frac{\partial u}{\partial w} = F \tag{30}$$

fällt dieser Feldstärkesprung mit einem Knick der Geschwindigkeitsfunktion zusammen. Durch Angabe der drei Größen

w_0, w_1 und a_1 werden alle reduzierten Größen, also der Gleich-stromarbeitspunkt, eindeutig bestimmt. Zur Festlegung der abso-luten Verhältnisse ist nach (2) noch die Größenangabe der Ein-trittsgeschwindigkeit v_0 und der Frequenz ω erforderlich.

Alle im folgenden angestellten Betrachtungen werden nun von dem einheitlichen Standpunkt aus vorgenommen, bei dem die den reduzierten Arbeitspunkt bestimmenden drei Größen w_0, w_1 und a_1 als unabhängig Veränderliche zu betrachten sind. Die übrigen Größen wie z. B. die virtuellen Laufwinkel z_0 und z_1 und die Gleichspannungen U_0 und U_1 erscheinen in dieser natür-lichen Darstellung als einfache Funktionen derselben.

Wenn wir die Laufwinkel w_0 und w_1 festhalten aber a_1 vari-ieren, so ändern sich nach (28) und (29) u_1 und z_1 und damit das Verhältnis der Gleichspannungen

$$\frac{U_1}{U_0} = u_1{}^2 - 1$$

und die Elektrodenabstände. Dem betrachteten Prozeß ent-spricht also eine kontinuierliche Folge geometrisch verschieden-artiger Röhren.

5. Gleichstromverhalten. Näherungen für homogenes Feld.

Wir untersuchen den Fall verschwindend kleinen Raum-ladungseinflusses. Da im raumladungsfreien Zustand die Feld-stärke im Raum 1 homogen ist, also durch eine achsenparallele Gerade in Abb. 5 dargestellt wird, liegt unser Fall dann vor, wenn der Unterschied der Feldstärken am Anfang und Ende unserer Kammer klein ist gegen die Feldstärke am Anfang. Nach (28) ergibt sich hierfür die Größenbeziehung

$$w_1 \ll |a_1|. \tag{31}$$

Dann vereinfachen sich die Gleichungen (28) und (29) für das Ende des Entladungsraumes auf

$$F_1 = \frac{2}{w_0{}^2} \cdot a_1$$

$$u_1 = \frac{1}{w_0{}^2} (w_0{}^2 + 2\,a_1\,w_1) \tag{32}$$

$$z_1 = \frac{1}{3w_0{}^2} (3w_0{}^2\,w_1 + 3\,a_1\,w_1{}^2). \tag{33}$$

Eliminiert man aus der zweiten und dritten Beziehung a_1, so kommt

$$z_1 = \frac{1 + u_1}{2} \cdot w_1. \qquad\qquad w_1 \ll |a_1| \tag{34}$$

Führt man hierin noch an Stelle von u_1 die Gleichspannungen ein, die mit u_1 durch die Beziehung

$$u_1{}^2 = 1 + \frac{U_1}{U_0} \tag{35}$$

zusammenhängen und drückt in

$$z_1 = \frac{\omega x_1}{v_0}$$

die Eintrittsgeschwindigkeit v_0 ebenfalls gemäß der Gleichung

$$v_0{}^2 = 2KU_0 \tag{36}$$

durch die Gleichspannung U_0 aus, so ergeben sich die bekannten Beziehungen

$$w_0 = \frac{3\omega x_0}{\sqrt{2KU_0}} \tag{37}$$

und

$$w_1 = \frac{2\omega x_1}{\sqrt{2KU_0} + \sqrt{2K(U_0 + U_1)}}. \tag{38}$$

Wenn nun außer (31) noch die Größenbeziehung

$$2|a_1|w_1 \ll w_0{}^2 \tag{39}$$

besteht, dann wird nach (32) und (33)

$$\begin{aligned} u_1 &= 1 \\ z_1 &= w_1. \end{aligned} \qquad w_1 \ll |a_1|; \; 2|a_1|w_1 \ll w_0{}^2 \tag{40}$$

und

Wir haben einen nahezu feldfreien Raum vor uns; der virtuelle und wirkliche Laufwinkel stimmen miteinander überein. Wir schätzen die noch vorhandene kleine Feldstärke ab. Aus

$$F_1 = \frac{2a_1}{w_0{}^2}$$

folgt mit (39) und (40)

$$|F_1| \ll \frac{1}{w_1} = \frac{1}{z_1}$$

oder nach Einführung der absoluten Größen

$$\frac{K}{v_0\,\omega}|E_1| \ll \frac{v_0}{\omega\,x_1}.$$

Ersetzt man noch $v_0{}^2$ durch $2\,KU_0$, so wird hieraus

$$|E_1| \ll 2\,\frac{U_0}{x_0}\,\frac{x_0}{x_1}.$$

Nun gibt aber U_0/x_0 den Betrag der Feldstärke $(E_0)_0$ im Vorbeschleunigungsraum bei abgeschalteter Elektronenquelle an. Wir erhalten somit

$$|E_1| \ll 2\,\frac{x_0}{x_1}\,(E_0)_0. \tag{41}$$

6. Gleichstromverhalten. Stabilitätsgrenze.

Für die folgenden Betrachtungen erweist es sich als zweckmäßig, an Stelle von w und a_1 die Verhältnisse w/w_0 und a_1/w_0 zu benutzen. Durch die Substitutionen

$$r = \frac{w}{w_0} \tag{42}$$

und

$$s_1 = \frac{a_1}{w_0} \tag{43}$$

werden die Gleichungen (28) und (29) unter gleichzeitiger Benutzung der Beziehung

$$w_0 = 3z_0$$

übergeführt in

$$\frac{w_0}{2}\,F = s_1 + r \tag{44}$$

$$u = 1 + 2s_1\,r + r^2 \qquad 0 \leqq r \leqq r_1$$

$$\frac{z}{z_0} = 3r + 3s_1\,r^2 + r^3. \tag{45}$$

Das Geschwindigkeitsminimum liegt bei $F = 0$, also bei dem Laufwinkelverhältnis

$$r = -\,s_1. \tag{46}$$

Ein solches Minimum existiert also nur dann, wenn $s_1 < 0$ ist und hat den Wert

$$u_m = 1 - s_1{}^2. \tag{47}$$

Seine Lage ergibt sich aus (45) zusammen mit (46) zu

$$\left(\frac{z}{z_0}\right)_m = -\,s_1\,(3 - 2s_1{}^2). \tag{48}$$

Für die erste Nullstelle der Geschwindigkeit ergibt sich aus

$$1 + 2s_1 r + r^2 = 0$$

ein Laufwinkelverhältnis von

$$(r)_0 = -\,s_1 - \sqrt{s_1{}^2 - 1}. \tag{49}$$

Einen physikalisch sinnvollen Wert von $(r)_0$ erhalten wir nur wenn $s_1 \leqq - 1$ gilt. In Abb. 6 sind die drei charakteristischen

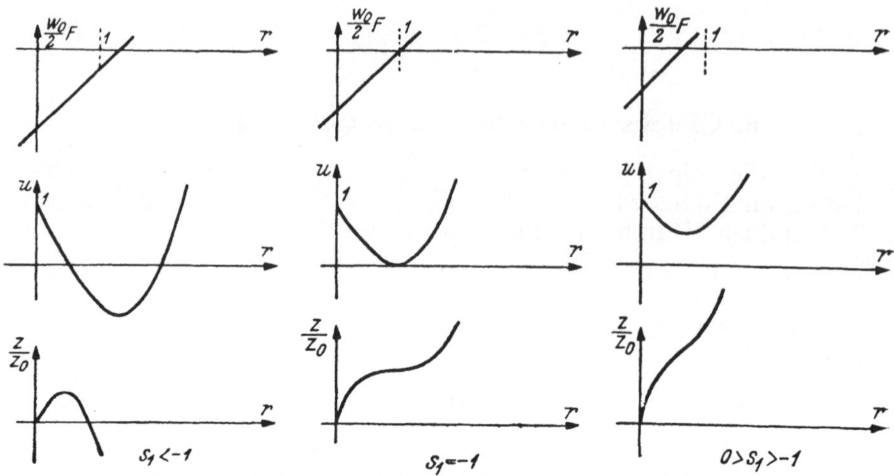

Abb. 6. Geschwindigkeitsminimum.

Fälle herausgezeichnet, bei denen ein Geschwindigkeitsminimum existiert. Ist $s_1 \leqq - 1$, dann geht die Geschwindigkeit an der Stelle $(r)_0$ durch Null; der größte Wert von r, den wir zulassen können, ohne daß eine Umkehr der Elektronen eintritt und damit unsere Gleichungen ihre Gültigkeit verlieren, ist durch die Beziehung (49) gegeben. Dem Verhältnis z_1/z_0 ist demnach eine obere Grenze gesetzt, die dem Maximum in der ersten Spalte der Abb. 6 entspricht. Aus (45) erhält man dafür mit (49) nach einfacher Rechnung den Ausdruck

$$\left(\frac{z_1}{z_0}\right)_0 = s_1 \left(s_1 + \sqrt{s_1{}^2 - 1}\right)^2 - 2\left(s_1 + \sqrt{s_1{}^2 - 1}\right) . \tag{50}$$

Nach der ersten Bildspalte der Abb. 6 wird dann die Geschwindigkeit an der Anode zu Null, ohne daß die Feldstärke dort verschwindet. Für $s_1 = - 1$ erhält man eine virtuelle Kathode entsprechend der zweiten Bildspalte, die wegen (49) auf der Anode liegt oder innerhalb der Elektronenstrecke sich ausbildet, je nachdem $r_1 = 1$ oder $r_1 > 1$ gilt. Ist hingegen $0 > s_1 > - 1$ (dritte Bildspalte), dann haben wir ein von Null verschiedenes Geschwindigkeitsminimum. Der Existenzbereich der umkehrfreien Elektronenströmung in Abb. 7 wird für

$$- s_1 \geqq 1$$

begrenzt von der Kurve I, deren Gleichung durch (50) gegeben ist. Ihrem Endpunkt T entspricht auf der Anode eine virtuelle

Kathode. Wenn wir von hier aus entlang der punktiert gezeichneten Geraden IV im Diagramm nach oben wandern, dann erhalten wir alle Zustände, zu denen eine virtuelle Kathode im Inneren der Elektronenströmung gehört. Der Parallelstreifen

$$0 \leqq - s_1 \leqq 1$$

wird durch die Kurve II nach Gleichung (48) in einen oberen (doppelt schraffiert) und einen unteren Teilbereich zerlegt. Dem doppelt schraffierten Gebiet entspricht nach (48) ein Geschwindigkeitsminimum innerhalb der Elektronenströmung. Damit haben wir das Existenzgebiet der umkehrfreien Elektronen-

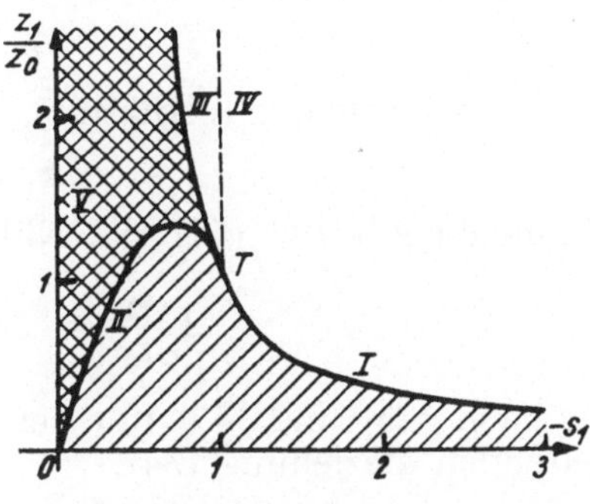

Abb. 7. Zustandsdiagramm.

strömung festgelegt, wobei entsprechend unserer eingangs getroffenen Vereinbarung die Größen w_0, w_1 und a_1 als unabhängig Veränderliche betrachtet werden.

Wenn wir nun aber eine bestimmte fertige Röhre in Betrieb nehmen wollen, dann sind uns die Abstände x_0 und x_1 vorgegeben und wir können daher die obigen drei Größen nicht mehr als voneinander unabhängig betrachten. Aus (45) und der zweiten Gleichung von (44) folgt für das Ende des Entladungsraumes ($z = z_1$; $r = r_1$) nach Elimination von s_1 die Beziehung

$$2\,\frac{z_1}{z_0} + r_1{}^3 = 3r_1\,(1 + u_1). \tag{51}$$

Sie liefert uns eine Verknüpfung zwischen r_1 und u_1, da

$$\frac{z_1}{z_0} = \frac{x_1}{x_0}$$

in diesem Falle als fest zu betrachten ist. Dieser Zusammenhang ist in Abb. 8 graphisch dargestellt. Die Kurve zeigt bei

$$r_1 = \sqrt{1 + u_1} \tag{52}$$

ein Minimum von der Größe

$$u_1 = \left(\frac{z_1}{z_0}\right)^{2/3} - 1. \tag{53}$$

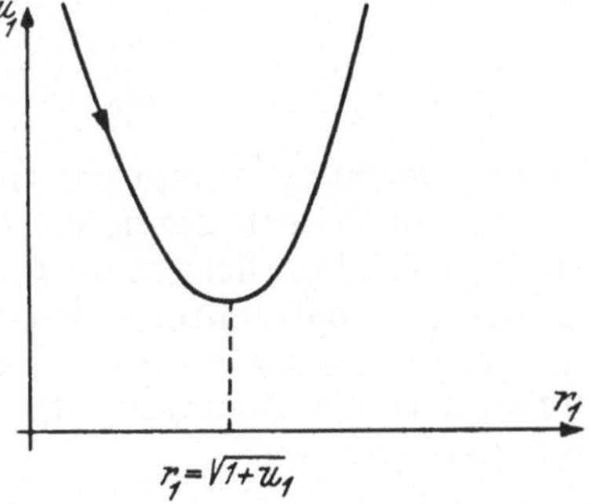

Abb. 8. Stabilitätsgrenze.

Wir nehmen nun an, daß an dem Entladungsraum eine stark beschleunigende Gleichspannung U_1 liegt, also

$$\frac{U_1}{U_0} \gg 1$$

gilt. Dann ist auch

$$u_1 \gg 1$$

und das Laufwinkelverhältnis

$$r_1 \ll 1 \,.$$

Demnach gilt für (51) die Näherung

$$2\,\frac{z_1}{z_0} = 3r_1\,(1 + u_1)\,,$$

die nach (25) und (42) mit der für den raumladungsfreien Zustand geltenden Beziehung (34)

$$z_1 = \frac{1 + u_1}{2} \cdot w_1$$

übereinstimmt. Wenn wir jetzt u_1 herabsetzen, dann bewegen wir uns in Pfeilrichtung entlang der Kurve von Abb. 8, das Laufwinkelverhältnis r_1 nimmt monoton zu, der Einfluß der Raumladung wird immer stärker. Es bildet sich ein Geschwindigkeitsminimum aus, das immer mehr durchhängt. Unterschreitet u_1 den durch (53) gegebenen Wert, dann existiert keine reelle Lösung mehr für r_1, der Zustand wird instabil; es bildet sich sprunghaft eine virtuelle Kathode. Aus (52) und der zweiten Gleichung von (44) folgt für $r = r_1$

$$s_1 = -\,\frac{1}{\sqrt{1 + u_1}} \cdot \tag{54}$$

Eliminiert man u_1 aus (53) und (54), so erhält man

$$\frac{z_1}{z_0} = \frac{1}{(-s_1)^3} \cdot \tag{55}$$

Dieser Gleichung entspricht in Abb. 7 die Kurve *III*. Durch sie und die punktiert gezeichnete Gerade *IV* wird ein keilförmiges Stück des Parallelstreifens $0 \leqq -s_1 \leqq 1$ herausgeschnitten, das bei dem betrachteten Prozeß unstetig durchlaufen wird. Für die Größe des Geschwindigkeitsminimums, bei dessen Erreichen diese unstetige Zustandsänderung erfolgt, erhalten wir aus (47) und (54)

$$u_m = \frac{u_1}{1 + u_1} \cdot \tag{56}$$

Eine besonders übersichtliche Gestalt erhält man für das Zustandsdiagramm, wenn an Stelle von s_1 die Geschwindigkeit u_1

eingeführt wird. Es ist in Abb. 9 dargestellt. Die Kurve I geht einfach über in das Geradenstück

$$u_1 = 0 \, .$$

Für die Gerade IV erhält man, wegen $-s_1 = 1$ nach (44) u. (45)

$$u_1 = (1 - r_1)^2$$

und

$$\frac{z_1}{z_0} = 1 - (1 - r_1)^3 \, .$$

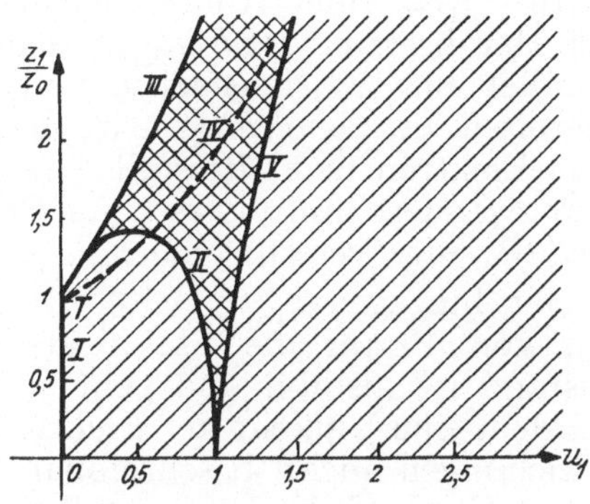

Abb. 9. Zustandsdiagramm.

Da die virtuelle Kathode innerhalb des Entladungsraumes liegt, ist nach Abb. 6 $r_1 \geqq 1$. Somit folgt aus der ersten Gleichung

$$u_1^{1/2} = r_1 - 1$$

oder
$$r_1 = 1 + u_1^{1/2} \tag{57}$$

und
$$\frac{z_1}{z_0} = 1 + u_1^{3/2} \, . \tag{58}$$

Die Kurve III für die Stabilitätsgrenze geht unmittelbar aus (53) hervor:

$$\frac{z_1}{z_0} = (1 + u_1)^{3/2} \, . \tag{59}$$

Aus (46) und der zweiten Gleichung von (44) erhält man

$$u_1 = 1 - s_1^2$$
oder
$$-s_1 = \sqrt{1 - u_1}$$

als Bedingung, daß das Geschwindigkeitsminimum am Ende des Entladungsraumes liegt. Die Kurve II geht damit nach (50) über in

$$\frac{z_1}{z_0} = (1 + 2u_1)\sqrt{1 - u_1} \, . \tag{60}$$

Das Geschwindigkeitsminimum liegt an der Elektroneneintrittsstelle für $-s_1 = 0$. Aus (46) und der zweiten Gleichung von (44) erhält man die Beziehung

$$\frac{z_1}{z_0} = (2 + u_1)\sqrt{u_1 - 1} \, . \tag{61}$$

Als Kurve V liefert sie uns die dritte Berandungskurve für den doppelt schraffierten Existenzbereich des Geschwindigkeitsminimums.

Aus dem vollständigen Zustandsdiagramm nach Abb. 9 können wir recht anschaulich folgendes ablesen: Ist das Abstandsverhältnis z_1/z_0 einer Röhre kleiner als 1,4 dann bewegen wir uns bei Herabsetzung von u_1 in dem Diagramm auf einer Geraden parallel zur Abszissenachse von rechts nach links. Beim Überschreiten der Kurve V tritt das Geschwindigkeitsminimum an der Elektroneneintrittsstelle in den Entladungsraum ein und durchwandert ihn, bis es beim Erreichen der Kurve II an seinem Ende wieder verschwindet.

Ist hingegen $z_1/z_0 > 1{,}4$, dann treffen wir nach Überschreiten von V auf die Stabilitätsgrenze III; dieser Entladungszustand ist instabil und geht sprunghaft in einen anderen über, bei dem eine Umkehr der Elektronen erfolgt und der durch unsere Gleichungen nicht beschreibbar ist. Wenn wir den ursprünglichen Zustand wieder herstellen wollen, genügt bekanntlich eine in das doppelt schraffierte Gebiet hineinführende, differentielle Vergrößerung von u_1 nicht; wir müssen vielmehr u_1 soweit vergrößern, daß unser Punkt auf die Kurve IV gelangt. Erst an dieser Stelle verschwindet die virtuelle Kathode und der beim erstmaligen Durchlaufen hier angetroffene Zustand ist wieder hergestellt.

Wir können den Sachverhalt noch von einer anderen Seite beleuchten, indem wir u_1 als fest betrachten und die Kathode aus großer Entfernung immer näher heranrücken. Bei diesem Vorgang nimmt z_1/z_0 monoton zu, wir bewegen uns in dem Zustandsdiagramm auf einer Geraden parallel zur Ordinatenachse von unten nach oben. Ist dabei $u_1 < 1$, dann stoßen wir zuerst auf die Kurve II, das Geschwindigkeitsminimum tritt also am Ende des Entladungsraumes ein. Für $u_1 > 1$ erfolgt der Eintritt des Geschwindigkeitsminimums in den Entladungsraum an dessen Anfang. Nur bei $u_1 = 1$ ist es von vornherein vorhanden; es liegt immer in der Mitte des Raumes, d. h. bei einem Laufwinkel $w = w_1/2$.

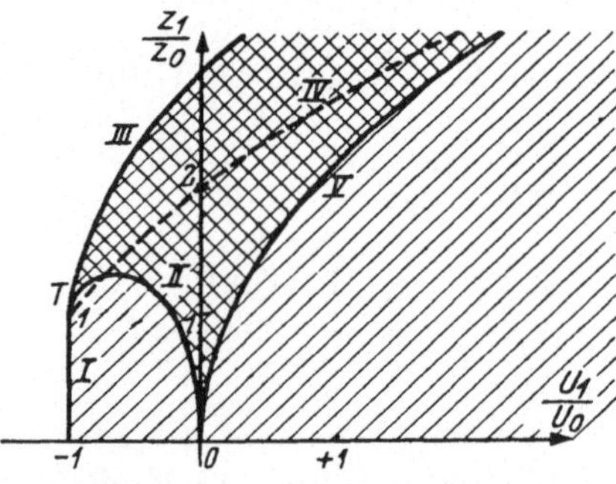

Abb. 10. Zustandsdiagramm.

Führt man an Stelle der Geschwindigkeit u_1 das Spannungsverhältnis U_1/U_0 ein, so ergibt sich das Zustandsdiagramm nach Abb. 10. Der Zusammenhang wird durch die Beziehung (35)

$$u_1{}^2 = 1 + \frac{U_1}{U_0}$$

gegeben.

7. Wechselstromverhalten. Lineare und logarithmische Geschwindigkeitssteuerung, Dichtesteuerung.

Wir beginnen nun mit der Untersuchung des Wechselstromverhaltens unserer Entladungsstrecke. Zur Abkürzung führen wir die folgenden beiden Funktionen ein:

$$f(w;\varphi) = w \sin(w-\varphi) + \cos(w-\varphi) - \cos\varphi \qquad (62)$$

$$g(w;\varphi) = -\sin(w-\varphi) - \sin\varphi. \qquad (63)$$

Für den Fall A schreiben sich dann unsere Ausgangsgleichungen nach (12 A) und (13 A) folgendermaßen:

$$q_0 F = a_1 + w - p_1 \cos\varphi$$
$$2q_0 u = 2q_0 + 2a_1 w + w^2 + 2p_1 g(w;\varphi) \qquad (64\,A)$$

$$6q_0 z = 6q_0 w + 3a_1 w^2 + w^3 - 6p_1 f(w;\varphi). \qquad (65\,A)$$

Im stationären Zustand $p_1 = 0$ hatten wir einen veränderlichen Laufwinkel mit w bezeichnet und unter w_1 den Laufwinkel verstanden, der zum Ende der Entladungsstrecke gehört. Eine entsprechende Bedeutung hatten die Größen F; F_1; u; u_1 und z; z_1. Von jetzt ab wollen wir die Bezeichnung dahingehend abändern, daß den mit dem Index 1 versehenen Größen w_1; F_1 usw. auch variabler Charakter zukommt. Sie geben uns also die Daten des stationären Zustandes $p_1 = 0$ im Innern und an den Rändern des Entladungsraumes an. Die Zusammenhänge (20) und (21) bleiben nach wie vor bestehen:

$$q_0 F_1 = a_1 + w_1$$
$$2q_0 u_1 = 2q_0 + 2a_1 w_1 + w_1{}^2$$
$$6q_0 z_1 = 6q_0 w_1 + 3a_1 w_1{}^2 + w_1{}^3.$$

Wir lösen nun die Laufwinkelgleichung (65 A) nach w. Diese Größe ist bei konstant gehaltenem z und φ eine Funktion von p_1 und nimmt nach obiger Festsetzung für $p_1 = 0$ den Wert w_1 an. In ihrer Potenzreihenentwicklung

$$w(p_1) = w(0) + \left. \frac{\partial w}{\partial p_1} \right|_{p_1=0} \cdot p_1 + \cdots$$

haben wir nur das lineare Glied zu ermitteln, da wir uns auf die linearen Eigenschaften beschränken. Durch Differentiation von (65 A) erhalten wir

$$0 = \left\{ 6q_0 + 6a_1 w + 3w^2 - 6p_1 \frac{\partial f(w;\varphi)}{\partial w} \right\} \frac{\partial w}{\partial p_1} - 6f(w;\varphi).$$

Für $p_1 = 0$ wird hieraus

$$3\,(2q_0 + 2a_1 w_1 + w_1{}^2)\,\frac{\partial w}{\partial p_1}\bigg|_{p_1 = 0} = 6f\,(w_1;\,\varphi),$$

oder mit der zweiten Gleichung von (20)

$$\frac{\partial w}{\partial p_1}\bigg|_0 = \frac{f\,(w_1;\,\varphi)}{q_0\,u_1}\,.$$

Es ist also

$$w = w_1 + \frac{f\,(w_1;\,\varphi)}{q_0\,u_1}\cdot p_1\,. \tag{66 A}$$

Diesen Wert für w führen wir nun in die Gleichungen (64 A) ein, wobei wir wieder nur die linearen Glieder in p_1 berücksichtigen. Es ist also

$$w^2 = w_1{}^2 + \frac{2\,w_1}{q_0\,u_1}\,f\,(w_1;\,\varphi)\,p_1$$

und

$$g(\,w;\,\varphi\,) = g\left[\,w_1 + \frac{f\,(w_1;\,\varphi)}{q_0\,u_1}\,p_1;\,\varphi\,\right] =$$

$$= g\,(w_1;\,\varphi) + \frac{\partial g\,(w_1;\,\varphi)}{\partial w_1}\cdot\frac{f\,(w_1;\,\varphi)}{q_0\,u_1}\,p_1$$

oder

$$p_1\,g\,(w;\,\varphi) = p_1\,g\,(w_1;\,\varphi)\,.$$

Aus der ersten Gleichung von (64 A) wird mit (66 A)

$$q_0\,F = a_1 + w_1 - p_1\,\cos\varphi + \frac{f\,(w_1;\,\varphi)}{q_0\,u_1}\,p_1$$

oder hieraus wegen (20)

$$q_0\,F = q_0\,F_1 - p_1\,\cos\varphi + \frac{f\,(w_1;\,\varphi)}{q_0\,u_1}\,p_1\,.$$

Die zweite Gleichung von (64 A) führt auf

$$2\,q_0\,u = 2q_0 + 2a_1\,w_1 + w_1{}^2 +$$

$$+\, 2\left[\frac{a_1 + w_1}{q_0\,u_1}\,f\,(w_1;\,\varphi) + g\,(w_1;\,\varphi)\right]p_1\,.$$

Zusammen mit (20) gehen unsere beiden Gleichungen für die Feldstärke und Geschwindigkeit über in

$$F = F_1 - \frac{p_1}{q_0} \cos \varphi + \frac{p_1}{q_0} \frac{1}{q_0 \, u_1} \, f\,(w_1;\,\varphi) \qquad (67\,\text{A})$$

$$u = u_1 + \frac{p_1}{q_0} \left[\frac{F_1}{u_1} \, f\,(w_1;\,\varphi) + g\,(w_1;\,\varphi) \right]. \qquad (68\,\text{A})$$

Durch diese beiden Beziehungen werden die Feldstärke F und die Geschwindigkeit u als explizite Funktionen der Größen $w_0 = \sqrt{2\,q_0}$; w_1 und a_1 dargestellt, die bekanntlich den reduzierten Arbeitspunkt kennzeichnen. Denn F_1 und u_1 sind nach (20) explizit durch diese Größen gegeben. Die vollständige explizite Darstellung dieser Form führt auf Potenzreihen in p_1, deren Koeffizienten ebenso eindeutige Funktionen von w_0, w_1 und a_1 sind. Wir haben hier die Entwicklung nur bis zu den linearen Gliedern ausgeführt, aber die Rechnung so vorgenommen, daß bei Berücksichtigung Glieder höherer Ordnung die linearen Terme keine Abänderung mehr erfahren können. Damit haben wir unserer Problemstellung in vollem Umfang Rechnung getragen.

Zu der Gleichfeldstärke treten nach (67 A) zwei der Stromaussteuerung p_1 proportionale Wechselanteile hinzu. Der eine Anteil $- p_1 \cos \varphi/q_0$ rührt her von dem kapazitiven Spannungsabfall, der ohne Anwesenheit von Elektronen vorhanden wäre. In dem andern Term kommt die feldmäßige Rückwirkung der dem Wechselfeld ausgesetzten Elektronenströmung zum Ausdruck. Er verschwindet demnach am Anfang des Entladungsraumes. Dort ist $w_1 = 0$ und nach (62)

$$f\,(0,\,\varphi) = 0 \,.$$

Denn an dieser Stelle sind die Elektronen noch in keiner Weise wechselstrommäßig beeinflußt, der gesamte Wechselstrom $p_1 \sin \varphi$ ist identisch mit dem Verschiebungsstrom, der bei Abschaltung der Elektronenquelle vorhanden ist. Die Funktion $f\,(w_1;\,\varphi)$, welche den von den Elektronen hervorgerufenen Anteil des Feldes bestimmt, nennen wir die „Feldfunktion". Für sie gilt die Funktionalgleichung

$$f\,(w;\,\varphi) = f\,(w;\,0) \cos \varphi + f\,(w;\,\pi/2) \sin \varphi, \qquad (69)$$

wie sich aus dem Additionstheorem der trigonometrischen Funktionen sofort ergibt.

Die Geschwindigkeit u_1 des stationären Zustandes erhält nach (68 A) einen aus zwei Termen bestehenden Wechselanteil; der eine ist der Feldfunktion proportional, der andere der Funktion $g\,(w_1;\,\varphi)$. Wegen

$$f\,(0;\,\varphi) = g\,(0;\,\varphi) = 0$$

verschwinden beide Teile am Anfang des Entladungsraumes, d. h. für $w_1 = 0$. Es ist dort $u = 1$ wie die Randbedingungen verlangen. Liegt im stationären Zustand innerhalb des Entladungsraumes ein Geschwindigkeitsminimum, so verschwindet dort F_1 und damit in (68 A) auch der durch die Feldfunktion gegebene Wechselanteil der Geschwindigkeit. Ist insbesondere der ganze Raum gleichstrommäßig als nahezu feldfrei anzusprechen, dann kann der Term $F_1 \cdot f/u_1$ gegen g vernachlässigt werden, vorausgesetzt, daß nicht g selbst gerade verschwindet. Dies würde beispielsweise für einen Laufwinkel $w_1 = 2\,\pi$ eintreten. In ersterem Falle $(F_1 = 0;\ w_1 \neq 2\,\pi\,n)$ reduziert sich die allgemeine Geschwindigkeitsfunktion

$$\frac{F_1}{u_1}\, f\,(w_1;\,\varphi) + g\,(w_1;\,\varphi)$$

auf $g\,(w_1;\,\varphi)$. Wir können daher $g\,(w_1;\,\varphi)$ als die „Geschwindigkeitsfunktion des feldfreien Raumes" auffassen. Wir werden sie der Einfachheit halber und zur Unterscheidung von dem ersten Anteil der allgemeinen Geschwindigkeitsfunktion als „lineare Geschwindigkeitsfunktion" bezeichnen. Für sie gilt, ebenso wie für f, die Funktionalgleichung

$$g\,(w;\,\varphi) = g\,(w;\,0)\cos\varphi + g\,(w;\,\pi/2)\sin\varphi\,. \qquad (70)$$

Wir erkennen schon hier, welche besondere Bedeutung der Funktion

$$\gamma_1 = \frac{F_1}{u_1} \qquad\qquad (71)$$

zugeschrieben werden muß. Ihre numerische Größe entscheidet nämlich darüber, ob der Wechselanteil der Geschwindigkeit im wesentlichen durch die Feldfunktion oder durch die lineare Geschwindigkeitsfunktion bestimmt wird. Da diese beiden Funktionen in ihrer Laufwinkelabhängigkeit ein gänzlich verschiedenartiges Verhalten aufweisen, erhält der physikalische Ablauf hierdurch sein ganz charakteristisches Gepräge. Zur vollen Geltung kommt dieser Umstand allerdings erst bei der Behandlung der Zweikreissysteme.

Aus (20) folgt durch Differentiation bei festgehaltenem a_1

$$2q_0\,\frac{du_1}{dw_1} = 2\,(a_1 + w_1) = 2q_0\,F_1$$

oder

$$F_1 = \frac{du_1}{dw_1}\,.$$

Hiermit wird

$$\gamma_1 = \frac{F_1}{u_1} = \frac{1}{u_1} \cdot \frac{du_1}{dw_1}$$

oder anders geschrieben

$$\gamma_1 = \frac{d \ln u_1}{dw_1}. \tag{72}$$

Nun wird man du_1/dw_1 wohl als Beschleunigung bezeichnen können, obwohl diesem Ausdruck infolge der dimensionslosen Schreibweise die Dimension einer Beschleunigung nicht zukommt. Wir werden daher sinngemäß γ_1 die „logarithmische Beschleunigung" nennen können. Ihr Verlauf könnte in Abb. 5 sofort eingetragen werden. Dementsprechend werden wir den durch γ_1 bestimmten Anteil der Geschwindigkeitsfunktion als „logarithmische Geschwindigkeitsfunktion" bezeichnen. Infolge des maßgebenden Einflusses der Feldfunktion werden wir auch die Bezeichnung „feldmäßige Geschwindigkeitsfunktion" gebrauchen.

Wir betrachten jetzt den Fall B. Aus (12 B) und (13 B) wird mit (62) und (63)

$$\left. \begin{aligned} q_0\,F &= \psi - p_1 \cos \varphi \\ 2q_0\,u &= 2q_0 + \psi^2 + 2p_1\,g\,(\psi;\varphi) \end{aligned} \right. \tag{64 B}$$

$$6q_0\,z = 6q_0\,\psi + \psi^3 - 6p_1\,[f\,(\psi;\varphi) + q_0 \cos (\psi - \varphi)]. \tag{65 B}$$

Sie gehen aus den entsprechenden Beziehungen (64 A) und (65 A) formal durch die Vertauschung

$$w \to \psi$$

$$f \to f + q_0 \cos (\psi - \varphi)$$

hervor, wenn man $a_1 = 0$ setzt. Die Auflösung von (65 B) nach ψ führt entsprechend (66 A) sofort auf

$$\psi = \psi_1 + \frac{1}{q_0\,u_1}\,[f\,(\psi_1;\varphi) + q_0 \cos (\psi_1 - \varphi)]\,p_1.$$

Nun ist aber ψ_1 nach (14 B) identisch mit dem Laufwinkel des stationären Zustandes, also

$$w_1 = \psi_1.$$

Wir erhalten damit

$$\psi = w_1 + \frac{1}{q_0\,u_1}\,[f\,(w_1;\varphi) + q_0 \cos (w_1 - \varphi)]\,p_1, \tag{66 B}$$

womit die Gleichungen (64 B) ohne weitere Rechnungen übergeführt werden in

$$F = F_1 - \frac{p_1}{q_0} \cos \varphi +$$

$$+ \frac{p_1}{q_0} \; \frac{1}{q_0 u_1} \; [f\,(w_1;\varphi) + q_0 \cos\,(w_1 - \varphi)] \qquad (67\ \mathrm{B})$$

$$u = u_1 +$$

$$+ \frac{p_1}{q_0} \left\{ \frac{F_1}{u_1} \,[f\,(w_1;\varphi) + q_0 \cos\,(w_1 - \varphi)] + g\,(w_1;\varphi) \right\}. \qquad (68\ \mathrm{B})$$

Wenn wir

$$l\,(w_1;\varphi;q_0) = f\,(w_1;\varphi) + \beta_1\, q_0 \cos\,(w_1 - \varphi) \qquad (73)$$

setzen, dann können wir die Fälle A und B gemeinsam beschreiben durch die Gleichungen

$$F = F_1 - \frac{p_1}{q_0} \cos \varphi + \frac{p_1}{q_0} \; \frac{1}{q_0 u_1} \; l\,(w_1;\varphi;q_0) \qquad (67)$$

$$u = u_1 + \frac{p_1}{q_0} \left[\frac{F_1}{u_1}\, l\,(w_1;\varphi;q_0) + g\,(w_1;\varphi) \right]. \qquad (68)$$

Dabei ist

$$\begin{aligned}
&\text{im Falle A:} \quad \alpha_1 \text{ beliebig} \quad \beta_1 = 0 \\
&\text{im Falle B:} \quad \alpha_1 = 0 \quad\;\; \beta_1 = 1\,.
\end{aligned} \qquad (74)$$

Wir können demnach hinsichtlich l den Fall A rein formal als einen Spezialfall von B auffassen, wobei wir in (73) $\beta_1 = 0$ zu setzen haben. Umgekehrt erscheint B wieder hinsichtlich des Gleichstromverhaltens als ein wirklicher Spezialfall von A, den wir durch Nullsetzen von α_1 erhalten. Das im Falle B zur Feldfunktion hinzutretende Glied $q_0 \cos\,(w_1 - \varphi)$ liefert am Anfang des Entladungsraumes gerade einen solchen von den Elektronen herrührenden Wechselanteil der Feldstärke, daß die dort im gesättigten Fall liegende Feldstärke von der Größe $- p_1 \cos \varphi / q_0$ kompensiert wird. Für $w_1 = 0$ ist nämlich $u_1 = 1$, so daß der durch die Elektronen gegebene zweite Term von (67B) den Wert $p_1 \cos \varphi / q_0$ annimmt. Im Gegensatz zu A wird also an der Elektroneneintrittsstelle der gesamte Wechselstrom von einem reinen Konvektionsstrom getragen. In ihrer „unmittelbaren Nähe" wird der elektronische Feldanteil durch die Funktion $q_0 \cos\,(w_1 - \varphi)$ beschrieben, da $f\,(w_1;\varphi)$ für $w_1 \to 0$ unter jeden beliebig kleinen Betrag herabsinkt. Entfernen wir uns genügend weit, wobei w_1 und damit auch $f\,(w_1;\varphi)$ zunehmen, dann wird umgekehrt die Feldfunktion allein bestimmend. Zwischen diesen beiden Gebieten liegt eine Zone, in der beide Anteile gleiche Scheitelwerte ergeben. Der Scheitelwert von $f(w_1; \varphi)$ innerhalb einer Periode ist mit (62) gegeben durch

$$\sqrt{f_0^2 + f_{\pi/2}^2} = \sqrt{(w_1 - \sin w_1)^2 + (1 - \cos w_1)^2},$$

wobei mit $f_0 = f(w_1; 0)$ und $f_{\pi/2} = f(w_1; \pi/2)$ bezeichnet ist. Durch Gleichsetzen der Scheitelwerte von $f(w_1; \varphi)$ und $q_0 \cos(w_1 - \varphi)$ erhalten wir eine Gleichung für den Laufwinkel, der uns die Lage der genannten Zone fixiert. Diese Beziehung lautet

$$q_0 = \sqrt{(w_1 - \sin w_1)^2 + (1 - \cos w_1)^2}.$$

Wenn wir uns nun auf sehr kleine Werte von q_0 und damit auch von w_1 beschränken, dann erhalten wir hieraus durch Reihenentwicklung

$$q_0 = \frac{1}{2} w_1^2$$

oder mit (24)

$$w_1 = w_0. \tag{75}$$

Lassen wir daher v_0 und damit auch q_0 bzw. w_0 gegen Null gehen, dann rückt unsere Zone immer näher an den Anfang des Entladungsraumes heran. Für $v_0 = q_0 = 0$ würde sie mit der Elektroneneintrittsstelle selbst zusammenfallen; wegen (73) und (74) sind dann die Fälle A und B wechselstrommäßig scheinbar identisch. Dies ist aber wegen der verschiedenartigen Randbedingungen ausgeschlossen. Dieser scheinbare Widerspruch findet seine Aufklärung darin, daß für $v_0 = q_0 = 0$ auch bei noch so kleiner Stromaussteuerung p_1 bereits eine Umkehr bzw. Überholung der Elektronen stattfände [1]. Die Eindeutigkeit der Elektronenströmung, bei der in jedem Augenblick jedem Raumpunkt nur eine Geschwindigkeit entspricht, bildet aber gerade die wesentlichste Voraussetzung für die Gültigkeit der allgemeinen Lösungen nach (8) und (9). Bei der Untersuchung des Wechselstromverhaltens haben wir daher die Möglichkeit $q_0 = 0$ als einen Grenzfall aufzufassen, zu dem $p_1 = 0$ gehört.

Die schon an früherer Stelle erwähnte gänzlich verschiedenartige Laufwinkelabhängigkeit der Funktionen $f(w_1; \varphi)$ und $g(w_1; \varphi)$ erkennen wir am besten durch Ermittlung ihrer Maximal- und Minimalwerte, diese sind

$$h_f(w_1) = \pm \sqrt{f_0^2 + f_{\pi/2}^2} \tag{76}$$

und

$$h_g(w_1) = \pm \sqrt{g_0^2 + g_{\pi/2}^2}. \tag{77}$$

Mit (62) und (63) ergibt sich nach einfacher Rechnung

$$h_f(w_1) = \pm \sqrt{(w_1 - \sin w_1)^2 + (1 - \cos w_1)^2} \tag{78}$$

$$h_g(w_1) = \pm 2 \left| \sin \frac{w_1}{2} \right|. \tag{79}$$

Während der Scheitelwert von f mit wachsendem Laufwinkel monoton zunimmt und bei ganzzahligem Vielfachen von 2π den Wert w_1 annimmt, zeigt der Scheitelwert von g ein rein periodisches Verhalten (Abb. 11 und Abb. 12). Die lineare Geschwindigkeitsfunktion nimmt bei ungeradzahligem Vielfachen von π ihren größten Scheitelwert an und verschwindet bei Vielfachen von 2π.

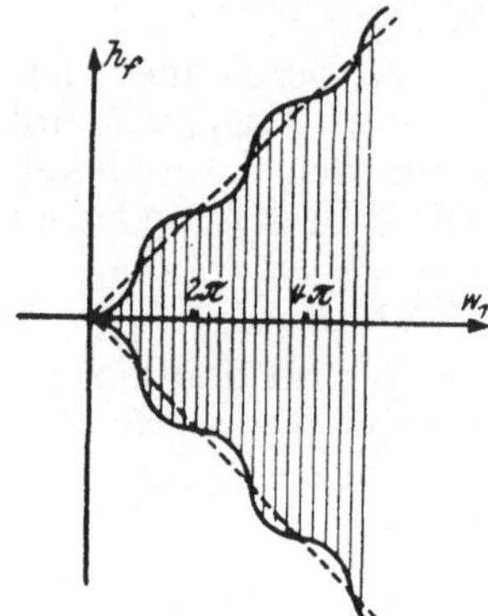

Abb. 11. Laufwinkelabhängigkeit von h_f.

Mit Hilfe der für die beiden Fälle A und B geltenden Gleichungen (67) und (68) lassen sich nun alle Fragen beantworten, die sich auf das lineare Wechselstromverhalten der übrigen Größen beziehen. Wir untersuchen die Eigenschaften des Konvektions- und Verschiebungsstromes sowie der Elektronendichte σ. Für den Verschiebungsstrom folgt aus (5) und (67)

$$\frac{J_{1\mathrm{V}}}{J_0} = p_1 \sin \varphi + \frac{p_1}{q_0\,u_1}\,\frac{\partial l}{\partial \varphi}. \tag{80}$$

Zu dem bei abgeschalteter Elektronenquelle vorhandenen kapazitiven Blindstrom $p_1 \sin \varphi$ tritt der durch die in ihrer Dichte schwankenden Elektronen hervorgerufene zweite Term der Gleichung (80) hinzu. Dieser nimmt mit wachsendem Laufwinkel infolge der monotonen Eigenschaft von l bzw. f immer größere Werte an; er hat an der Elektroneneintrittsstelle die Größe Null bei gesättigter, die Größe

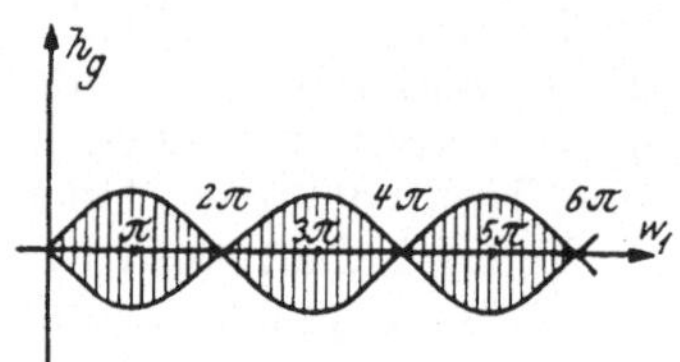

Abb. 12. Laufwinkelabhängigkeit von h_g.

$- p_1 \sin \varphi$ bei ungesättigter Elektronenquelle.

Für den Konvektionsstrom findet man wegen

$$\frac{J_{1\mathrm{V}}}{J_0} + \frac{J_{1\mathrm{K}}}{J_0} = 1 + p_1 \sin \varphi$$

die Beziehung

$$\frac{J_{1\mathrm{K}}}{J_0} = 1 - \frac{p_1}{q_0 u_1}\,\frac{\partial l}{\partial \varphi}. \tag{81}$$

Sein Wechselanteil nimmt ebenfalls mit wachsendem Laufwinkel zu; er hat am Anfang des Entladungsraumes den Wert Null bei gesättigter, den Wert $p_1 \sin \varphi$ bei ungesättigter Elektronenquelle.

Zur Ermittlung der Ladungsdichte σ gehen wir aus von der Gleichung

$$\sigma u = \frac{J_{1\mathrm{K}}}{J_0}$$

oder mit (81)

$$\sigma = \frac{1}{u}\left(1 - \frac{p_1}{q_0 u_1}\frac{\partial l}{\partial \varphi}\right).$$

Nun ist nach (68)

$$\frac{1}{u} = \frac{1}{u_1}\left[1 + \frac{p_1}{q_0 u_1}(\gamma_1 l + g)\right]^{-1}.$$

Hieraus ergibt sich durch Reihenentwicklung bis zum linearen Glied und wegen der für den stationären Zustand bestehenden Beziehung

$$\sigma_1 u_1 = 1$$

die Gleichung

$$\frac{1}{u} = \sigma_1\left[1 - \frac{p_1}{q_0 u_1}(\gamma_1 l + g)\right].$$

Setzt man oben ein, so ergibt sich schließlich für die Dichte

$$\frac{\sigma}{\sigma_1} = 1 - \frac{p_1}{q_0 u_1}\left(\gamma_1 l + g + \frac{\partial l}{\partial \varphi}\right). \tag{82}$$

Zum Vergleich schreiben wir die entsprechende Formel (68) für die Geschwindigkeit nochmals an:

$$\frac{u}{u_1} = 1 + \frac{p_1}{q_0 u_1}\left(\gamma_1 l + g\right).$$

Wir wollen entsprechend der allgemeinen Geschwindigkeitsfunktion $\gamma_1 l + g$ die Funktion $\gamma_1 l + g + \partial l/\partial \varphi$ als die allgemeine Dichtefunktion bezeichnen. Ihr Scheitelwert $|h_\sigma|$ multipliziert mit dem Faktor $2 p_1/q_0 u_1$ ergibt die relative Schwankung der Dichte

$$\frac{\Delta \sigma}{\sigma_1} = \frac{2 p_1}{q_0 u_1}|h_\sigma|. \tag{83}$$

Für die relative Schwankung der Geschwindigkeit gilt die entsprechende Beziehung

$$\frac{\Delta u}{u_1} = \frac{2 p_1}{q_0 u_1}|h_u|. \tag{84}$$

Hieraus folgt zusammen mit (83)

$$\left(\frac{\Delta \sigma}{\sigma_1}\right)^2 - \left(\frac{\Delta u}{u_1}\right)^2 = \frac{4 p_1{}^2}{q_0{}^2 u_1{}^2}(h_\sigma{}^2 - h_u{}^2). \tag{85}$$

Wir werden zeigen, daß dieser Ausdruck immer positiv ist. Wir berechnen zunächst den Scheitelwert $|h_\sigma|$. Nach (69); (70) und (73) gilt

$$l = l_0 \cos \varphi + l_{\pi/2} \sin \varphi$$

und somit

$$\frac{\partial l}{\partial \varphi} = l_{\pi/2} \cos \varphi - l_0 \sin \varphi .$$

Die Dichtefunktion kann daher auf die Form gebracht werden

$$(\gamma_1 l_0 + g_0 + l_{\pi/2}) \cos \varphi + (\gamma_1 l_{\pi/2} + g_{\pi/2} - l_0) \sin \varphi .$$

Das Quadrat ihres Scheitelwertes ist

$$h_\sigma{}^2 = (\gamma_1 l_0 + g_0 + l_{\pi/2})^2 + (\gamma_1 l_{\pi/2} + g_{\pi/2} - l_0)^2 .$$

Die analog gebaute Beziehung für die Geschwindigkeitsfunktion lautet

$$h_u{}^2 = (\gamma_1 l_0 + g_0)^2 + (\gamma_1 l_{\pi/2} + g_{\pi/2})^2 .$$

Durch Differenzbildung folgt hieraus

$$h_\sigma{}^2 - h_u{}^2 = l_0{}^2 + l_{\pi/2}{}^2 + 2(g_0 l_{\pi/2} - g_{\pi/2} l_0) ,$$

oder anders geschrieben

$$h_\sigma{}^2 - h_u{}^2 = (l_0 - g_{\pi/2})^2 + (l_{\pi/2} + g_0)^2 - (g_0{}^2 + g_{\pi/2}{}^2).$$

Aus den Definitionsgleichungen für l bzw. f und g ergibt sich nach einfacher Rechnung:

$$\begin{aligned}
l_0 - g_{\pi/2} &= w_1 \sin w_1 + \beta_1 q_0 \cos w_1 \\
l_{\pi/2} + g_0 &= - w_1 \cos w_1 + \beta_1 q_0 \sin w_1 \\
g_0 &= - \sin w_1 \\
g_{\pi/2} &= \cos w_1 - 1 .
\end{aligned} \tag{86}$$

Setzt man diese Ausdrücke oben ein, so findet man nach geeigneter Zusammenfassung der Glieder

$$h_\sigma{}^2 - h_u{}^2 = (\beta_1 q_0)^2 + 4\left[\left(\frac{w_1}{2}\right)^2 - \sin^2 \frac{w_1}{2}\right].$$

Da für jeden Wert der Veränderlichen immer

$$\left(\frac{w_1}{2}\right)^2 > \sin^2 \frac{w_1}{2}$$

ist, bleibt die linke Seite der angeschriebenen Gleichung immer positiv. Wir erhalten demnach aus (85) sofort die in voller Allgemeinheit gültige Größenbeziehung

$$\frac{\Delta \sigma}{\sigma_1} > \frac{\Delta u}{u_1} . \tag{87}$$

Die relative Schwankung der Dichte ist also unter allen Umständen immer größer als die relative Schwankung der Geschwindigkeit. Wir können in keiner Weise erreichen, daß diese Beziehung etwa ihren Sinn umkehrt, auch nicht dadurch, daß wir

Elektronen mit sehr großer Geschwindigkeit und beliebig kleiner Dichte verwenden. Wenn man also die häufig benutzte Gegenüberstellung der Begriffe Dichtesteuerung und Geschwindigkeitssteuerung in dem Sinn auslegt, daß im einen Fall die relative Schwankung der Dichte größer ist als die relative Schwankung der Geschwindigkeit, im andern Falle aber die umgekehrte Beziehung besteht, dann entbehrt eine solche Auffassung wegen (87) jeder physikalischen Realität. Am Ende dieses Abschnittes werden wir sehen, auf welche Weise diesen beiden Begriffsbildungen ein physikalisch wohldefinierter Sinn beizulegen ist.

Zunächst führen wir eine Zweiteilung des Begriffes der Geschwindigkeitssteuerung ein, deren Zweckmäßigkeit allerdings erst bei der Behandlung der Mehrkammersysteme in vollem Umfang in Erscheinung treten wird. Auf Grund des verschiedenartigen Charakters der Funktionen[1] f und g wollen wir folgende Festsetzung treffen: Wir nennen eine Steuerung eine reine f-Steuerung (logarithmische Geschwindigkeitssteuerung) bzw. eine reine g-Steuerung (lineare Geschwindigkeitssteuerung), je nachdem ob am Ende des Entladungsraumes in der allgemeinen Geschwindigkeitsfunktion $\gamma_1 f + g$ der zweite bzw. erste Term verschwindet. In diesem Sinne haben wir also eine reine logarithmische Geschwindigkeitssteuerung, wenn der Laufwinkel ein geradzahliges Vielfaches von π beträgt, weil $g(2\pi n; \varphi) = 0$ ist. Die reine lineare Geschwindigkeitssteuerung läßt sich dadurch realisieren, daß am Ende der Steuerstrecke γ_1 verschwindet, d. h. dort ein Geschwindigkeitsminimum liegt. Dabei wird ihre größte Wirkung für ein ungeradzahliges Vielfaches von π des Laufwinkels erreicht, da für diesen Wert die Funktion g ihren absolut größten Wert annimmt. In allen anderen Fällen haben wir ein Gemisch von beiden Steuerungsarten vor uns. Wir werden aber auch dann von einer f-Steuerung bzw. g-Steuerung sprechen können, wenn der $\gamma_1 f$ Term bzw. der g-Term in der allgemeinen Geschwindigkeitsfunktion den weit überwiegenden Anteil ergibt.

Wir haben also

eine f-Steuerung, wenn $|\gamma_1|\,\sqrt{f_0{}^2 + f_{\pi/2}{}^2} \gg \sqrt{g_0{}^2 + g_{\pi/2}{}^2}$,

eine g-Steuerung, wenn $|\gamma_1|\,\sqrt{f_0{}^2 + f_{\pi/2}{}^2} \ll \sqrt{g_0{}^2 + g_{\pi/2}{}^2}$. $\qquad(88)$

Der bekannteste Fall, bei dem die lineare Geschwindigkeitssteuerung die logarithmische weit überwiegt, wird durch einen möglichst feldfreien Entladungsraum ($\gamma_1 \approx 0$) von der Laufwinkellänge eines ungeradzahligen Vielfachen von π realisiert.

---

[1] Zur Vereinfachung ersetzen wir die allgemeine Funktion l durch f. Die Abweichung erstreckt sich für $q_0 \to 0$ im Falle B auf eine beliebig schmale Zone am Anfang des Entladungsraumes.

Als letztes Beispiel betrachten wir einen Entladungsraum mit ungesättigter Elektronenquelle und verschwindend kleinem Laufwinkel $w_1 \ll \pi/2$. Aus (20) ergibt sich mit $\alpha_1 = q_0 = 0$

$$\gamma_1 = \frac{F_1}{u_1} = \frac{2}{w_1} \, . \tag{89 B}$$

Die logarithmische Beschleunigung nimmt also mit gegen Null strebendem Laufwinkel beliebig große Werte an. Man könnte deshalb vermuten, daß hier eine f-Steuerung vorliegt. Aus (86) folgt aber durch Reihenentwicklung

$$\sqrt{f_0^2 + f_{\pi/2}^2} = \frac{1}{2} w_1^2$$

und

$$\sqrt{g_0^2 + g_{\pi/2}^2} = w_1 \, .$$

Es ist also

$$|\gamma_1| \sqrt{f_0^2 + f_{\pi/2}^2} = \sqrt{g_0^2 + g_{\pi/2}^2} \, . \tag{90 B}$$

Bei dem bekannten Fall der „Dichtesteuerung" sind die von der f- und g-Steuerung herrührenden Anteile gerade gleich groß.

Wir wollen hier noch ein bemerkenswertes Ergebnis ableiten, welches uns eine allgemeine Aussage über den Phasenwinkel zwischen f- und g-Steuerung liefert. Zu diesem Zweck ordnen wir den zur f- und g-Steuerung gehörigen Funktionsanteilen $\gamma_1 f(w_1; \varphi)$ und $g(w_1; \varphi)$ zwei Vektoren zu

$$\mathfrak{a} = \gamma_1 \, (f_0; f_{\pi/2}; 0)$$

und $$\mathfrak{b} = (g_0; g_{\pi/2}; 0) \, . \tag{91}$$

Der von ihnen eingeschlossene Winkel χ ist dann gleich dem Phasenwinkel, der zwischen f- und g-Steuerung besteht. Seinen Cosinus erhalten wir aus dem skalaren Produkt

$$(\mathfrak{a}\,\mathfrak{b}) = \gamma_1 \, [f_0 \, g_0 + f_{\pi/2} \, g_{\pi/2}] \, .$$

Aus (86) ergibt sich für $\beta_1 = 0$:

$$\begin{aligned}
f_0 &= w_1 \sin w_1 + \cos w_1 - 1 \\
g_0 &= - \sin w_1 \\
f_{\pi/2} &= - w_1 \cos w_1 + \sin w_1 \\
g_{\pi/2} &= \cos w_1 - 1 \, .
\end{aligned} \tag{92}$$

Damit erhält man nach einfacher Rechnung für den Phasenwinkel die Beziehung

$$(\mathfrak{a}\,\mathfrak{b}) = |\,\mathfrak{a}\,|\,|\,\mathfrak{b}\,| \cos \chi = \gamma_1 \, w_1 \, (\cos w_1 - 1) \, .$$

Da nun

$$\cos w_1 - 1 \leqq 0$$

ist, gilt

$$\operatorname{sign} \cos \chi \neq \operatorname{sign} \gamma_1 \, . \tag{93}$$

Der Phasenwinkel zwischen f- und g-Steuerung ist also größer als $\pi/2$ bei Beschleunigung ($\gamma_1 > 0$), kleiner als $\pi/2$ bei Verzögerung ($\gamma_1 < 0$) der Elektronen. Auf Grund dieses Satzes können wir leicht einen Vergleich zwischen der gesamten ·Steuerwirkung (f- g- Steuerungsgemisch) bei beschleunigten und abgebremsten Elektronen anstellen. Bei gleichem Laufwinkel und gleichem Absolutwert der logarithmischen Beschleunigung bilden die Vektoren $\mathfrak{a}$ und $\mathfrak{b}$ im ersten Fall einen Winkel, der größer ist als $\pi/2$, im zweiten Fall ist γ_1 durch $-\gamma_1$, d. h. der Vektor $\mathfrak{a}$ durch $-\mathfrak{a}$ zu ersetzen; der Phasenwinkel wird gleich dem Supplement von χ (Abb. 13). Es gilt daher

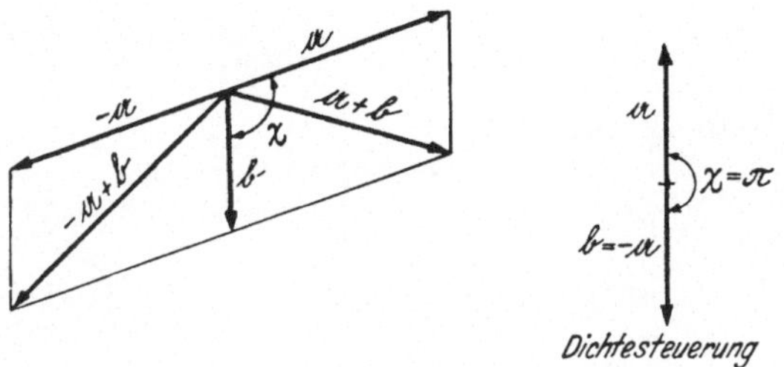

Abb. 13. Zum Phasenwinkel.

$$|\mathfrak{a} + \mathfrak{b}| \leqq |-\mathfrak{a} + \mathfrak{b}| . \tag{94}$$

Die Steuerwirkung des f-g-Gemisches ist also bei gleichem Laufwinkel und gleichem Absolutwert der logarithmischen Beschleunigung für beschleunigte Elektronen immer kleiner als für abgebremste. Die Steuerwirkungen werden nur dann einander gleich, wenn das skalare Produkt verschwindet, also für

$$\gamma_1 = 0$$

oder für

$$w_1 = 2\pi n .$$

In diesen beiden Fällen verschwindet aber entweder wegen $\mathfrak{a} = 0$ die f-Steuerung oder wegen $\mathfrak{b} = 0$ die g-Steuerung. Die Größenbeziehung (94) stellt einen der wesentlichen Gründe dar, warum Elektronenröhren mit geeigneten Bremsfeldern leicht zu Schwingungen angeregt werden können.

Bei der Dichtesteuerung hatten wir festgestellt, daß die von der f- und g-Steuerung herrührenden Anteile gerade gleich groß sind. Für das skalare Produkt $(\mathfrak{a}\,\mathfrak{b})$ erhalten wir durch Reihenentwicklung

$$\cos w_1 - 1 = -\frac{1}{2}w_1{}^2$$

und zusammen mit (89 B)

$$(\mathfrak{a}\,\mathfrak{b}) = |\,\mathfrak{a}\,|\,|\,\mathfrak{b}\,|\,\cos\chi = -\,w_1{}^2\,.$$

Die Beziehung (90 B) läßt sich wegen (91) in der Form

$$|\,\mathfrak{a}\,| = |\,\mathfrak{b}\,|$$

schreiben. Nun wird durch Reihenentwicklung

$$g_0 = -\,\dot{w_1}$$

$$g_{\pi/2} = -\,\frac{1}{2}\,w_1{}^2\,,$$

also

$$|\,\mathfrak{a}\,| = |\,\mathfrak{b}\,| = w_1\,.$$

Hieraus erhält man sogleich

$$\cos\chi = -\,1$$

oder

$$\chi = \pi\,.$$

Es ist somit

$$\mathfrak{a} + \mathfrak{b} = 0\,.$$

Bei der „Dichtesteuerung" heben sich die Wirkungen der f- und g-Steuerung gerade auf.

Bei Benutzung der Vektoren $\mathfrak{a}$ und $\mathfrak{b}$ lassen sich die beiden Steuerungsarten nach (88) auch folgendermaßen definieren:

$$\begin{array}{lll}
\text{Wenn} & |\,\mathfrak{a}\,| \gg |\,\mathfrak{b}\,| & f\text{-Steuerung} \\
\text{Wenn} & |\,\mathfrak{a}\,| \ll |\,\mathfrak{b}\,| & g\text{-Steuerung.}
\end{array} \qquad (95)$$

Unter einer „Dichtesteuerung" wollen wir im Anschluß an die oben gefundene Eigenschaft bei kleinem Laufwinkel ganz allgemein eine solche Steuerung verstehen, bei der sich die lineare und logarithmische Geschwindigkeitssteuerung in ihrer Wirkung gerade aufheben. Unsere allgemeinere Definition der „Dichtesteuerung" führt also auf die Bedingung

$$\mathfrak{a} + \mathfrak{b} = 0\,. \qquad (96)$$

Die Fälle, die eine Dichtesteuerung ergeben, werden wir weiter unten behandeln.

Zunächst bestimmen wir diejenigen Werte des Laufwinkels, bei denen die beiden Geschwindigkeitssteuerungen eine gleichphasige oder gegenphasige Wirkung hervorrufen. Der Winkel zwischen den Vektoren $\mathfrak{a}$ und $\mathfrak{b}$ muß dann die Werte 0 oder π annehmen, das Vektorprodukt $[\mathfrak{a}\,\mathfrak{b}]$ muß verschwinden. Werden mit $\mathfrak{i}$; $\mathfrak{j}$; $\mathfrak{k}$ die drei paarweise zueinander senkrechten Einheitsvektoren des Bezugssystems bezeichnet, so ist

$$[\mathfrak{a}\,\mathfrak{b}] = \begin{vmatrix} \mathfrak{i} & \mathfrak{j} & \mathfrak{k} \\ \gamma_1 f_0 & \gamma_1 f_{\pi/2} & 0 \\ g_0 & g_{\pi/2} & 0 \end{vmatrix} = \gamma_1 \left(f_0\, g_{\pi/2} - f_{\pi/2}\, g_0 \right) \mathfrak{k}.$$

Wird hierin die Laufwinkelabhängigkeit der Funktionen f_0; $f_{\pi/2}$; g_0 und $g_{\pi/2}$ berücksichtigt, so ergibt sich nach einfachen Umformungen für das Vektorprodukt

$$\gamma_1 \left[2\,(1 - \cos w_1) - w_1 \sin w_1\right] \mathfrak{k}.$$

Durch Einführung des halben Winkels wird hieraus

$$[\mathfrak{a}\,\mathfrak{b}] = 2\,\gamma_1 \sin w_1 \left(\operatorname{tg} \frac{w_1}{2} - \frac{w_1}{2} \right) \mathfrak{k}.$$

Das Vektorprodukt verschwindet, abgesehen von den trivialen Fällen $\gamma_1 = 0$, bzw. $w_1 = 2\,\pi\,n$, für alle Laufwinkel, die der Gleichung

$$\operatorname{tg} \frac{w_1}{2} = \frac{w_1}{2} \tag{97}$$

genügen. Jeder Laufwinkel, welcher diese Beziehung erfüllt, ergibt einen Phasenwinkel zwischen f- und g Steuerung, der den Wert 0 oder π besitzt. Der Winkel 0 wird nach dem weiter oben bewiesenen Satz für abgebremste ($\gamma_1 < 0$), der Phasenwinkel π für beschleunigte ($\gamma_1 > 0$) Elektronen erreicht. Um eine Dichtesteuerung zu erhalten, haben wir den Wert der logarithmischen Beschleunigung so zu wählen, daß sich die Vektoren $\mathfrak{a}$ und $\mathfrak{b}$ nach (96) aufheben. Durch Nullsetzen der Komponenten von $\mathfrak{a} + \mathfrak{b}$ erhalten wir für γ_1 die Gleichung

$$\gamma_1 = -\frac{g_0}{f_0} = -\frac{g_{\pi/2}}{f_{\pi/2}}.$$

Sie führt unter Berücksichtigung von (92) auf

$$\gamma_1 = \frac{1}{w_1 - \operatorname{tg} \dfrac{w_1}{2}}.$$

Zusammen mit (97) wird hieraus

$$\gamma_1 = \frac{2}{w_1}. \tag{89}$$

Diese Gleichung stellt die Verallgemeinerung der für verschwindend kleinen Laufwinkel bei *Langmuir*scher Kathode geltenden Beziehung (89 B) dar.

Jeder Arbeitspunkt, der eine Dichtesteuerung ermöglicht, zeigt nun eine ganz besondere Eigenschaft. Wir werden sehen, daß er an der Stabilitätsgrenze der umkehrfreien Elektronenströmung liegt. Durch Division der Gleichungen (44) ergibt sich nämlich für das Ende des Entladungsraumes ($r = r_1$) zusammen mit (71)

$$\gamma_1 = \frac{F_1}{u_1} = \frac{2}{w_0} \frac{s_1 + r_1}{1 + 2 s_1 r_1 + r_1{}^2}.$$

Setzt man hierin die für die Dichtesteuerung geltende Beziehung (89) ein, so wird wegen $w_1/w_0 = r_1$ aus der letzten Gleichung

$$s_1 r_1 + r_1{}^2 = 1 + 2 s_1 r_1 + r_1{}^2,$$

oder

$$s_1 r_1 = -1.$$

Die zweite Gleichung von (44) liefert damit die Beziehung

$$u_1 = -1 + r_1{}^2.$$

Diese ist aber mit der Bedingung (52) für das Erreichen der Stabilitätsgrenze identisch. Die Dichtesteuerung erfordert also immer einen Arbeitspunkt, der an der Stabilitätsgrenze liegt.

Die kleinste Wurzel der Gleichung (97) hat den Wert 0. Da man für sehr kleines Argument den Tangens durch das Argument ersetzen kann, ergibt $w_1 \ll \pi/2$ eine Näherungslösung von (97). Sie führt auf die unter dem Namen „Dichtesteuerung" bekannte Anordnung mit einer *Langmuir*schen Kathode am Anfang des Entladungsraumes. Wir wollen diese Art von Steuerung eine „Dichtesteuerung 0-ter Ordnung" nennen. Die nächst größere Wurzel von (97) liegt nahezu bei $11\pi/4$ und ermöglicht uns eine „Dichtesteuerung 1-ter Ordnung".

Rein anschaulich betrachtet kann man sich das Zustandekommen der linearen g-Steuerung und der logarithmischen f-Steuerung qualitativ etwa folgendermaßen klar machen. Es sei zunächst ein feldfreier Steuerraum vorausgesetzt, also $\gamma_1 \approx 0$. Die Schwankung der Geschwindigkeit ist dann durch die Funktion $g(w_1; \varphi)$ nach (68) gegeben, die je nach der Größe des Laufwinkels einen größeren oder kleineren Betrag annimmt. Für den Laufwinkel 2π verschwindet sie vollkommen. Jedes Elektron wird je nach seinem Eintrittszeitpunkt im einen Teil der Periode beschleunigt, im andern wieder auf seine Anfangsgeschwindigkeit abgebremst. Halten sich die Elektronen nur eine Halbperiode im Entladungsraum auf, ist also $w_1 = \pi$, dann wird den in der Beschleunigungsphase eintretenden Elektronen eine maximale, den in der Verzögerungsphase eintretenden Elektronen eine minimale Geschwindigkeit erteilt; die Geschwindigkeitsschwankung erreicht ihren Maximalwert. Bewegen sich die Elektronen hingegen in einem stationär nicht feldfreien Raum ($\gamma_1 \neq 0$), dann verschwindet auch bei einem Laufwinkel von 2π die Geschwindigkeitsschwankung nicht, da die von den Elektronen nacheinander durchlaufenen Gebiete nicht mehr gleichwertig sind. Die logarithmische Beschleunigung γ_1 gibt uns das Maß für diese Ungleichmäßigkeit. Dabei ist es gleichgültig, ob ein von Null verschiedener Wert von γ_1 durch ein von außen angelegtes Gleichfeld hervorgerufen wird, oder ein solches durch die felderzeugende Wirkung der Elektronen selbst von innen her entsteht. Diese äußere und innere Eigenschaft wird durch die Funktion γ_1 gemeinsam erfaßt. Die Ungleichförmigkeit des stationären Zustandes würde aber allein immer noch keine zusätzliche Schwankung der Geschwindigkeit bedingen, solange man nicht auch die von den Elektronen selbst hervorgerufene Wechselfeldstärke berücksichtigt, die uns nach (67) durch die Feldfunktion $f(w_1; \varphi)$ gegeben wird. Erst das Produkt $\gamma_1 f(w_1; \varphi)$ liefert den für die f-Steuerung charakteristischen Anteil der Geschwindigkeit. Die Ungleichmäßigkeit des von den Elektronen durchlaufenen Gebietes im stationären Zustand und die von ihnen selbst hervorgerufene Wechselfeldstärke sind für das Zustandekommen der f-Steuerung maßgebend. Die großen Steuerwirkungen, die sich bei konsequenter Ausnutzung der geschilderten Eigenschaften mit der f-Steuerung erreichen lassen, zeigen deutlich ihre Überlegenheit gegenüber der linearen Geschwindigkeitssteuerung. Damit sind aber ihre Vorteile noch keineswegs erschöpft. Da man durch Wahl verhältnismäßig großer Laufwinkel von 2π, 4π die Wirkung der g-Steuerung ausschalten und damit die f-Steuerung in voller Stärke hervortreten lassen kann, lassen sich Schwingungskreise herstellen, die an der Elektronen-Durchtrittsstelle nur mit einer geringen Beschwerungskapazität belastet sind. Es ergeben sich dann auch bei extrem kurzen Wellen noch praktisch beherrschbare Dimensionen. Zu diesem Vorteil tritt noch ein weiterer hinzu. Da jede Elektronenstrecke einen elektronischen Dämpfungswiderstand besitzt, dessen Größe vom Laufwinkel abhängt und gerade bei $w_1 = \pi$ einen sehr großen Wert erreicht, zeigt die g-Steuerung an ihrer günstigsten Laufwinkelstelle eine starke Dämpfung. Eine mit dem Laufwinkel von 2π, 4π betriebene f-Steuerung hingegen besitzt den Dämpfungswiderstand Null.[1] Nach all diesen Überlegungen weist die logarithmische Steuerung Eigenschaften auf, die sie für die Konstruktion von Elektronenröhren extrem kurzer Wellen besonders geeignet erscheinen läßt. Bei ihrer experimentellen Anwendung werden sich Wellenlängen unterhalb von 1 cm erst einwandfrei beherrschen lassen. Ihr eingehendes Studium auf theoretischer und experimenteller Grundlage wird voraussichtlich ein unübersehbares Feld von neuen Möglichkeiten für die Erzeugung und Verstärkung kürzester Wellen eröffnen.

---

[1] Siehe Abschnitt 8.

8. Die Laufwinkelabhängigkeit des Wechselstromwiderstandes.

Der Entladungsraum in Abb. 1 stellt für den über seine Begrenzungsebenen von außen zugeführten Wechselstrom $p_1 \sin \varphi$ einen vom Laufwinkel abhängigen Wechselstromwiderstand dar, den wir jetzt bestimmen wollen. Zu diesem Zweck ermitteln wir zunächst die Spannung als Linienintegral der elektrischen Feldstärke. Mit (7) und (67) erhält man

$$\frac{U_1}{U_0} = 2 \int\limits_0^{z_1} F \, dz_1 = 2 \int\limits_0^{z_1} F_1 \, dz_1 - \frac{2p_1 z_1}{q_0} \cos \varphi +$$

$$+ \frac{2p_1}{q_0^2} \int\limits_0^{z_1} l\,(w_1; \varphi; q_0) \frac{dz_1}{u_1} \,.$$

In dem ersten Integral führen wir an Stelle der Integrationsvariablen z_1 die Variable u_1 ein. Aus der Laufwinkelgleichung (21) folgt

$$6\, q_0 \, dz_1 = 3\,(2\,q_0 + 2\,a_1\,w_1 + w_1^2)\,dw_1$$

oder mit (20) $\qquad\qquad dz_1 = u_1 \, dw_1 \,.$ $\qquad\qquad$ (98)

In ähnlicher Weise erhält man aus der zweiten Gleichung von (20) zusammen mit der ersten

$$du_1 = F_1 \, dw_1 \,. \qquad\qquad (99)$$

Mit (98) und (99) ergibt sich für das erste Integral

$$2 \int\limits_0^{z_1} F_1 \, dz_1 = 2 \int\limits_1^{u_1} u_1 \, du_1 = u_1^2 - 1 \,. \qquad\qquad (100)$$

In dem zweiten Integral der Spannungsgleichung benutzen wir mit (98) die Variable w_1 und erhalten zusammen mit (73)

$$\int\limits_0^{z_1} l\,(w_1; \varphi; q_0) \frac{dz_1}{u_1} = \int\limits_0^{w_1} f\,(w_1; \varphi)\,dw_1 +$$

$$+ \beta_1\, q_0 \int\limits_0^{w_1} [\cos w_1 \cos \varphi + \sin w_1 \sin \varphi]\,dw_1 \,.$$

Wir führen nun die Abkürzung

$$\Delta_\varphi(w_1) = \Delta(w_1;\varphi) = \int\limits_0^{w_1} f\left(w_1; \frac{\pi}{2} - \varphi\right) dw_1 , \qquad (101)$$

die „Laufwinkelfunktion" der Feldfunktion ein. Für sie gilt wegen (69) die Funktionalgleichung

$$\Delta_\varphi(w_1) = \Delta_0(w_1) \cos\varphi + \Delta_{\pi/2}(w_1) \sin\varphi . \qquad (102)$$

Setzt man in (101) für f ein, so ergibt sich für die Laufwinkelfunktion nach Auswertung des Integrals

$$\Delta_\varphi(w_1) = 4 \sin\left(\frac{w_1}{2} + \varphi\right) \cos\frac{w_1}{2}\left(tg\,\frac{w_1}{2} - \frac{w_1}{2}\right). \qquad (103)$$

Unter Berücksichtigung von (101) erhält man für das zweite Integral der Spannungsgleichung die Darstellung

$$\int\limits_0^{z_1} l(w_1;\varphi;q_0)\frac{dz_1}{u_1} = \Delta_{\pi/2-\varphi}(w_1) + \beta_1 q_0[\sin w_1 \cos\varphi + (1-\cos w_1)\sin\varphi],$$

oder durch Anwendung von (102)

$$\int\limits_0^{z_1} l(w_1;\varphi;q_0)\frac{dz_1}{u_1} = [\Delta_0(w_1) + \beta_1 q_0(1-\cos w_1)]\sin\varphi +$$

$$+ [\Delta_{\pi/2}(w_1) + \beta_1 q_0 \sin w_1]\cos\varphi . \qquad (104)$$

Mit (100) und (104) ergibt sich schließlich

$$\frac{U_1}{U_0} = u_1{}^2 - 1 + \frac{2\,p_1}{q_0{}^2}[\Delta_0(w_1) + \beta_1 q_0(1-\cos w_1)]\sin\varphi +$$

$$+ \frac{2\,p_1}{q_0{}^2}[-q_0 z_1 + \Delta_{\pi/2}(w_1) + \beta_1 q_0 \sin w_1]\cos\varphi . \qquad (105)$$

Durch diesen Ausdruck ist also die an den Begrenzungsebenen unserer Entladungsstrecke liegende Spannung U_1 gegeben. Zu der Gleichspannung $u_1{}^2 - 1$ treten zwei um $\pi/2$ in der Phase verschobene Wechselanteile hinzu, die durch den von außen zugeführten Wechselstrom von der Größe

$$\frac{J_1}{J_0} = p_1 \sin\varphi \qquad (106)$$

hervorgerufen werden. Die Entladungsstrecke repräsentiert demnach einen linearen Zweipol, dessen Wechselstromwiderstand in komplexer Schreibweise gegeben ist durch

$$\mathfrak{r}_1 = A\left\{\Delta_0(w_1) + \beta_1 q_0(1-\cos w_1) + \right.$$

$$\left. + j\left[-q_0 z_1 + \Delta_{\pi/2}(w_1) + \beta_1 q_0 \sin w_1\right]\right\}, \qquad (107)$$

wenn man zur ˙Abkürzung

$$A = \frac{2}{q_0{}^2}\,\frac{U_0}{J_0} \tag{108}$$

setzt. Diese Größe hat die Dimension eines Widerstandes, bezogen auf die Einheit des Strömungsquerschnittes $[\Omega\ \mathrm{cm}^2]$ und läßt sich unter Berücksichtigung von (3) und wegen

$$2\,K\,U_0 = v_0{}^2$$

überführen in

$$A = \frac{K\,J_0}{\varepsilon_0{}^2\,\omega^4}\,. \tag{109}$$

Abb. 14. Laufwinkelfunktion $\Delta_0 + j\,\Delta_{\pi/2}.$

Dieser Widerstandswert ist proportional der Stromdichte und der 4ten Potenz der Wellenlänge. In Abb. 14 ist die bekannte Laufwinkelfunktion $\Delta_0 + j\,\Delta_{\pi/2}$ graphisch dargestellt. Bei einem Laufwinkel von etwa $5\pi/2$ erreicht ihr Wirkanteil den absolut größten, negativen Wert. Die analytische Abhängigkeit der Funktionen Δ_0 und $\Delta_{\pi/2}$ in geschlossener Form, sowie die ersten Glieder ihrer Reihenentwicklung ergeben sich unmittelbar aus (103)

$$\Delta_0(w_1) = 2\sin w_1\left(tg\frac{w_1}{2} - \frac{w_1}{2}\right) = \frac{1}{12}\,w_1{}^4 + \cdots$$

$$\Delta_{\pi/2}(w_1) = 4\cos^2\frac{w_1}{2}\left(tg\frac{w_1}{2} - \frac{w_1}{2}\right) = \frac{1}{6}\,w_1{}^3 - \frac{1}{40}\,w_1{}^5 + \cdots$$

$$\tag{110}$$

Diese Funktionen geben uns den von den Elektronen hervorgerufenen Wirk- und Blindanteil des Widerstandes, zu dem nach (107) im Falle B noch die $\beta_1\,q_0$ proportionalen Korrekturglieder hinzutreten, welche aber nur innerhalb der im vorigen Abschnitt behandelten schmalen Zone zur Geltung kommen. Der Bestandteil $-\,A\,j\,q_0 z_1$ stellt den kapazitiven Blindwiderstand dar, der durch die Begrenzungsebenen des Entladungsraumes gebildet wird. Mit

$$q_0 = \frac{\varepsilon_0\,v_0\,\omega^2}{K J_0}\,, \qquad z_1 = \frac{\omega\,x_1}{v_0}$$

und (109) wird nämlich

$$A\,q_0 z_1 = \frac{x_1}{\varepsilon_0\,\omega}\,. \tag{111}$$

Wenn wir also $q_0 z_1$ in (107) vor die Klammer setzen, dann kommt

$$\frac{\varepsilon_0\,\omega}{x_1}\cdot \mathfrak{r}_1 = \frac{\varDelta_0 + \beta_1\,q_0\,(1-\cos w_1)}{q_0\,z_1} +$$

$$+\,j\left(-1 + \frac{\varDelta_{\pi/2} + \beta_1\,q_0\,\sin w_1}{q_0\,z_1}\right). \tag{112}$$

Aus der zweiten Gleichung von (20)

$$2\,q_0\,u_1 = 2\,q_0 + 2\,a_1\,w_1 + w_1{}^2$$

und der Laufwinkelgleichung (21)

$$6\,q_0\,z_1 = 6\,q_0\,w_1 + 3\,a_1\,w_1{}^2 + w_1{}^3$$

ergibt sich durch Elimination von a_1 und wegen

$$2\,q_0 = w_0{}^2$$

die Gleichung

$$12\,q_0\,z_1 = 6\,q_0\,w_1\,(1 + u_1) - w_1{}^3 = w_1{}^3\left[3\,(1 + u_1)\left(\frac{w_0}{w_1}\right)^2 - 1\right].$$

Es ist also

$$\frac{1}{q_0\,z_1} = \frac{6}{w_1{}^3}\;\frac{2}{3\,(1 + u_1)\left(\frac{w_0}{w_1}\right)^2 - 1}. \tag{113}$$

Wir setzen zur Abkürzung noch

$$\vartheta = \frac{2}{3\,(1 + u_1)\left(\frac{w_0}{w_1}\right)^2 - 1} \tag{114}$$

und erhalten mit (112) für den Zweipolwiderstand

$$\frac{\varepsilon_0\,\omega}{x_1}\,\mathfrak{r}_1 = \frac{6\,[\varDelta_0 + q_0\,\beta_1\,(1-\cos w_1)]}{w_1{}^3}\,\vartheta - j\left[1 - \frac{6\,(\varDelta_{\pi/2} + \beta_1\,q_0\,\sin w_1)}{w_1{}^3}\,\vartheta\right]. \tag{115}$$

Wenn wir auch hier wieder von dem geringfügigen Einfluß der Korrekturglieder für den Fall B absehen, d. h. für (115) die Beziehung

$$\frac{\varepsilon_0\,\omega}{x_1}\,\mathfrak{r}_1 = \frac{6\,\varDelta_0\,(w_1)}{w_1{}^3}\,\vartheta - j\left[1 - \frac{6\,\varDelta_{\pi/2}\,(w_1)}{w_1{}^3}\,\vartheta\right] \tag{116}$$

betrachten, dann ist die Laufwinkelabhängigkeit des Widerstandes neben den Funktionen $6\,\varDelta_0/w_1{}^3$ und $6\,\varDelta_{\pi/2}/w_1{}^3$ noch durch ϑ gegeben. In besonderen Fällen werden die Verhältnisse dadurch besonders einfach, daß ϑ einen vom Laufwinkel unabhängigen oder nahezu unabhängigen Wert besitzt.

Im Falle B mit $q_0 \to 0$ (*Langmuir*sche Kathode) wird nämlich wegen $a_1 = q_0 = w_0 = 0$

$$w_0{}^2\, u_1 = w_1{}^2$$

und daher nach (114)

$$\vartheta = 1. \tag{117}$$

Denselben Wert erhalten wir, wenn wir am Ende des Entladungsraumes eine virtuelle Kathode herstellen, d. h. wenn

$$w_1 = w_0 \text{ und } u_1 = 0$$

gilt.

Es liege nun der Fall A vor, und zwar möge der Entladungsraum im **stationären Zustand** als feldfrei zu betrachten sein. Dann ist nach (40) $u_1 = 1$ und $z_1 = w_1$ zu setzen. Wir können also mit Benutzung der Beziehung

$$w_0 = 3\, z_0$$

für den Nenner von ϑ schreiben

$$3\,(1 + u_1)\left(\frac{w_0}{w_1}\right)^2 - 1 = 6\left(\frac{3\,x_0}{x_1}\right)^2 - 1$$

und erhalten, da der erste Term immer sehr groß gegen 1 ist, die Näherung

$$\vartheta = \frac{1}{3}\left(\frac{3x_1}{x_0}\right)^2, \qquad \vartheta \ll 1 \tag{118}$$

einen vom Laufwinkel unabhängigen Wert, klein gegen 1.

Die in Abb. 15 dargestellten Kurven ergeben uns nach (116) den Wirk- und Blindanteil des Widerstandes für $\vartheta = 1$, also für eine *Langmuir*sche Kathode am Anfang oder eine virtuelle Kathode am Ende des Entladungsraumes. Wir entnehmen, daß man bei Änderung des Laufwinkels zwischen $2\,\pi$ und etwa $3\,\pi$ eine Veränderung des Blindwiderstandes um ca. 30% erzielen kann, wenn man sich auf das Intervall beschränkt, innerhalb dessen der Wirkanteil negativ ist. Man kann auf diese Weise einen elektrisch veränderlichen Blindwiderstand herstellen, der in dem genannten

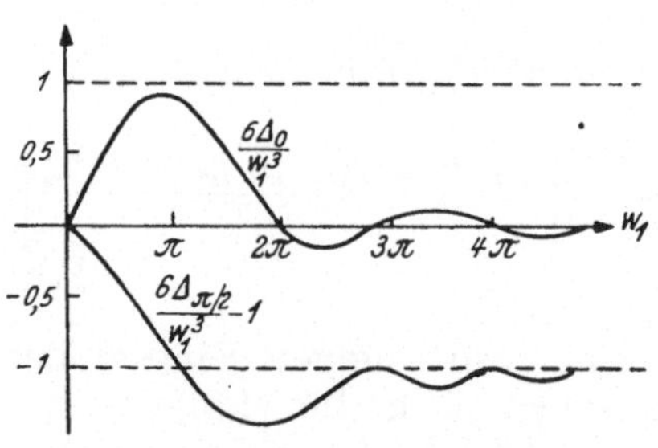

Abb. 15. Laufwinkelabhängigkeit von $6\,\Delta_0/w_1{}^3$ und $6\Delta_{\pi/2}/w_1{}^3$.

Laufwinkelbereich noch eine entdämpfende Wirkung hervorruft. Erheblich größere Änderungen des Blindanteiles können bei positivem Wirkanteil im Laufwinkelgebiet um π realisiert werden. Die entsprechenden Kurven für den feldfreien Entladungsraum ergeben sich einfach durch Multiplikation der Ordinaten mit ϑ. Die Veränderungsmöglichkeit des Blindwiderstandes ist daher in diesem Falle verhältnismäßig gering.

Zur Ergänzung sei noch eine einfache Beziehung zwischen dem Phasenwinkel des elektronischen Widerstandsanteiles und dem Laufwinkel hergeleitet. Für den elektronischen Widerstand erhält man aus (116)

$$\frac{x_1}{\varepsilon_0 \omega} \frac{6\vartheta}{w_1^3} \left[\varDelta_0 (w_1) + j \varDelta_{\pi/2} (w'_1) \right]$$

und für den Tangens seines Phasenwinkels mit Benutzung von (103)

$$\frac{\varDelta_{\pi/2}}{\varDelta_0} = \cotg \frac{w_1}{2} = \tg \frac{\pi - w_1}{2} \ .$$

Der Phasenwinkel des elektronischen Widerstandes ist also immer gleich dem Komplement des halben Laufwinkels. Der Wirk- und Blindanteil des elektronischen Widerstandes verschwindet nach (103) für alle Laufwinkel, welche der Gleichung (97)

$$\tg \frac{w_1}{2} = \frac{w_1}{2}$$

genügen, bei denen also der Phasenwinkel zwischen f- und g-Steuerung den Wert 0 oder π annimmt. Bei der Dichtesteuerung verschwindet demnach der elektronische Widerstand der Steuerstrecke.

9. Wechselstromwiderstand bei kleinen Laufwinkeln.

Bei verschwindend kleinem Laufwinkel können die Funktionen $\varDelta_0$ und $\varDelta_{\pi/2}$ durch die ersten Glieder der Reihenentwicklungen nach (110)

$$\varDelta_0 (w_1) = \frac{1}{12} w_1^4$$

$$\varDelta_{\pi/2} (w_1) = \frac{1}{6} w_1^3 - \frac{1}{40} w_1^5$$

angenähert werden. Für die *Langmuir*sche Kathode ($\vartheta = 1$) erhalten wir nach (116) für den Zweipolwiderstand

$$\mathfrak{r}_1 = \frac{x_1}{\varepsilon_0 \omega} \left[\frac{1}{2} w_1 - j \frac{3}{20} w_1^2 \right] \ . \tag{119 B}$$

Wir lesen hieraus ab, daß der Tangens seines Phasenwinkels $3 w_1/10$ ist. Da man bei kleinen Winkeln den Tangens durch das Argument ersetzen kann, beträgt der Phasenwinkel des Widerstandes bei einer *Langmuir*schen Kathode das $3/10$-fache des

Laufwinkels. Durch die Elektronen wird also der Phasenwinkel des Widerstandes um

$$\frac{\pi}{2} - \frac{3}{10}\, w_1$$

verdreht. Wir rechnen die Widerstandsgleichung (119 B) auf die häufig benutzte Leitwertdarstellung um. Ein Widerstand

$$\mathfrak{W} = R + j\,X \tag{120}$$

ergibt einen Leitwert von der Größe

$$\mathfrak{G} = \frac{1}{\mathfrak{W}} = \frac{R}{R^2 + X^2} - j\frac{X}{R^2 + X^2}. \tag{121}$$

Hieraus findet man die Näherungen:

$$\text{für } |X| \ll |R| : \quad \mathfrak{G} = \frac{1}{R} - j\,\frac{X}{R^2} \tag{122}$$

$$\text{für } |R| \ll |X| : \quad \mathfrak{G} = \frac{R}{X^2} - j\,\frac{1}{X}. \tag{123}$$

Da nun wegen der vorausgesetzten Kleinheit des Laufwinkels in (119 B) der Blindanteil sehr klein gegen den Wirkanteil ist, erhalten wir mit (122)

$$\mathfrak{g}_1 = \frac{\varepsilon_0 \omega}{x_1} \cdot \left[\frac{2}{w_1} + j\,\frac{3}{5} \right]. \tag{124 B}$$

Der kapazitive Blindleitwert ist vom Laufwinkel unabhängig und beträgt 3/5 des Leitwertes bei abgeschalteter Elektronenquelle.

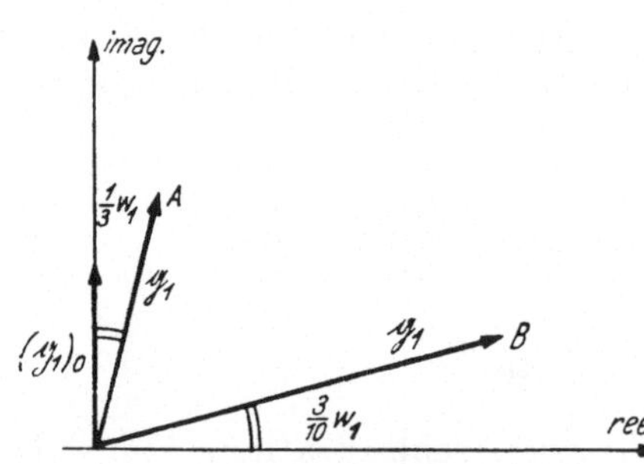

Abb. 16. Phasendrehung des Leitwertes $\mathfrak{g}_1$.

Zum Vergleich betrachten wir einen Entladungsraum mit einer gesättigten Elektronenquelle. Wir setzen ferner voraus, daß die Geschwindigkeiten der Elektronen am Ende und am Anfang gleich groß sind und auch die Laufwinkel w_0 und w_1 übereinstimmen. Es ist also

$$u_1 = 1 \text{ und } w_1 = w_0$$

zu setzen, womit nach (114)

$$\vartheta = \frac{2}{5}$$

wird. Aus (116) folgt dann

$$\mathfrak{r}_1 = \frac{x_1}{\varepsilon_0\,\omega} \left[\frac{1}{5}\, w_1 - j\,\frac{3}{5} \right]. \tag{119 A}$$

Die Elektronen bewirken also eine Phasendrehung des Widerstandes um $w_1/3$. Der Blindanteil des Widerstandes ist vom Laufwinkel unabhängig und wird auf 3/5 herabgesetzt. Die Umrechnung auf die Leitwertdarstellung führt mit (123) auf

$$g_1 = \frac{\varepsilon_0 \omega}{x_1}\left[\frac{5}{9}\,w_1 + j\,\frac{5}{3}\right].$$
$$(124\,\text{A})$$

Der Blindleitwert ist hier wie im Falle B vom Laufwinkel unabhängig, beträgt aber 5/3 des Leitwertes bei abgeschalteter Elektronenquelle. Die Phasenverhältnisse sind in der Abb. 16 für die beiden Fälle dargestellt.

10. Schwingungsanfachung
bei konstanter Gleichstromleistung.

Bei geeigneter Größe des Laufwinkels w_1 stellt unser Zweipol einen negativen Widerstand dar, der für $w_1 \approx 5\,\pi/2$ seinen absolut größten Wert erreicht. Nun kann man diesen Laufwinkel bei fester Frequenz mit ganz verschiedenen Abständen x_0; x_1 und Gleichspannungen U_0 und U_1 herstellen. Bei all diesen Möglichkeiten ändert sich der negative Anfachungswiderstand nach Maßgabe der Stromdichte J_0, sowie der Resonanzwiderstand des an den Entladungsraum angeschlossenen Schwingungskreises infolge des variablen Charakters von x_1. Wir stellen nun die Frage, bei welchen Betriebszuständen die Anfachung einer Schwingung am ehesten zu erwarten ist. Um uns von einem veränderlichen Resonanzwiderstand frei zu machen, beschränken wir uns auf einen bestimmten Schwingungskreis, d. h. wir betrachten x_1 als Konstante. Den damit noch freibleibenden Größen x_0, U_0 und U_1 ist durch die Festlegung des Laufwinkels w_1 eine Beziehung vorgeschrieben; es sind demnach nur noch zwei dieser Größen als voneinander unabhängig zu betrachten. Eine Anfachung von Schwingungen wird umso leichter erfolgen, je größer der Absolutwert des negativen Widerstandes ist. Nun kann aber eine günstigere Anfachungsmöglichkeit zurückzuführen sein auf einen größeren Aufwand der dem gesamten System zugeführten Gleichstromleistung, die praktisch voll als Verlustleistung zu bewerten ist. Um also eine gemeinsame Basis für den Vergleich der noch offenen Möglichkeiten zu schaffen, schreiben wir eine konstant zu haltende Verlustleistung vor. Dann bleibt uns eine einparametrige Schar von Möglichkeiten offen.

Wir berechnen zunächst den Realteil des für die Anfachung maßgebenden Widerstandes r_1. Er ist nach (116) gegeben durch

$$\Re\,(r_1) = \frac{6\,\varDelta_0\,(w_1)\,x_1}{\varepsilon_0\,\omega\,w_1{}^3}\cdot\vartheta\,,$$
$$(125)$$

wobei nach (114)

$$\vartheta = \frac{2}{3\,(1 + u_1)\left(\dfrac{w_0}{w_1}\right)^2 - 1}$$

gesetzt ist. Entsprechend unserer Vereinbarung ist der Koeffizient von ϑ in (125) als konstant zu betrachten. Die Veränderlichkeit des Wirkwiderstandes beruht also ausschließlich auf der funktionalen Abhängigkeit von ϑ. Mit (45) und der zweiten Gleichung von (44) ergibt sich ϑ als Funktion der unabhängigen Veränderlichen s_1 und r_1. Es wird

$$\vartheta = \frac{r_1{}^2}{3 + 3\,s_1\,r_1 + r_1{}^2}. \tag{126}$$

Zwischen r_1 und s_1 besteht nun noch eine Beziehung, die der Forderung entspringt, daß die Gleichstromleistung bei den von uns zu betrachtenden Veränderungen ihren Wert beibehält. Wir berechnen die aufgewendete Gleichstromleistung

$$N = J_0\,(U_0 + U_1) \tag{127}$$

ebenfalls als Funktion der Veränderlichen r_1 und s_1. Aus (37) ergibt sich für die Spannung

$$\sqrt{2\,K\,U_0} = \frac{3\,\omega\,x_0}{w_0} = \frac{3\,\omega\,x_1}{w_1}\,\frac{x_0}{x_1}\,\frac{w_1}{w_0} = \frac{3\,\omega\,x_1}{w_1}\,\frac{z_0}{z_1}\,\frac{w_1}{w_0}.$$

Mit (42) und (45) wird hieraus

$$U_0 = \frac{9\,x_1{}^2}{2\,K}\left(\frac{\omega}{w_1}\right)^2 \frac{1}{[3 + 3\,s_1\,r_1 + r_1{}^2]^2}.$$

Für die Gesamtspannung ergibt sich damit aus (35) zusammen mit der zweiten Gleichung von (44)

$$U_1 + U_0 = \frac{9\,x_1{}^2}{2\,K}\left(\frac{\omega}{w_1}\right)^2 \frac{[1 + 2\,s_1\,r_1 + r_1{}^2]^2}{[3 + 3\,s_1\,r_1 + r_1{}^2]^2}.$$

Für die Stromdichte erhalten wir aus (24) und (25) nach Elimination von w_0 und unter Berücksichtigung von (2) und (3) das bekannte 3/2 Gesetz in der Gestalt

$$K\,J_0 = \frac{2\,\varepsilon_0}{9\,x_0{}^2}\,v_0{}^3. \tag{128}$$

Führt man hierin für

$$v_0 = \sqrt{2\,K\,U_0}$$

ein und ersetzt die Spannung durch den oben stehenden Ausdruck, so ergibt sich wegen

$$\frac{x_1}{x_0} = \frac{z_1}{z_0} = r_1\,(3 + 3\,s_1\,r_1 + r_1{}^2)$$

nach einfacher Umformung für die Stromdichte die Darstellung

$$J_0 = \frac{6\,\varepsilon_0\,x_1}{K}\left(\frac{\omega}{w_1}\right)^3 \frac{r_1{}^2}{3 + 3\,s_1\,r_1 + r_1{}^2}.$$

Setzt man für J_0 und $U_0 + U_1$ die durch s_1 und r_1 gegebenen Funktionen in (127) ein, so kommt für die Leistung

$$N = \frac{27\,\varepsilon_0\,x_1{}^3}{K^2} \cdot \left(\frac{\omega}{w_1}\right)^5 \frac{r_1{}^2\,[1 + 2\,s_1\,r_1 + r_1{}^2]^2}{[3 + 3\,s_1\,r_1 + r_1{}^2]^3} \; . \tag{129}$$

Die beiden den Wirkwiderstand nach (.125) bzw. (126) darstellenden Größen s_1 und r_1 sind also nicht mehr unabhängig voneinander, sondern bei festgehaltener Gleichstromleistung noch durch die Beziehung (129) miteinander verknüpft. Denkt man sich eine dieser beiden Veränderlichen — etwa s_1 — eliminiert, so erscheint letzten Endes der Realteil des Widerstandes nur noch als eine Funktion der Veränderlichen

$$r_1 = \frac{w_1}{w'_0} \; .$$

Ihre Veränderlichkeit ist — da w_1 als Konstante zu behandeln ist — auf die Veränderlichkeit des Laufwinkels w_0 zurückzuführen.

Da wir bei unserer Fragestellung die Größen w_1 und ω als fest angenommen haben, können wir uns bei der Betrachtung der Leistung nach (129) auf die Funktion

$$L = \frac{r_1{}^2\,(1 + 2\,s_1\,r_1 + r_1{}^2)^2}{(3 + 3\,s_1\,r_1 + r_1{}^2)^3} \tag{130}$$

beschränken, ebenso wie der Absolutwert des Widerstandes durch

$$\vartheta = \frac{r_1{}^2}{3 + 3\,s_1\,r_1 + r_1{}^2}$$

gegeben ist. Da die Elimination von s_1, wie oben angedeutet, praktisch nicht möglich ist, betrachten wir L und ϑ als Funktionen von s_1 und r_1 und versuchen solche Betriebszustände ausfindig zu machen, bei denen ein möglichst großer Wert von ϑ bei möglichst kleinem L erzielt werden kann. Zunächst erkennen wir, daß für $r_1 \to \infty$ oder $w_0 \to 0$, die Funktionen L und ϑ unabhängig von s_1 gegen 1 streben. Ist hierbei insbesondere $s_1 = 0$, dann haben wir einen Entladungsraum mit einer *Langmuir*schen Kathode an dessen Anfang vor uns. Dieser Fall wurde bei einer

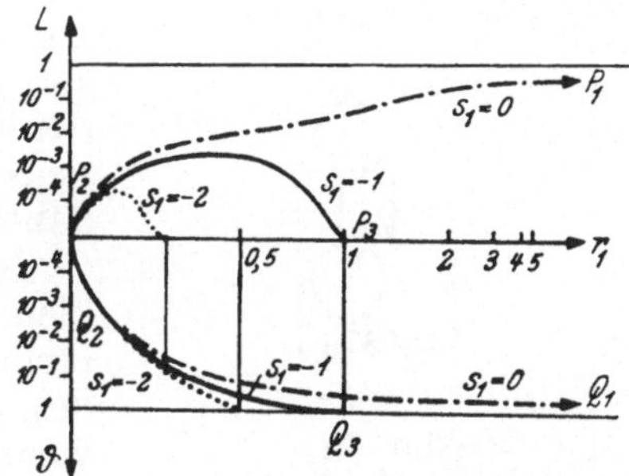

Abb. 17. Zur Schwingungsanfachung.

Wellenlänge von etwa 10 cm experimentell von *Llewellyn* und *Bowen [2]* untersucht. In der Abb. 17 entsprechen diesem Betriebszustand die gestrichelt eingezeichneten Kurven für L und ϑ. Der Betriebszustand $r_1 \to \infty$ führt also auf den Widerstand $\vartheta = 1$ und wird erreicht mit einer Verlustleistung $L = 1$; er läßt sich durch die Punkte P_1 und Q_1 in dem Diagramm veranschaulichen.

Wir betrachten nun den Grenzfall des raumladungsfreien Zustandes im Entladungsraum. Dann gelten die Größenbeziehungen

$$w_1 \ll |a_1|$$

und

$$2\,|a_1|\,w_1 \ll w_0^2,$$

die mit (42) und (43) übergehen in

$$r_1 \ll |s_1|$$
$$2\,|s_1|\,r_1 \ll 1\,.$$

Dann ist aber auch

$$r_1^2 \ll 1$$

und wir erhalten aus (130) und (126) die für den feldfreien Entladungsraum geltenden Näherungen

$$L = \frac{1}{27}\,r_1^2$$

$$\vartheta = \frac{1}{3}\,r_1^2\,. \tag{131}$$

Der hierzu gehörige Betriebszustand wird durch ein in unmittelbarer Nachbarschaft des Nullpunktes gelegenes Punktepaar P_2, Q_2 gekennzeichnet. Der erreichbare Widerstand ϑ ist hier im Gegensatz zu dem zuerst betrachteten Fall sehr klein gegen 1. Die Anfachungsmöglichkeit für eine Schwingung ist also um Größenordnungen ungünstiger. Diese Tatsache hängt damit zusammen, daß zur Herstellung des feldfreien Raumes nach (131) die hineingesteckte Leistung ebenfalls sehr klein ist gegen 1. Dieser Fall entspricht der von *Müller* und *Rostas* [3] theoretisch behandelten Anordnung. Seine experimentelle Realisierung ist daher außerordentlich schwierig.

Nun kann man aber auch bei sehr kleinen Werten von L größere Anfachungswiderstände und insbesondere den vollen Wert $\vartheta = 1$ erreichen, wenn man die in den Entladungsraum eintretenden Elektronen in geeigneter Weise abbremst. Für

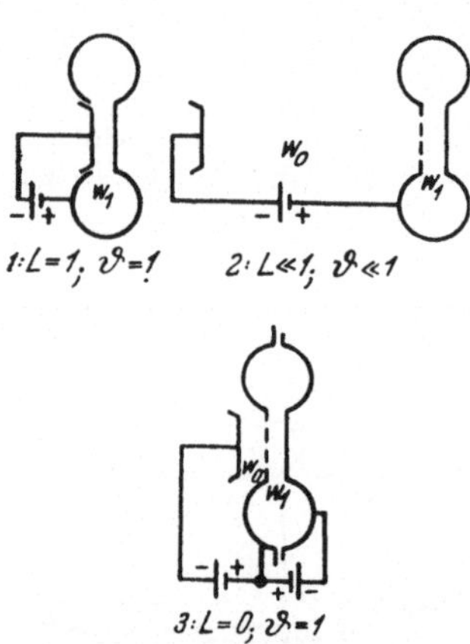

Abb. 18.
Anfachungsmöglichkeiten.

$s_1 = -1$ und $s_1 = -2$ sind die Kurven von L und ϑ in Abb. 17 dargestellt. Die Endpunkte dieser Kurven sind durch die Begrenzungskurven I und III des Zustandsdiagramms nach Abb. 9 gegeben. Das Punktepaar P_3, Q_3 in Abb. 17 entspricht einem Betriebszustand bei dem der volle Widerstand $\vartheta = 1$ mit der Leistung $L = 0$ erzielt wird. Hierbei ist $r_1 = -s_1 = 1$; am Ende des Entladungsraumes liegt eine virtuelle Kathode. Dieser Fall läßt sich deshalb unvergleichbar leichter realisieren, als der von *Müller* und *Rostas* behandelte. Dazu kommt noch der günstige Umstand, daß die an der Elektroneneintrittsstelle gebildeten Sekundärelektronen keinen störenden Einfluß hervorrufen können, da sie von beiden Seiten auf das Gitter zurückgetrieben werden. In Abb. 18 sind die drei behandelten Spezialfälle schematisch nochmals zusammengestellt.

11. Zusammenfassung.

Durch Einführung einer geeigneten Betrachtungsweise, bei der an Stelle der Elektrodenabstände und Gleichspannungen die Laufwinkel und Feldstärken in einer dimensionslosen Schreibweise als unabhängig Veränderliche benutzt werden, gelingt es, die verschiedenartigen Betriebszustände eines Einkreissystems mit voller Berücksichtigung der Raumladungswirkung unter einem einheitlichen Gesichtspunkt zu behandeln.

Der Einfluß der Raumladung findet seine Berücksichtigung durch die Raumladungskonstante q_0, die sich ihrerseits wieder auf einen geeignet definierten Laufwinkel zurückführen läßt, der in besonderen Fällen mit dem Laufwinkel in der Vorbeschleunigungskammer übereinstimmt.

Der Arbeitspunkt des Systems wird durch die beiden Laufwinkel und die reduzierte Feldstärke am Anfang des Entladungsraumes bestimmt. Der Feldverlauf zeigt eine lineare Abhängigkeit vom Laufwinkel mit einer Unstetigkeitsstelle an der Trennungsebene zwischen beiden Kammern.

Das Zustandsdiagramm der umkehrfreien Elektronenströmung wird eingehend untersucht und zeigt deutlich die besonderen Vorteile der benutzten Darstellungsform.

Neben den üblicherweise benutzten Größen, spielt das Verhältnis aus Feldstärke und Geschwindigkeit, die „logarithmische Beschleunigung" eine ausschlaggebende Rolle. Ihr numerischer Wert ist bestimmend für das charakteristische Wechselstromverhalten des Systems. Die Untersuchung der Wechselstromeigenschaften führt u. a. zu einer Theorie des Steuervorganges und damit zu einer Definition der Steuerungsarten. Hiernach lassen sich zwei Arten von Geschwindigkeitssteuerung unterscheiden. Sie zeigen ein ganz verschiedenartiges Verhalten. Die „lineare Geschwindigkeitssteuerung" (g-Steuerung) erreicht ihre größte Wirkung bei einem Laufwinkel von π und verschwindet bei einem Laufwinkel von 2π. Die Wirkung der „logarithmischen oder feldmäßigen Geschwindigkeitssteuerung" (f-Steuerung) nimmt mit wachsendem Laufwinkel monoton zu und ist proportional der „logarithmischen Beschleunigung". Zeitlich gesehen besteht zwischen ihnen ein Phasenwinkel, der bei beschleunigten Elektronen größer als $\pi/2$, bei verzögerten kleiner als $\pi/2$ ist. In besonderen Fällen können sich ihre Wirkungen gerade aufheben. Man erhält dann eine „Dichtesteuerung". Eine solche liegt vor, wenn der Laufwinkel der Gleichung

$$\operatorname{tg} \frac{w_1}{2} = \frac{w_1}{2}$$

genügt und die logarithmische Beschleunigung am Ende des Entladungsraumes den Wert

$$\gamma_1 = \frac{2}{w_1}$$

besitzt. Für diese Laufwinkel verschwindet der elektronische Anteil des Widerstandes. Die kleinste Näherungslösung der Gleichung

$$\operatorname{tg} \frac{w_1}{2} = \frac{w_1}{2}$$

ist durch einen verschwindend kleinen Laufwinkel $w_1 \ll \pi/2$ gegeben und führt auf die „Dichtesteuerung 0-ter Ordnung". Diese Steuerungsart ist identisch mit der unter dem Namen „Dichtesteuerung" bekannten Anordnung, bei der am Anfang des Entladungsraumes eine *Langmuir*sche oder virtuelle Kathode vorausgesetzt ist. Die nächst größere Wurzel der transzendenten Gleichung für den Laufwinkel ergibt nahezu einen Wert von $11\,\pi/4$ und eine „Dichtesteuerung 1-ter Ordnung". Alle Betriebszustände, bei denen eine Dichtesteuerung erfolgt, führen an die Stabilitätsgrenze des Zustandsdiagramms. Diese Instabilität verschwindet nur im Falle der „Dichtesteuerung 0-ter Ordnung", wenn man die instabile virtuelle Kathode am Anfang des Entladungsraumes durch eine *Langmuir*sche Kathode ersetzt.

Hierbei ist die Gegenüberstellung der Begriffe „Geschwindigkeitssteuerung" und „Dichtesteuerung" aber nicht in dem Sinne aufzufassen, daß im einen Falle die Geschwindigkeitsschwankung, im anderen die Dichteschwankung überwiegt. Vielmehr wird allgemein gezeigt, daß die relative Schwankung der Dichte in allen Fällen größer ist als die relative Schwankung der Geschwindigkeit. In diesem Sinne wäre jede Steuerung eine „Dichtesteuerung". Der Vergleich zwischen f- und g-Steuerung führt zu dem Ergebnis, daß die durch die f-Steuerung hervorgerufene Wirkung bei geeigneter Bemessung die mit der g-Steuerung erreichbare weit übertrifft, und damit ihre Anwendung im Wellengebiet unterhalb von 1 cm allein erfolgversprechend erscheint. Die g-Steuerung ist mit der unter dem Namen „Geschwindigkeitssteuerung" bekannten Steuerungsart identisch.

Die Elektronenstrecke kann als ein Zweipol aufgefaßt werden, dessen Wirk- und Blindanteil als Funktion des Laufwinkels dargestellt werden. Auf die Veränderungsmöglichkeit des Blindwiderstandes durch Änderung des Laufwinkels wird hingewiesen. Als Anwendung werden die bekannten Formeln für kleine Laufwinkel durch Reihenentwicklung hergeleitet.

Liegt der Laufwinkel in der Umgebung von $5\,\pi/2$, so nimmt der Wirkwiderstand des Zweipoles bekanntlich einen negativen Wert an. Von allen Systemen, die einen Laufwinkel von $5\,\pi/2$ ergeben, werden diejenigen herausgesucht, welche dieselbe Verlustleistung aufnehmen, dabei aber den absolut größten Wert des Anfachungswiderstandes erreichen. Der besondere Vorteil, der durch die Benutzung von abgebremsten Elektronen zu erzielen ist, tritt hier deutlich hervor.

Literaturverzeichnis.

1. *König, H. W.:* Über das Verhalten von Elektronenströmen im elektrischen Längsfeld. Hochfrequenztechn. u. Elektroak. *62*, S. 76, 1943.

2. *Llewellyn, F. B. and A. E. Bowen:* The Production of Ultra-High-Frequency Oscillations by Means of Diodes. Bell. Syst. Techn. Journ. *18*, S. 820, 1939.

3. *Müller, J. J. — E. Rostas:* Un générateur à temps de transit, utilisant un seul resonateur de volume. Helv. Phys. Acta S. 435, 1940.

II. Lineare Laufzeiterscheinungen in Zweikreis-Zweikammersystemen.

1. Problemstellung.

In einer früheren Arbeit *[4]* des Verfassers wurden die linearen Eigenschaften von Einkreissystemen behandelt und eine allgemeine Theorie des Steuervorganges entwickelt. Diese Untersuchungen führten einerseits auf die Entdeckung der logarithmischen Geschwindigkeitssteuerung (*f*-Steuerung), die bei entsprechender Größe der logarithmischen Beschleunigung die bekannte *g*-Steuerung in ihrer Wirkung weit übertrifft und daher für die Erzeugung und Verstärkung extrem kurzer Wellen besonders geeignet erscheint. Anderseits wurde gezeigt, daß bei geeigneter Bemessung auch mit großen Laufwinkeln eine reine Dichtesteuerung möglich ist, d. h., daß die Elektronen in Form von Paketen mit zeitlich konstanter Geschwindigkeit die Steuerstrecke verlassen. Die Zusammenballung der Elektronen erfolgt also — da sie alle mit der Anfangsgeschwindigkeit v_0 den Steuerraum wieder verlassen — vollständig leistungslos. Deshalb verschwinden auch der Wirk- und Blindanteil des elektronischen Widerstandes. In diesem Fall heben sich die Wirkungen beider Steuerungsarten gerade auf.

Die vorliegende Arbeit ist als eine unmittelbare Fortsetzung der dort angestellten Überlegungen zu betrachten und behandelt die Wirkungen, die man mit den aus der Steuerstrecke austretenden Elektronen in einem zweiten Schwingungskreis erzielen kann. Ein System, bei dem beide Hochfrequenzkammern zu Schwingungskreisen ausgebildet sind, wollen wir als ein Zweikreis-Zweikammersystem bezeichnen. Sind hingegen die beiden Schwingungskreise durch eine dazwischenliegende Laufkammer voneinander getrennt, die durch den bekannten Auflaufeffekt die Geschwindigkeitsschwankung in eine Dichteschwankung umsetzt, dann sprechen wir von einem Zweikreis-Dreikammersystem, das in einer weiteren Arbeit behandelt werden soll. Bei der Abzählung der Kammern wollen wir die wechselstrommäßig unbeteiligte Vorbeschleunigungskammer nicht berücksichtigen. Ein mit unterteilter Laufkammer ausgerüstetes Gebilde mit zwei Schwingungskreisen ist daher als ein Zweikreis-Vierkammersystem zu bezeichnen. Alle Zweikreissysteme sind hinsichtlich ihrer linearen Eigenschaften als lineare Vierpole anzusprechen.

Während Dichte und Geschwindigkeit der Elektronen bei ihrem Eintritt in die Steuerkammer zeitlich konstant sind, werden diese Größen beim Eintritt in eine der folgenden Kammern zeitlich veränderlich und von den besonderen Eigenschaften der davorliegenden Kammern abhängig. Der wesentliche Unterschied einer Kammer dieser Art gegenüber der Steuerstrecke besteht daher in der Verschiedenartigkeit der Randbedingungen.

Bei der Behandlung des vorliegenden Problems werden wir weitgehend von den Ergebnissen der unter [1] und [4] zitierten Arbeiten Gebrauch zu machen haben. Die Numerierung der Formeln und Abbildungen wird im Anschluß an [4] fortlaufend durchgeführt. Die dort benützte dimensionslose Schreibweise wird unverändert übernommen.

2. Strömungsverhältnisse im zweiten Entladungsraum.

Die von der Kathode ausgehenden Elektronen treten nach Durchlaufen der Steuerstrecke 1 (Abb. 1) mit zeitlich veränderlicher Dichte und zeitlich veränderlicher Geschwindigkeit in den Entladungsraum des Kreises 2 ein. Dieser Elektronenstrecke werde ein Kreisstrom

$$J_{2h} \sin (\omega t + \delta_2)$$

überlagert. Der Gesamtstrom im Entladungsraum hat dann nach Abb. 19 den Wert

$$J_0 + J_{2h} \sin (\omega t + \delta_2) \, .$$

Unter Benützung der durch die Gleichungen (2) und (3) eingeführten dimensionslosen Schreibweise ist die Lösung nach (8) und (9) gegeben durch

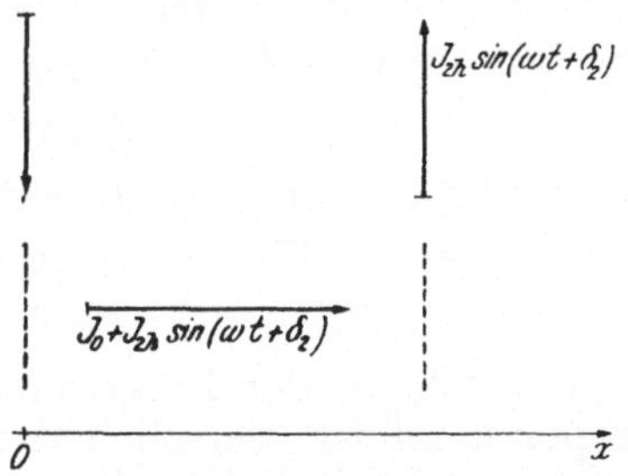

Abb. 19. Entladungsraum 2.

$$q_0 F = \psi - p_2 \cos (\varphi + \delta_2)$$
$$2 q_0 u = \psi^2 + G (\psi - \varphi) - 2 p_2 \sin (\varphi + \delta_2) \tag{132}$$

$$6 q_0 z = \psi^3 + H (\psi - \varphi) + 3 \varphi G (\psi - \varphi) + 6 p_2 \cos (\varphi + \delta_2). \tag{133}$$

Dabei ist nach wie vor die Elektronengeschwindigkeit v_0 am Anfang der Steuerstrecke als Bezugsgeschwindigkeit gewählt, also

$$z = \frac{\omega x}{v_0} \, ; \qquad u = \frac{v}{v_0}$$

usw. gesetzt. Die Stromaussteuerung p_2 ist entsprechend (2) auf die Stromdichte J_0 zu beziehen, es ist daher

$$p_2 = \frac{J_{2h}}{J_0} \, . \tag{134}$$

Die zunächst willkürlichen Funktionen G und H sind aus den für den Anfang des Entladungsraumes 2 vorzuschreibenden Randbedingungen zu ermitteln. Diese verlangen, daß beim Durchgang durch die Trennungsebene zwischen den Räumen 1 und 2, die eine Unstetigkeitsstelle des Stromes darstellt, die Geschwindigkeit und Dichte der Elektronen einen stetigen Übergang erfahren. Diese Stetigkeitsforderungen sind aber nach einem in der unter *[1]* angeführten Arbeit abgeleiteten Satz identisch mit der Bedingung, daß neben u auch

$$\frac{\partial \psi}{\partial \varphi}$$

an der Sprungstelle stetig bleibt. Die Funktionen ψ am Ende des Raumes 1 und am Anfang des Raumes 2 können sich daher nur um eine willkürliche Konstante voneinander unterscheiden. Aus der ersten Gleichung von (8) zusammen mit (67) folgt für das Ende der Steuerkammer ein ψ-Wert von der Größe

$$q_0 F_1 + \frac{p_1}{q_0 u_1} \, l \, (w_1 \, ; \, \varphi \, ; \, q_0) \, .$$

Dabei ist
$$l \, (w_1; \, \varphi; \, q_0) = f \, (w_1; \, \varphi) + \beta_1 \, q_0 \cos \, (w_1 - \varphi).$$
Im Falle A wird $\beta_1 = 0$, also
$$l \, (w_1; \, \varphi; \, q_0) = f \, (w_1; \, \varphi),$$
im Falle B mit $\beta_1 = 1$ dagegen unterscheiden sich die Funktionen l und f um das zu q_0 proportionale Zusatzglied

$$q_0 \cos \, (w_1 - \varphi) \, .$$

Da q_0 nach (3) der Elektronengeschwindigkeit v_0 an der Kathode proportional ist, verschwindet dieser Unterschied, wenn wir uns der Einfachheit halber im Falle B auf Elektronen beschränken, welche die Kathode mit der Geschwindigkeit $v_0 = 0$ verlassen. Die Korrekturen, welche durch die endliche Elektronengeschwindigkeit an der Kathode hervorgerufen werden, beeinflußen nicht das Wesen der Laufzeitvorgänge und liefern erst einen wesentlichen Beitrag bei der Untersuchung des Schroteffektes und Funkeleffektes. Diese Fragen werden in speziellen Arbeiten eingehend behandelt.

Mit der Einschränkung
$$\beta_1 \, q_0 = 0$$
verschwindet der Unterschied in den Fällen A und B bis auf den Einfluß der Feldkonstante a_1; wir erhalten für das Ende der Steuerstrecke einen ψ-Wert von der Größe

$$q_0 F_1 + \frac{p_1}{q_0 u_1} \, f \, (w_1; \, \varphi).$$

Am Anfang des Entladungsraumes 2, d. h. für $z = 0$ muß daher gelten

$$\psi = a_2 + \frac{p_1}{q_0\,u_1}\,f\,(w_1;\,\varphi),$$

wenn wir $q_0\,F_1$ mit in die willkürliche Konstante a_2 hineinziehen. Für die Geschwindigkeit ergibt sich nach (68) der Wert

$$2\,q_0\,u = 2\,q_0\,u_1 + 2\,p_1\,[\gamma_1\,f\,(w_1;\,\varphi) + g\,(w_1;\,\varphi)]\,.$$

Zur Bestimmung der Funktionen G und H in den Gleichungen (132) und (133) haben wir also die folgenden Randbedingungen zu beachten:

$$6\,q_0\,z = 0$$

$$\psi = a_2 + \frac{p_1}{q_0\,u_1}\,f\,(w_1\,;\,\varphi) \tag{135}$$

$$2\,q_0\,u = 2\,q_0\,u_1 + 2\,q_1\,[\gamma_1\,f\,(w_1;\,\varphi) + g\,(w_1;\,\varphi)]\,.$$

Mit ihrer Berücksichtigung und bei Beschränkung auf die linearen Glieder in p_1 ergibt sich aus der zweiten Gleichung von (132) eine Funktionalgleichung für G in der Gestalt

$$2\,q_0\,u_1 + 2\,p_1\,[\gamma_1\,f\,(w_1;\,\varphi) + g\,(w_1;\,\varphi)] = a_2{}^2 + \frac{2\,a_2\,p_1}{q_0\,u_1}\,f\,(w_1;\,\varphi) +$$

$$+ G\left[a_2 - \varphi + \frac{p_1}{q_0\,u_1}\,f\,(w_1;\,\varphi)\right] - 2\,p_2 \sin\,(\varphi + \delta_2)\,.$$

Wir führen hier an Stelle von φ vorübergehend die Variable ξ ein durch die Substitution

$$\xi = a_2 - \varphi + \frac{p_1}{q_0\,u_1}\,f\,(w_1;\,\varphi)\,. \tag{136}$$

Die Umkehrung dieser Beziehung, d. h. ihre Auflösung nach φ ergibt durch Reihenentwicklung bis zum linearen Glied in p_1 die Gleichung

$$\varphi = a_2 - \xi + \frac{p_1}{q_0\,u_1}\,f\,(w_1;\,a_2 - \xi)\,. \tag{137}$$

Wird nun ξ an Stelle von φ in der Funktionalgleichung für G eingeführt, so erhält man Funktionen, deren Argumente lineare Funktionen von p_1 sind. Nun läßt sich ganz allgemein jede differentiierbare Funktion

$$f\,(x) = f\,(a_0 + a_1\,p_1 + a_2\,p_2)$$

des Argumentes

$$x = a_0 + a_1\,p_1 + a_2\,p_2$$

durch Reihenentwicklung darstellen als

$$f(a_0 + a_1 p_1 + a_2 p_2) = f(a_0) + (a_1 p_1 + a_2 p_2) \frac{\partial f}{\partial x}\Big|_{x = a_0} + \ldots\ldots$$

Jeder Term der Form

$$p_1 f(a_0 + a_1 p_1 + a_2 p_2) \quad \text{bzw.} \quad p_2 f(a_0 + a_1 p_1 + a_2 p_2)$$

enthält daher neben den linearen Gliedern

$$p_1 f(a_0) \quad \text{bzw.} \quad p_2 f(a_0)$$

nur noch Glieder von mindestens quadratischem Charakter. Die gemäß unserer Problemstellung vorausgesetzte Beschränkung auf die linearen Glieder führt somit auf die Beziehungen

$$\begin{aligned} p_1 f(a_0 + a_1 p_1 + a_2 p_2) &= p_1 f(a_0) \\ p_2 f(a_0 + a_1 p_1 + a_2 p_2) &= p_2 f(a_0) . \end{aligned} \tag{138}$$

Wir können daher in Funktionen, die p_1 oder p_2 als Faktor enthalten, das als lineare Kombination aus p_1 und p_2 gebildete Argument durch das absolute Glied ersetzen.

Unter Berücksichtigung dieses Umstandes ergibt sich aus der Funktionalgleichung nach Einführung von ξ

$$G(\xi) = 2 q_0 u_1 - a_2{}^2 + 2 p_1 [\gamma_{12} f(w_1; a_2 - \xi) + g(w_1; a_2 - \xi)] + $$
$$ + 2 p_2 \sin(a_2 - \xi + \delta_2) .$$

Dabei ist gesetzt:

$$\gamma_{12} = \gamma_1 - \frac{a_2}{q_0 u_1} . \tag{139}$$

In analoger Weise erhält man mit den Randbedingungen aus der Laufwinkelgleichung (133) die Beziehung

$$0 = a_2{}^3 + \frac{3 a_2{}^2 p_1}{q_0 u_1} f(w_1; \varphi) + H\left[a_2 - \varphi + \frac{p_1}{q_0 u_1} f(w_1; \varphi) \right] + $$
$$ + 3 \varphi G\left[a_2 - \varphi + \frac{p_1}{q_0 u_1} f(w_1; \varphi) \right] + 6 p_2 \cos(\varphi + \delta_2) .$$

Durch Einführung von ξ nach (137) bzw. (136) und unter Berücksichtigung von (138) wird hieraus

$$H(\xi) = - a_2{}^3 - \frac{3 a_2{}^2 p_1}{q_0 u_1} f(w_1; a_2 - \xi) - $$

$$-3\left[a_2 - \xi + \frac{p_1}{q_0 u_1} f(w_1; a_2 - \xi) \right] G(\xi) - 6 p_2 \cos(a_2 - \xi + \delta_2) .$$

Ersetzt man die Variable ξ durch $\psi - \varphi$, so ergibt sich für die in (133) benötigte Kombination

$$H (\psi - \varphi) + 3 \varphi G (\psi - \varphi) = - a_2{}^3 - \frac{3 a_2{}^2 p_1}{q_0 u_2} f (w_1; a_2 - \psi + \varphi) -$$

$$- 3 \left[a_2 - \psi + \frac{p_1}{q_0 u_1} f (w_1; a_2 - \psi + \varphi) \right] G (\psi - \varphi) -$$

$$- 6 p_2 \cos (a_2 - \psi + \varphi + \delta_2) \, .$$

Aus $G (\xi)$ wird entsprechend

$$G (\psi - \varphi) = 2 q_0 u_1 - a_2{}^2 + 2 p_1 [\gamma_{12} f (w_1; a_2 - \psi + \varphi) +$$

$$+ g (w_1; a_2 - \psi + \varphi)] + 2 p_2 \sin (a_2 - \psi + \varphi + \delta_2) \, .$$

Damit erhalten wir für die zweite Gleichung von (132)

$$2 q_0 u = 2 q_0 u_1 - a_2{}^2 + \psi^2 + 2 p_1 [\gamma_{12} f (w_1; \varphi - \psi + a_2) +$$

$$+ g (w_1; \varphi - \psi + a_2)] + 2 p_2 [\sin (\varphi + \delta_2 - \psi + a_2) - \sin (\varphi + \delta_2)] \, .$$

Wir führen nun den Laufwinkel w ein. Dieser ist nach (10) gegeben durch die Differenz aus den zu z und $z = 0$ gehörigen ψ-Werten. Mit (135) haben wir also für den Laufwinkel zu setzen

$$w = \psi - a_2 - \frac{p_1}{q_0 u_1} f (w_1; \varphi) \, . \tag{140}$$

Während in der ersten Kammer im Falle A nach (14 A) der Laufwinkel durch die Differenz $\psi - a_1$ gegeben war, tritt hier noch ein von der Stromaussteuerung abhängiges Zeitglied hinzu. Nur bei verschwindender Aussteuerung in der Steuerstrecke stimmt $\psi - a_2$ mit dem Laufwinkel überein. Für genügend große Laufwinkel gegenüber p_1 d. h. für

$$| \psi - a_2 | \gg \frac{p_1}{q_0 u_1} | f (w_1; \varphi) |$$

kann näherungsweise

$$w = \psi - a_2$$

gesetzt werden. Es liegen hier ähnliche Verhältnisse vor wie bei der ersten Kammer im Falle B (siehe (19 B)). Demgemäß zeigen auch die Hüllkurvenäste der Laufwinkelgleichung für $\psi = a_2$ keine Spitze, sondern erzeugen an der ψ-Achse einen Abschnitt von der Länge[1]

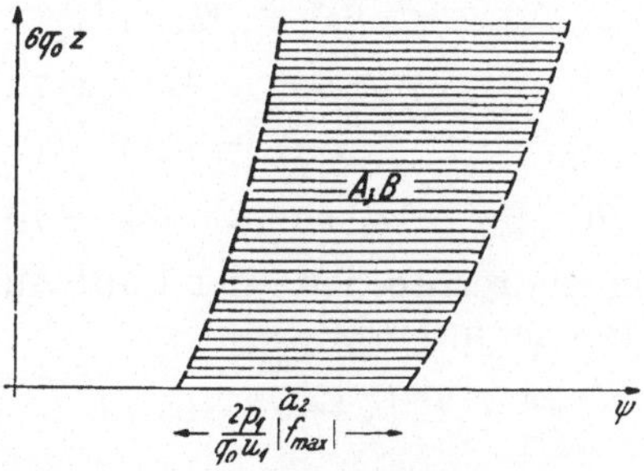

$$\frac{2 p_1}{q_0 u_1} | f_{max} (w_1; \varphi) | \, .$$

Abb. 20. Zur Laufwinkelgleichung für $p_2 = 0$.

---

[1] Hierbei ist unter $| f_{max} |$ der Maximalwert zu verstehen, den die Funktion f innerhalb der Periode erreicht.

Der Abb. 3 entspricht daher im Entladungsraum 2 die Abbildung 20, und zwar für die Fälle A und B.

Wird nun der Laufwinkel w in der obenstehenden zweiten Gleichung von (132) eingeführt, so erhält man nach einfacher Umformung und wegen (138) und (63)

$$2q_0\,u = 2q_0\,u_1 + 2\,a_2\left[w + \frac{p_1}{q_0 u_1}\,f\,(w_1;\varphi)\right] +$$

$$+ \left[w + \frac{p_1}{q_0 u_1}\,f\,(w_1;\varphi)\right]^2 +$$

$$+ 2\,p_1\,[\gamma_{12}\,f\,(w_1;\varphi - w) + g\,(w_1;\varphi - w)] +$$

$$+ 2\,p_2\,g\,(w;\varphi + \delta_2)\,.$$

In ganz ähnlicher Weise können wir die Laufwinkelgleichung behandeln. Wird in der Kombination

$$H\,(\psi - \varphi) + 3\,\varphi\,G\,(\psi - \varphi)$$

auf der rechten Seite für

$$G\,(\psi - \varphi) = 2q_0\,u_1 - a_2{}^2 + 2\,p_1\,[\gamma_{12}\,f\,(w_1;\varphi - \psi + a_2) +$$
$$+ g\,(w_1;\varphi - \psi + a_2)] + 2\,p_2\sin\,(\varphi + \delta_2 - \psi + a_2)$$

eingeführt, und werden nur die linearen Glieder angeschrieben, so kommt

$$H\,(\psi - \varphi) + 3\,\varphi\,\dot{G}\,(\psi - \varphi) =$$
$$= - a_2{}^3 + 6q_0\,u_1\,(\psi - a_2) - 3\,a_2{}^2\,(\psi - a_2) +$$
$$+ 6\,p_1\,\{\,[(\psi - a_2)\,\gamma_{12} - 1]\,f\,(w_1;\varphi - \psi + a_2) +$$
$$+ (\psi - a_2)\,g\,(w_1;\,\varphi - \psi + a_2)\} -$$
$$- 6\,p_2\,[(\psi - a_2)\sin\,(\psi - a_2 - \varphi - \delta_2) + \cos\,(\psi - a_2 - \varphi - \delta_2)]\,.$$

Für die rechte Seite der Laufwinkelgleichung (133) erhält man zusammen mit (62)

$$\psi^3 + H\,(\psi - \varphi) + 3\,\varphi\,G\,(\psi - \varphi) + 6\,p_2\cos\,(\varphi + \delta_2) =$$
$$= \psi^3 + 6\,q_0\,u_1\,(\psi - a_2) - 3\,a_2{}^2\,(\psi - a_2) - a_2{}^3 +$$
$$+ 6\,p_1\,\{\,[(\psi - a_2)\,\gamma_{12} - 1]\,f\,(w_1;\varphi - \psi + a_2) +$$
$$+ (\psi - a_2)\,g\,(w_1;\varphi - \psi + a_2)\} -$$
$$- 6\,p_2\,f\,(\psi - a_2;\varphi + \delta_2)\,.$$

Wenn wir nun die ersten vier Glieder der rechten Seite durch geeignete Zusammenfassung in der Form

$$6\,q_0\,u_1\,(\psi - a_2) + 3\,a_2\,(\psi - a_2)^2 + (\psi - a_2)^3$$

schreiben und nach (140) den Laufwinkel w einführen, so ergibt sich schließlich mit (138) für die rechte Seite der Laufwinkelgleichung

$$6 q_0 u_1 \left[w + \frac{p_1}{q_0 u_1} f(w_1;\varphi) \right] + 3 a_2 \left[w + \frac{p_1}{q_0 u_1} f(w_1;\varphi) \right]^2 +$$

$$+ \left[w + \frac{p_1}{q_0 u_1} f(w_1;\varphi) \right]^3 + 6 p_1 [(w \gamma_{12} - 1) f(w_1;\varphi - w) +$$

$$+ w g(w_1;\varphi - w)] - 6 p_2 f(w;\varphi + \delta_2) .$$

Damit haben wir aus den Randbedingungen die Funktionen G und H ermittelt; die Gleichungen (132) und (133) gehen über in

$$q_0 F = a_2 + w + \frac{p_1}{q_0 u_1} f(w_1;\varphi) - p_2 \cos(\varphi + \delta_2)$$

$$2 q_0 u = \tag{141}$$

$$= 2 q_0 u_1 + 2 a_2 \left[w + \frac{p_1}{q_0 u_1} f(w_1;\varphi) \right] + \left[w + \frac{p_1}{q_0 u_1} f(w_1;\varphi) \right]^2 +$$

$$+ 2 p_1 [\gamma_{12} f(w_1;\varphi - w) + g(w_1;\varphi - w)] + 2 p_2 g(w;\varphi + \delta_2)$$

$$6 q_0 z = 6 q_0 u_1 \left[w + \frac{p_1}{q_0 u_1} f(w_1;\varphi) \right] +$$

$$+ 3 a_2 \left[w + \frac{p_1}{q_0 u_1} f(w_1;\varphi) \right]^2 + \left[w + \frac{p_1}{q_0 u_1} f(w_1;\varphi) \right]^3 +$$

$$+ 6 p_1 [(w \gamma_{12} - 1) f(w_1;\varphi - w) + w g(w_1;\varphi - w)] -$$

$$- 6 p_2 f(w;\varphi + \delta_2) . \tag{142}$$

Durch die Gleichungen (141) sind Feldstärke und Geschwindigkeit als Funktionen des Phasenwinkels φ und des Laufwinkels w gegeben. Sie hängen durch die Laufwinkelgleichung (142) mit dem virtuellen Laufwinkel z zusammen. Dabei entspricht dem Laufwinkel $w = 0$ der Anfang des Entladungsraumes, d. h. die Stelle $z = 0$, wie man durch Einsetzen leicht bestätigt.

3. Gleichstromverhalten. Arbeitspunkt.

Wir behandeln zunächst den stationären Fall $p_1 = p_2 = 0$. Für ihn gelten die Gleichungen

$$q_0 F = a_2 + w$$
$$2 q_0 u = 2 q_0 u_1 + 2 a_2 w + w^2 \tag{143}$$
$$6 q_0 z = 6 q_0 u_1 w + 3 a_2 w^2 + w^3 . \tag{144}$$

Hierdurch sind Feldstärke, Geschwindigkeit und virtueller Laufwinkel für jeden Wert des Laufwinkels w innerhalb und am Rande des Entladungsraumes bestimmt. Die entsprechenden Größen für das Ende der Kammer seien durch den Index 2 gekennzeichnet;

also F_2; u_2; z_2 und w_2. Die Gleichungen (20) und (21) sind natürlich als Spezialfall in den Beziehungen (143) und (144) enthalten und lassen sich aus ihnen durch die Indizesvertauschung $2 \rightarrow 1 \rightarrow 0$ ableiten, wenn man berücksichtigt, daß die Elektronen in den Raum 2 nicht mit der absoluten Geschwindigkeit v_0 sondern mit der der Kammer 1 zugehörigen Endgeschwindigkeit v_1 eintreten. Bedenkt man nämlich, daß das in den rechten Seiten der Gleichungen (143) und (144) auftretende Produkt $q_0\,u_1$ wegen (3) nichts anderes darstellt, als die auf den Anfang der Kammer 2 bezogene Raumladungskonstante

$$q_1 = q_0\,u_1 = q_0\,\frac{v_1}{v_0} = \frac{\varepsilon_0\,v_1\,\omega^2}{K\,J_0}\,, \qquad (145)$$

so gehen die rechten Seiten der obigen Gleichungen durch die Indizesvertauschung $2 \rightarrow 1 \rightarrow 0$ in die rechten Seiten von (20) und (21) über. Mit (145) wird aus den linken Seiten von (143) und (144) der Reihe nach

$$q_1\,\frac{F}{u_1}\,; \qquad 2\,q_1\,\frac{u}{u_1}\,; \qquad 6\,q_1\,\frac{z}{u_1}\,.$$

Nun waren aber die reduzierten Größen F; u und z ebenso wie die entsprechenden Größen des Entladungsraumes 1 auf die Geschwindigkeit v_0 bezogen. In den Quotienten F/u_1; u/u_1; z/u_1 ist daher die zum Entladungsraum 2 gehörige absolute Eintrittsgeschwindigkeit v_1 als Bezugsgeschwindigkeit zugrunde gelegt. Damit haben wir die Gleichwertigkeit der Gleichungen (143) und (144) mit (20) und (21) nachgewiesen. Auf Grund dieser Zusammenhänge können wir ohne weitere Rechnung· durch ein einfaches Austauschverfahren aus jeder für die erste Kammer geltenden Formel die entsprechende Beziehung für die zweite Kammer gewinnen. Zu diesem Zweck haben wir zu ersetzen:

$$q_0 \rightarrow q_0\,u_1$$

oder wegen (24)

$$w_0 \rightarrow w_0 \cdot \sqrt{u_1}\,.$$

Somit ist nach (25) auch auszutauschen:

$$z_0 \rightarrow z_0\,\sqrt{u_1}\,.$$

Ferner sind an Stelle von F; u und z die Größen F/u_1; u/u_1 und z/u_1 einzuführen. Die Feldkonstante a_1 und der Laufwinkel w hingegen sind bis auf die notwendige Indizesvertauschung $1 \rightarrow 2$ nicht abzuändern. Wir haben also das folgende Austauschverfahren anzuwenden:

$$
\begin{aligned}
q_0 &\rightarrow q_0\,u_1 & u &\rightarrow u/u_1 \\
w_0 &\rightarrow w_0\,\sqrt{u_1} & z &\rightarrow z/u_1 \\
z_0 &\rightarrow z_0\,\sqrt{u_1} & w &\rightarrow w \\
F &\rightarrow F/u_1 & a_1 &\rightarrow a_2.
\end{aligned}
\qquad (146)
$$

Wenn auf der linken Seite der Index 1 steht, haben wir auf der rechten Seite den Index 2 zu setzen, also z. B.

$$u_1 \rightarrow u_2/u_1.$$

Als Anwendung ermitteln wir das Zustandsdiagramm der umkehrfreien Strömung für die Kammer 2 in der Gestalt nach Abb. 9. Entsprechend Schema (146) haben wir zu ersetzen

$$u_1 \rightarrow u_2/u_1$$
$$z_1/z_0 \rightarrow z_2/z_0 \, u^{3/2}.$$

Wenn wir also an die Abszissen-, bzw. Ordinatenachse des Diagrammes

$$u_2/u_1 \quad \text{bzw.} \quad z_2/z_0 \cdot 1/u_1^{3/2}$$

schreiben, dann haben wir bereits das Zustandsdiagramm des zweiten Entladungsraumes.

Wir gehen nun wieder auf die ursprüngliche Gestalt der Gleichungen (143) und (144) zurück, in die die Raumladungskonstante q_0 eingeht, welche nach (24) mit dem Laufwinkel w_0 in der Vorbeschleunigungskammer durch die Beziehung

$$2 \, q_0 = w_0^2$$

zusammenhängt. Der Feld- und Geschwindigkeitsverlauf des gesamten Systems, bestehend aus Vorbeschleunigungskammer und den beiden anschließenden Entladungsräumen 1 und 2, ist in Abb. 21 dargestellt. Die Neigung der Feldgeraden ist nach (143) $1/q_0 = 2/w_0^2$, also ebenso groß wie im Raum 1 nach Abb. 5. Der gesamte Feldverlauf wird also durch untereinander parallele Geradenstücke dargestellt, deren Neigung durch die Raumladungskonstante q_0 bzw. durch den Laufwinkel w_0 gegeben ist.[1] Die Sprungstellen des Feldverlaufes fallen mit den Knickstellen der Geschwindigkeitskurve zusammen. Der reduzierte Arbeitspunkt des Gesamtsystems wird durch die drei Laufwinkel w_0, w_1, w_2 und die beiden Feldgrößen a_1 und a_2 festgelegt.

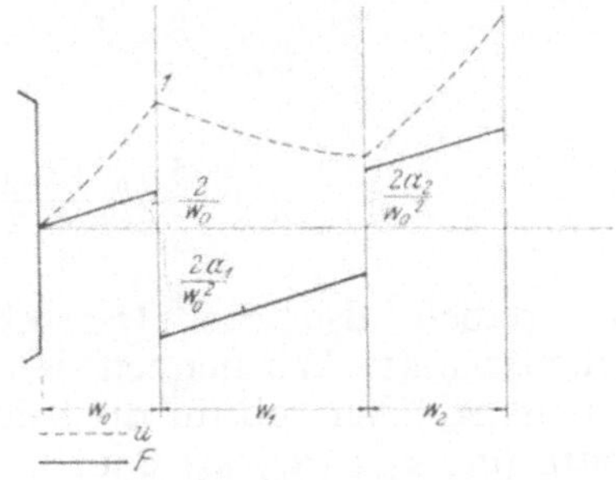

Abb. 21. Arbeitspunkt.

In manchen Fällen ist es zweckmäßiger, von den fünf Bestimmungsstücken die physikalisch etwas unanschaulichen Feld-

---

[1] Wenn man Elektronenverluste an den Trennungsebenen (Gittern) zwischen je zwei Kammern voraussetzt, dann nimmt die Neigung der Geraden von Kammer zu Kammer ab.

größen a_1 und a_2 durch die physikalisch unmittelbareren Geschwindigkeiten u_1 und u_2 an den Enden des ersten und zweiten Entladungsraumes zu ersetzen. Die entsprechenden Zusammenhänge sind in der zweiten Gleichung von (20) bzw. (143) enthalten. In dieser zweiten Darstellung wird uns der reduzierte Arbeitspunkt durch die fünf Größen w_0; w_1; w_2; u_1; u_2 gegeben. Allerdings sind dann die zur Konstruktion des Feldverlaufes nach Abb. 21 notwendigen Feldgrößen a_1 und a_2 nicht unmittelbar bekannt, sondern müssen erst aus der zweiten Gleichung von (20) bzw. (143) ermittelt werden. Es ist

$$a_1 = \frac{1}{2\,w_1}\,[w_0{}^2\,(u_1-1)-w_1{}^2] \tag{147}$$

$$a_2 = \frac{1}{2\,w_2}\,[w_0{}^2\,(u_2-u_1)-w_2{}^2]\,. \tag{148}$$

Neben den angeführten Darstellungen des reduzierten Arbeitspunktes können wir noch eine dritte benützen, bei deren Verwendung man den gewohnten Vorstellungen noch am nächsten kommt. Wir erhalten sie, wenn wir in der zweiten Darstellung des Arbeitspunktes (w_0; w_1; w_2; u_1; u_2) die Geschwindigkeiten u_1 und u_2 durch die virtuellen Laufwinkel z_1 und z_2 ersetzen. Durch Elimination von a_1 aus der zweiten Gleichung von (28) und (29) bzw. von a_2 aus den entsprechenden Gleichungen (143) und (144) findet man die Zusammenhänge

$$u_1 = \frac{3\,w_0{}^2\,(2\,z_1-w_1)+w_1{}^3}{3\,w_0{}^2\,w_1} \tag{149}$$

$$u_2 = \frac{3\,w_0{}^2\,(2\,z_2-u_1\,w_2)+w_2{}^3}{3\,w_0{}^2\,w_2}\,. \tag{150}$$

Wir haben also drei Darstellungsformen für den reduzierten Arbeitspunkt. Wir nennen sie kurz von erster, zweiter oder dritter Art, je nachdem, ob für die beiden letzten Koordinaten die Wertepaare (a_1; a_2); (u_1; u_2) oder (z_1; z_2) gewählt werden. Zur Veranschaulichung wählen wir ein einfaches Zahlenbeispiel. Der Arbeitspunkt sei nach erster Art gegeben:

1. Art: (w_0; w_1; w_2; a_1; a_2) = (4; 1; 1; —1; 1).

Dann findet man nach (147) und (148) bzw. mit (149) und (150) für die beiden anderen Arten:

2. Art: (w_0; w_1; w_2; u_1; u_2) = (4; 1; 1; 15/16; 18/16)
3. Art: (w_0; w_1; w_2; z_1; z_2) = (4; 1; 1; 92/96; 98/96).

Als Anwendungsbeispiel für die Darstellung des Arbeitspunktes nach der 2. Art stellen wir die Bedingung für den raumladungsfreien Zustand auf. Er liegt dann vor, wenn die Feldstärken am Anfang und Ende des Entladungsraumes nur so wenig voneinander abweichen, daß dieser Unterschied gegenüber dem mittleren Wert vernachlässigbar ist. Der mit dieser Forderung identische Zustand der Homogenität des Feldes liegt aber vor, wenn

$$w_2 \ll |a_2|$$

gilt. Mit (148) wird hieraus

$$w_2{}^2 \ll w_0{}^2 \, |u_2 - u_1| \, . \tag{151}$$

In diesem Falle gehen die Gleichungen (143) und (144) über in

$$F = \frac{2}{w_0{}^2} \cdot a_2 \tag{152}$$

$$u = \frac{1}{w_0{}^2} \, (w_0{}^2 \, u_1 + 2 \, a_2 \, w)$$

$$z = \frac{1}{3 \, w_0{}^2} \, (3 \, w_0{}^2 \, u_1 \, w + 3 \, a_2 \, w^2) \, . \tag{153}$$

Eliminiert man aus der zweiten und dritten Gleichung a_2, so ergibt sich zwischen dem virtuellen und wirklichen Laufwinkel der bekannte Zusammenhang

$$z = \frac{u_1 + u}{2} \, w \quad \text{wenn} \quad w_2{}^2 \ll w_0{}^2 \, |u_2 - u_1| \, . \tag{154}$$

Wenn nun außer der Bedingung für den raumladungsfreien Zustand noch die Größenbeziehung

$$2 \, |a_2| \, w_2 \ll w_0{}^2 \, u_1$$

besteht, dann erhalten wir mit (148) die Zusatzbedingung

$$|u_2 - u_1| \ll u_1 \, . \tag{155}$$

Wir haben dann einen feldfreien Raum; aus (152) und (153) wird

$$u = u_1 \quad \text{wenn} \quad w_2{}^2 \ll w_0{}^2 \, |u_2 - u_1| \, ; \; |u_2 - u_1| \ll u_1 \tag{156}$$

$$z = u_1 \, w \, . \tag{157}$$

Der virtuelle Laufwinkel z/u_1 bezogen auf die Eintrittsgeschwindigkeit des Entladungsraumes 2 stimmt mit dem wirklichen Laufwinkel überein. Die entsprechenden Beziehungen für die Kammer 1 ergeben sich sofort durch die Indizesvertauschung $2 \to 1 \to 0$ mit $u_0 = 1$.

4. Gleichstromverhalten. Stabilitätsgrenze.

In Ergänzung der bei den Einkreissystemen angestellten Stabilitätsuntersuchungen fügen wir noch einige Bemerkungen hinzu Durch Anwendung der Vertauschung (146) erhalten wir in Parallele zu (52) und (54) die Gleichungen

$$r_2 = \frac{w_2}{w_0} = \sqrt{u_1 + u_2} \qquad (158)$$

$$s_2 = \frac{a_2}{w_0} = -\frac{u_1}{\sqrt{u_1 + u_2}} . \qquad (159)$$

Für das Minimum der Geschwindigkeit an der Stabilitätsgrenze findet man

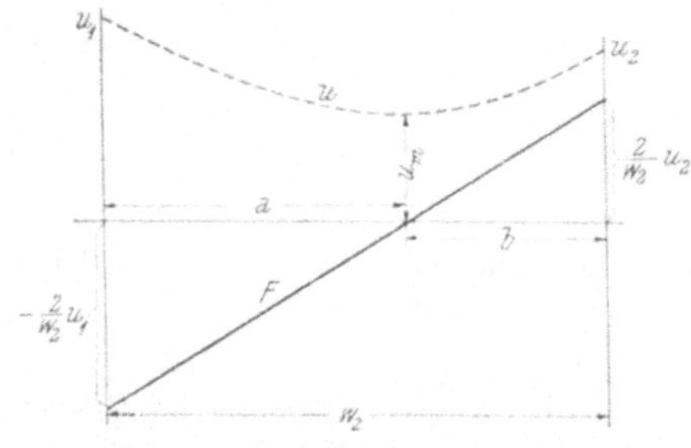

Abb. 22. Zur Stabilitätsgrenze.

$$u_m = \frac{u_1 u_2}{u_1 + u_2} . \qquad (160)$$

Wenn man die am Anfang und Ende des Entladungsraumes liegenden Feldstärken für die Stabilitätsgrenze ausrechnet, d. h. die Ausdrücke

$$\frac{2}{w_0^2} a_2 \quad \text{und} \quad \frac{2}{w_0^2} (a_2 + w_2)$$

mit Hilfe von (158) und (159) geeignet umformt, so erhält man (Abb. 22)

$$\frac{2}{w_0^2} a_2 = -\frac{2}{w_2} u_1$$

und

$$\frac{2}{w_0^2} (a_2 + w_2) = \frac{2}{w_2} \cdot u_2 . \qquad (161)$$

Die Feldstärken am Anfang und Ende des Entladungsraumes verhalten sich an der Stabilitätsgrenze so, wie die entsprechenden Geschwindigkeiten. Die logarithmische Beschleunigung als Verhältnis von Feldstärke und Geschwindigkeit hat daher an den Enden für die Stabilitätsgrenze die Werte $\mp 2/w_2$. Für die Abschnitte a und b, durch welche die Lage des Geschwindigkeitsminimums bestimmt wird, erhält man

$$a = \frac{u_1}{u_1 + u_2} \cdot w_2$$

$$\qquad (162)$$

$$b = \frac{u_2}{u_1 + u_2} \cdot w_2 .$$

Unter Zuhilfenahme der Formeln (160) bis (162) ergibt sich ein recht einfaches Konstruktionsverfahren für Lage und Größe des

Geschwindigkeitsminimums an der Grenze der Stabilität, wenn w_2; u_1 und u_2 als gegeben angenommen werden. Wegen

$$\frac{u_1}{a} = \frac{u_2}{b}$$

sind die in Abb. 23 angezeichneten Winkel gleich groß. Verbindet man daher den Punkt P_2 mit dem Spiegelpunkt P_1^* von P_1, so erhält man wie bei der Konstruktion des Lichtweges für einen von P_1 ausgehenden Lichtstrahl, der nach der Reflexion an der Achse $A_1\,A_2$ nach P_2 gelangen soll, den Fußpunkt H und damit die Lage des Geschwindigkeitsminimums. Seine Größe ergibt sich in folgender Weise: Das in H auf der Laufwinkelachse errichtete Lot schneidet die durch P_2 zu ihr parallele Gerade in P_2'. Wird nun zur Verbindungslinie zwischen P_2' und dem linken End-

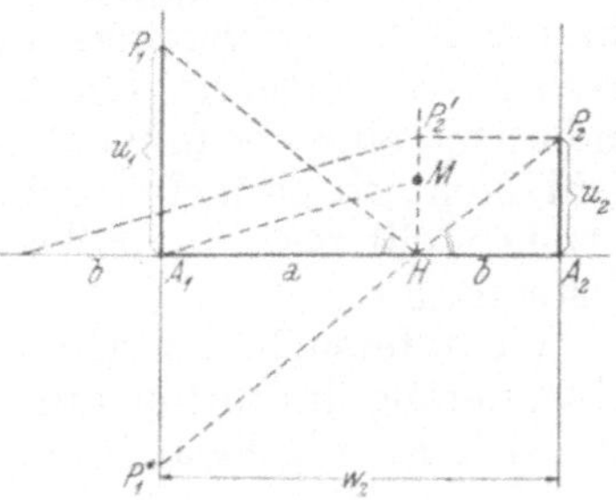

Abb. 23. Konstruktion des Minimums.

punkt der von A_1 nach links abgetragenen Strecke b durch A_1 eine Parallele gezogen, so schneidet diese das bereits erwähnte Lot im Punkt M. Der Abstand $\overline{H\,M}$ gibt uns die Höhe des Geschwindigkeitsminimums, da wegen der Ähnlichkeit der bei der Konstruktion entstandenen Dreiecke gilt:

$$\frac{a}{a+b} = \frac{\overline{H\,M}}{u_2} = \frac{u_1}{u_1+u_2},$$

daher nach (160)

$$u_m = \overline{H\,M}.$$

5. Gleichstromverhalten. Logarithmische Beschleunigung.

Zum Abschluß unserer Gleichstrombetrachtungen untersuchen wir das Verhalten der logarithmischen Beschleunigung noch etwas genauer. Sie ist bekanntlich als das Verhältnis aus Feldstärke und Geschwindigkeit definiert. Nach (143) ist

$$\gamma = \frac{F}{u} = \frac{1}{u} \cdot \frac{du}{dw} = \frac{d\,ln\,u}{dw}. \tag{163}$$

Zunächst können wir aus (143) sofort ablesen, daß am Anfang des Entladungsraumes die logarithmische Beschleunigung den Wert

$$\gamma\big|_{w=0} = \frac{a_2}{q_0\,u_1} \tag{164}$$

besitzt. Die in den allgemeinen Gleichungen (141) und (142) auftretende Größe γ_{12} liefert uns also nach (139) die Differenz der logarithmischen Beschleunigung am Ende des ersten und Anfang des zweiten Entladungsraumes. Wir nennen γ_{12} kurz den „Beschleunigungssprung". Die logarithmische Beschleunigung bzw. deren Sprungwert an der Trennungsebene der beiden Hochfrequenzkammern stellt neben den Koordinaten des Arbeitspunktes den fundamentalsten Begriff der ganzen Theorie dar. Wir werden im folgenden erkennen, wie sich je nach der Größe des Beschleunigungssprunges die verschiedenartigen Betriebszustände eines Zweikreis-Systemes in eine zwanglose Ordnung einreihen lassen. Gleichzeitig damit werden wir Eigenschaften aufklären und allgemeine Zusammenhänge aufdecken, die auf anderem Wege wohl nicht so einfach zu übersehen sind. Der Beschleunigungssprung stellt gewissermaßen die charakteristische Kenngröße des Systems dar.

Wir untersuchen zunächst den Verlauf der logarithmischen Beschleunigung in Bezug auf Extremeigenschaften. Aus (143) ergibt sich für die logarithmische Beschleunigung der Ausdruck

$$\gamma = \frac{2\,(a_2 + w)}{w_0{}^2\,u_1 + 2\,a_2\,w + w'^2} \tag{165}$$

und für die Nullstellen der Ableitung

$$w_{ext} = -\,a_2 \pm \sqrt{w_0{}^2\,u_1 - a_2{}^2}\;.$$

Setzt man die so gefundenen Werte für w_{ext} in (165) ein, so kommt

$$\gamma_{ext} = \pm\,\frac{1}{\sqrt{w_0{}^2\,u_1 - a_2{}^2}}\;.$$

Wir können nun leicht einsehen, daß die Extremstellen bzw. Extremwerte der logarithmischen Beschleunigung in einem einfachen Zusammenhang mit dem Geschwindigkeitsminimum stehen, falls ein solches vorhanden ist. Es liegt an der Stelle[1]

$$w_m = -\,a_2 \tag{166}$$

und hat den Wert

$$u_m = \frac{1}{w_0{}^2}\,(w_0{}^2\,u_1 - a_2{}^2)\,, \tag{167}$$

wie man mit (46) und (47) durch Anwendung der Vertauschungsvorschrift (146) zeigen kann. Damit erhalten wir aber für die Lage und Größe der Extrema der logarithmischen Beschleunigung

$$w_{ext} = w_m \pm w_0\sqrt{u_m} \tag{168}$$

$$\gamma_{ext} = \pm\,\frac{1}{w_0\,\sqrt{u_m}}\,. \tag{169}$$

---

[1] Diese Stelle ist durch das Verschwinden der elektrischen Feldstärken gekennzeichnet.

Die Extrema der logarithmischen Beschleunigung liegen nach (168) links bzw. rechts vom Geschwindigkeitsminimum. Das links davon gelegene Extremum ist ein Minimum, das rechts gelegene ein Maximum. Ob allerdings die Lösungen physikalisch sinnvoll sind, d. h. ob die Extrema innerhalb unserer Kammer liegen, hängt davon ab, ob die durch (168) gegebenen Laufwinkelwerte zwischen 0 und w_2 liegen oder nicht. An der Stabilitätsgrenze werden die Verhältnisse am übersichlichsten. Mit (158), (160) und (162) erhält man nämlich nach einfacher Umformung für die Extremstellen nach (168) die Werte

$$w_{ext} = w_2 \frac{\sqrt{u_1}\,(\sqrt{u_1} \pm \sqrt{u_2})}{u_1 + u_2} \qquad (170)$$

und für die logarithmische Beschleunigung

$$\gamma_{ext} = \pm \frac{2}{w_2} \cdot \frac{u_1 + u_2}{2\sqrt{u_1 u_2}} \, . \qquad (171)$$

In Abb. 24 ist der schematische Verlauf der logarithmischen Beschleunigung für die Fälle $u_2 = u_1$; $u_2 > u_1$ und $u_2 < u_1$ dargestellt. Im ersten Falle liegen die Extrema an den Rändern. Für $u_2 > u_1$ verschieben sich Geschwindigkeitsminimum und die Extrema der logarithmischen Beschleunigung γ nach links und damit liegt nur das Maximum innerhalb des Entladungsraumes. Ist $u_2 < u_1$, dann erfolgt die Verschiebung in umgekehrter Richtung; es existiert nur das Minimum im Inneren des Entladungsraumes. Die Endpunkte der Beschleunigungskurve sind nach einem im vorigen Abschnitt bewiesenen Satz dieselben; ihre Werte sind $\mp 2/w_2$ und von den Geschwindigkeiten unabhängig. Wenn wir mit u_2 immer näher an Null herangehen, dann strebt der absolute

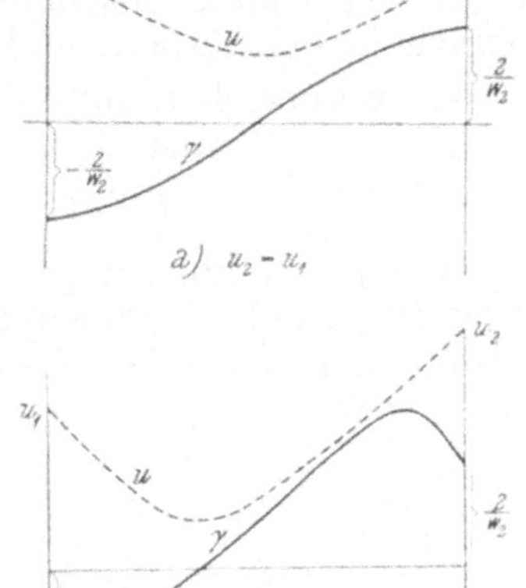
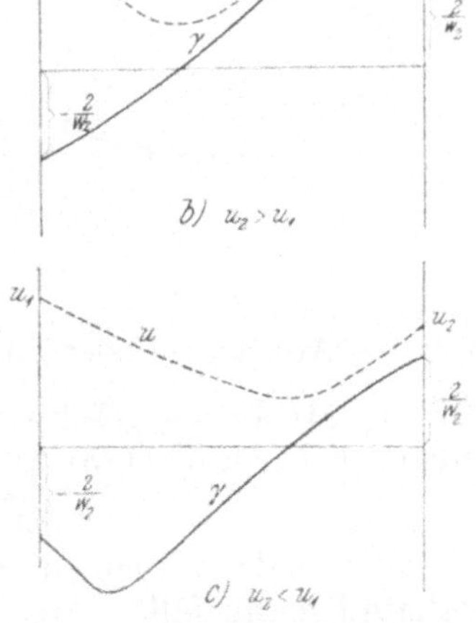

Abb. 24. Verlauf der logarithmischen Beschleunigung an der Stabilitätsgrenze.

Betrag des Beschleunigungsminimums über alle Grenzen und schiebt sich immer näher an das Ende der Kammer heran. Der Wert am Ende bleibt aber nach wie vor $2/w_2$.

Wir gehen nun zur näheren Untersuchung des Beschleunigungssprunges γ_{12} über. Er ist nach (139) zusammen mit (20) und (71) darstellbar in den Arbeitspunktkoordinaten 1. Art durch

$$\gamma_{12} = \frac{2\,(a_1 + w_1 - a_2)}{w_0{}^2\,u_1}\,.\tag{172}$$

Die Umrechnung auf die Arbeitspunktkoordinaten 2. Art führt mit (147) und (148) auf die Darstellung

$$\gamma_{12} = \frac{1}{w_0{}^2\,u_1\,w_1\,w_2}\left[w_1\,w_2\,(w_1 + w_2) + w_0{}^2\,w_2\,(u_1 - 1) + \right.$$
$$\left. + \; w_0{}^2\,w_1\,(u_1 - u_2)\right].\tag{173}$$

Wegen der Unübersichtlichkeit verzichten wir hier auf die Darstellung in den Arbeitspunktkoordinaten 3. Art.

Wir untersuchen nun den Beschleunigungssprung in einigen interessanten Sonderfällen.

1. Fall. Langmuir-Kathode.

Es möge die linke Begrenzungsebene der Steuerstrecke mit der ungesättigten Elektronenquelle der Vorbeschleunigungskammer zusammen fallen. Die Geschwindigkeit der austretenden Elektronen sei zu Null angenommen (*Langmuir*sche Kathode); es ist also

$$w_0 = a_1 = 0$$

zu setzen. Wir haben also hier den Fall B vor uns. Nun werden u_1 und u_2 infolge des Verschwindens der Bezugsgeschwindigkeit v_0 unendlich, so daß wir hier nicht auf v_0 beziehen können. In der schematischen Darstellung des Arbeitspunktes nach Abb. 25 ist daher v_1 als Bezugsgeschwindigkeit gewählt. Das in den Gleichungen (172) und (173) auftretende Produkt

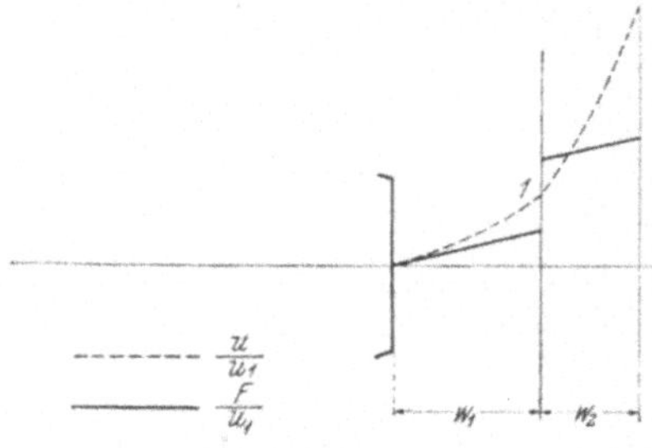

Abb. 25. Arbeitspunkt der Triode.

$$w_0{}^2\,u_1 = 2\,q_0\,u_1$$

muß aber endlich bleiben, da bekanntlich v_0 aus dem Produkt überhaupt herausfällt. Aus der zweiten Gleichung von (28) findet man mit $w_0 = a_1 = 0$ den Zusammenhang

$$w_0{}^2\,u_1 = w_1{}^2$$

und daher

$$w_0{}^2\,u_2 = w_1{}^2 \cdot \frac{u_2}{u_1}\,.$$

Wir erhalten somit aus (172) in unserem Falle

$$\gamma_{12} = \frac{2}{w_1} - \frac{2\,a_2}{w_1{}^2}\,.\tag{174 B}$$

Die zweite Darstellung für den Beschleunigungssprung führt mit (173) auf

$$\gamma_{12} = \frac{1}{w_2}\left[\left(1 + \frac{w_2}{w_1}\right)^2 - \frac{u_2}{u_1}\right]. \qquad (175\ \text{B})$$

Wir fügen noch die Darstellung in den Arbeitspunktkoordinaten 3. Art hinzu, die sich hier sehr einfach gestaltet. Aus (149) und (150) erhält man nämlich durch Entfernen der Nenner und Berücksichtigung der oben angeführten Beziehungen die Gleichungen

$$3\,w_1{}^3 = 6\,w_0{}^2\,z_1 + w_1{}^3$$

$$3\,w_1{}^2 \cdot \frac{u_2}{u_1} \cdot w_2 = 6\,w_0{}^2\,z_2 - 3\,w_1{}^2\,w_2 + w_2{}^3\,.$$

Hierin ist wieder die Tatsache zu beachten, daß in den Produkten $w_0{}^z\,z_1$ und $w_0{}^2\,z_2$ die Größe v_0 herausfällt und daher diese Terme endlich bleiben. Bringt man sie auf eine Seite und dividiert die Gleichungen durch einander, so wird

$$\frac{z_2}{z_1} = \frac{1}{2\,w_1{}^3}\left(3\,w_1{}^2\,w_2\,\frac{u_2}{u_1} + 3\,w_1{}^2\,w_2 - w_2{}^3\right)$$

oder

$$\frac{u_2}{u_1} = \frac{1}{3\,w_1{}^2\,w_2}\left(2\,w_1{}^3\,\frac{z_2}{z_1} - 3\,w_1{}^2\,w_2 + w_2{}^3\right).$$

Setzt man diesen Ausdruck für u_2/u_1 in (175 B) ein, so ergibt sich nach einfacher Umformung

$$\gamma_{12} = \frac{2\,w_1}{3\,w_2{}^2}\left[\left(1 + \frac{w_2}{w_1}\right)^3 - 1 - \frac{z_2}{z_1}\right]. \qquad (176\ \text{B})$$

Ist

$$\frac{w_2}{w_1} \ll 1 \qquad \text{und} \qquad \frac{u_2}{u_1} \gg 1\,,$$

eine Annahme, die bei manchen Trioden annähernd erfüllt ist, dann ergeben sich aus (175 B) und (176 B) die Näherungen

$$\gamma_{12} = -\frac{1}{w_2} \cdot \frac{u_2}{u_1} = -\frac{2\,w_1}{3\,w_2{}^2} \cdot \frac{z_2}{z_1} \qquad \frac{w_2}{w_1} \ll 1\,;\, \frac{u_2}{u_1} \gg 1\,. \qquad (177\ \text{B})$$

Man erkennt hieraus unmittelbar den Einfluß des Geschwindigkeitsverhältnisses u_2/u_1 bzw. des Abstandsverhältnisses $z_2/z_1 = x_2/x_1$. Die Abnahme von γ_{12}, die infolge der Proportionalität mit $1/\omega$ bei zunehmender Frequenz erfolgt, kann bis zu einem gewissen Grad durch die Wahl eines großen Abstandsverhältnisses ausgeglichen werden.

2. Fall. *Entladungsräume raumladungsschwach.*

Bei dem jetzt zu behandelnden Fall setzen wir einen so großen Laufwinkel in der Vorbeschleunigungskammer voraus, daß die beiden Entladungsräume 1 und 2 als raumladungsfrei angesehen werden können. Nach (151) ist diese Forderung gebunden an die Erfüllung der Größenbeziehungen

$$w_2{}^2 \ll w_0{}^2 \, |u_2 - u_1|$$
$$w_1{}^2 \ll w_0{}^2 \, |u_1 - 1| \, .$$

Unter diesen Annahmen geht (173) über in

$$\gamma_{12} = \frac{w_2\,(u_1 - 1) + w_1\,(u_1 - u_2)}{u_1\,w_1\,w_2} \, . \qquad (178\ \text{A})$$

Besonders einfache Verhältnisse ergeben sich, wenn wir noch $u_1 \ll 1$ und $u_2 = 1$ voraussetzen. Aus (178 A) erhält man (Abb. 26) den Wert

$$\gamma_{12} = -\,\frac{w_1 + w_2}{u_1\,w_1\,w_2} \, . \qquad (179\ \text{A})$$

Der Beschleunigungssprung ist also umso größer, je stärker die Elektronen in der Steuerstrecke abgebremst werden. Demnach ließe sich bei Abbremsung der Elektronen bis auf die Geschwindigkeit Null theoretisch ein unendlich großer Beschleunigungssprung erzielen. Abgesehen von der praktischen Möglichkeit, diesen Grenzfall in der angegebenen Form zu realisieren, stehen dem beliebigen Anwachsen des Beschleunigungssprunges eine Reihe von prinzipiellen Einflüssen entgegen, die gerade an dieser Stelle auch eine theoretische obere Grenze vorschreiben. Daß wir diese mit Hilfe unserer

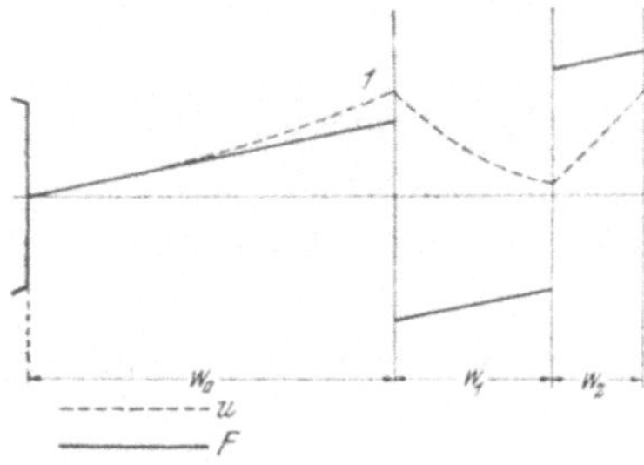

Abb. 26. Raumladungsschwache Entladungsräume. $u_1 \ll 1$; $u_2 = 1$.

Betrachtungen nicht angeben können, liegt einfach daran, daß neben der Vernachlässigung des Magnetfeldes von Anfang an die Strömung als eben vorausgesetzt wurde, eine Annahme, die umso weniger erfüllt sein kann, je näher man mit der Geschwindigkeit an Null heranrückt. Die Verhältnisse liegen hier etwa ähnlich wie bei einem elektrischen Schwingungskreis, der bekanntlich einen unendlich großen Resonanzwiderstand ergibt, solange man von der endlichen Leitfähigkeit des Metalles absieht.

Wenn man nun auch eine Elektronenströmung durch Einbau von Gittern praktisch niemals homogen über den Querschnitt auf Null abbremsen kann, so gibt es doch einen Fall, bei dem man nicht nur eine vollständige Homogenität erzielen, sondern auch das unerwünschte Auftreten von Sekundärelektronen verhindern kann. Hier wird man sich wohl dem angeführten Grenzfall praktisch so weit nähern, daß nur noch die theoretischen Gründe bestehen bleiben, die das beliebige Anwachsen des Beschleunigungssprunges verhindern. Wenn man nämlich die Elektronen nicht in den zweiten Entladungsraum eintreten läßt, sondern sie zur Reflexion an einer wirklichen Äquipotentialfläche zwingt, fallen Inhomogenitäten der Geschwindigkeit praktisch fort. Wir erhalten dann durch Spiegelung an der Trennungswand zwischen den beiden Entladungsräumen bei

$$w_2 = w_1$$

unmittelbar die Bremsfeldröhre. Bei ihr hat der Beschleunigungssprung — er liegt an der Umkehrstelle — nach unserer Theorie einen unendlich großen negativen Wert. Die Reflexionsanordnung dürfte diejenige sein, bei der man an die theoretische obere Grenze des Beschleunigungssprunges am nächsten herankommt.[1]

3. Fall. *Beide Entladungsräume an der Stabilitätsgrenze.*

Wenn wir im vorigen Fall den Laufwinkel w_0 verkleinern, dann spielt bei festem w_1; w_2; u_1; u_2 die Raumladung eine immer größere Rolle, und wir werden schließlich an die Stabilitätsgrenze einer der beiden Entladungsräume gelangen. Wir wählen die Verhältnisse so, daß die Stabilitätsgrenze für beide Räume gleichzeitig erreicht wird. Dies ist nach (158) der Fall für

$$w_2{}^2 = w_0{}^2 (u_1 + u_2); \quad w_1{}^2 = w_0{}^2 (1 + u_1).$$

Nach dem in Abschnitt 4 bewiesenen Satz hat die logarithmische Beschleunigung am Ende des ersten Raumes den Wert $2/w_1$ und am Anfang des zweiten Raumes den Wert $- 2/w_2$. Der Beschleunigungssprung ist demnach positiv von der Größe

$$\gamma_{12} = 2 \left(\frac{1}{w_1} + \frac{1}{w_2} \right). \qquad (180\ \text{A})$$

In der Darstellung nach Abb. 27 ist $u_1 \ll 1$ angenommen. Wenn wir also den Laufwinkel w_0 verkleinern und uns damit der Stabilitätsgrenze annähern, so nimmt der Beschleunigungssprung ab, wechselt sein Vorzeichen und sinkt bis auf einen bei großen Laufwinkeln kleinen, positiven Wert herab. Bei der Bremsfeldröhre erfolgt die Änderung in vollkommen gleichem Sinne, wenn auch infolge der zunehmenden Raumladung die gegenseitige Beeinflußung des hin- und rücklaufenden Strahles nicht mehr vernachlässigbar ist.

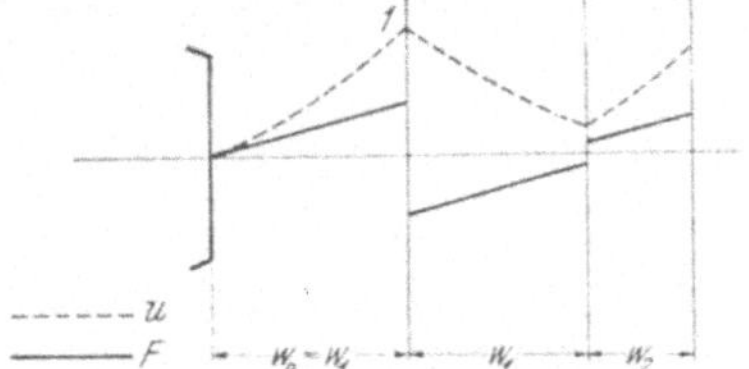

Abb. 27. Beide Entladungsräume nahe der Stabilitätsgrenze. $u_1 \ll 1$.

---

[1] Die Gewinnung der Bremsfeldröhre durch Spiegelung des Zweikreis-Systems ist natürlich nicht ganz exakt, da die hin- und rücklaufenden Elektronen gegenseitigen Einflüssen unterliegen, die hier nicht berücksichtigt sind. Infolge der vorausgesetzten schwachen Raumladung in beiden Entladungsräumen ist diese Korrektur aber gering.

4. Fall. Entladungsraum 1 an der Stabilitätsgrenze.

Wenn wir im vorigen Fall unter Beibehaltung von w_0, w_1, w_2 und u_1 die Geschwindigkeit u_2 über den zur Stabilitätsgrenze des Entladungsraumes 2 gehörigen Wert steigern, dann verschwindet in diesem Raum der indifferente Zustand, im Entladungsraum 1 bleibt er aber bestehen. Wegen

$$w_1{}^2 = w_0{}^2 \, (u_1 + 1)$$

wird dann aus (173) nach einfacher Rechnung

$$\gamma_{12} = \frac{2}{w_1} - \frac{1}{u_1 \, w_2} \left[u_2 - u_1 - \left(\frac{w_2}{w_0}\right)^2 \right]. \qquad (181\ \text{A})$$

Setzt man wieder $u_1 \ll 1$, außerdem aber noch

$$\frac{w_2}{w_0} \ll 1 \quad \text{und} \quad u_2 > 1$$

voraus, dann ist u_1 gegen u_2 zu vernachlässigen und das Quadrat von w_2/w_0 erst recht kleiner als 1, so daß man auch dieses in erster Näherung ebenfalls gegen 1 streichen kann. Für große Laufwinkel w_1 kann ferner noch $2/w_1$ vernachlässigt werden und (181 A) ergibt in erster Näherung

$$\gamma_{12} \approx - \frac{1}{w_2} \cdot \frac{u_2}{u_1}. \qquad (182\ \text{A})$$

Diese Beziehung ist mit der für die Triode gefundenen Gleichung (177 B) vollkommen identisch (Abb. 28).

Der hier behandelte Fall stellt die physikalisch sinngemäße Erweiterung des „Triodenprinzips" dar. Dabei wollen wir unter diesem Prinzip die Tatsache verstehen, daß die aus der Steuer-

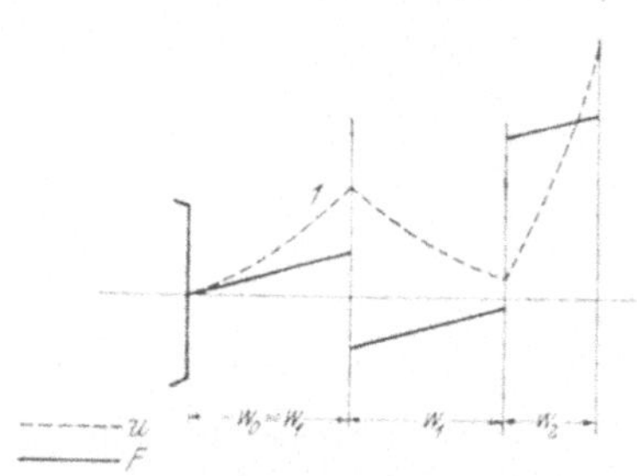

Abb. 28. Steuerraum nahe der Stabilitätsgrenze. $u_1 \ll 1$.

strecke austretenden Elektronen rein dichtegesteuert sind. Ob es sich dabei um eine Dichtesteuerung 0-ter oder höherer Ordnung handelt, ist belanglos. Nun verlangt jede Dichtesteuerung eine Einstellung des Arbeitspunktes an der Stabilitätsgrenze der Steuerstrecke. Diese Instabilität verschwindet nur dann, wenn das Geschwindigkeitsminimum am Anfang des Steuerraumes liegt, weil man diese Möglichkeit durch eine *Langmuir*sche Kathode realisieren kann, während in allen übrigen Fällen das Minimum künstlich erzeugt werden muß und diese Zustände tatsächlich instabil sind. Aus diesem Grund muß man in der Praxis einen gewissen Abstand von dieser kritischen Stelle einhalten.

6. Wechselstromverhalten. Zusammenhänge zwischen den Spannungen und Strömen.

Bevor wir mit der Untersuchung der Wechselstromeigenschaften an Hand der Gleichungen (141) und (142) beginnen, ändern wir unsere Bezeichnung analog dem ersten Teil wieder dahingehend ab, daß wir dem für das Ende des Entladungsraumes maßgebenden stationären Laufwinkel w_2 auch variablen Charakter zuschreiben, d. h. unter w_2 irgend einen Wert des stationären Laufwinkels verstehen, der einen Punkt im Inneren oder am Rande des Entladungsraumes 2 charakterisiert. Die entsprechende Bezeichnung wenden wir auch bei den Größen F; u und z an. Es sind also von nun an unter F_2; u_2 und z_2 die stationären Werte im Inneren und am Rande des Entladungsraumes zu verstehen. Diese Schreibweise entspricht vollkommen der bei bestimmten Integralen häufig benützten, wobei man das Integral als Funktion der oberen Grenze betrachtet und für sie denselben Buchstaben verwendet, wie für die Integrationsvariable, also z. B.

$$\int_0^x a(x)dx$$

schreibt. Im Gegensatz zu den oben genannten Größen w_2; F_2 usw. wollen wir mit der Bezeichnungsweise w; F usw. die Zeitabhängigkeit zum Ausdruck bringen. Die zum stationären Zustand gehörigen Zusammenhänge (143) und (144) schreiben sich in der abgeänderten Bezeichnungsweise demnach folgendermaßen:

$$q_0 F_2 = a_2 + w_2$$
$$2\,q_0\,u_2 = 2\,q_0\,u_1 + 2\,a_2\,w_2 + w_2{}^2$$
$$6\,q_0\,z_2 = 6\,q_0\,u_1\,w_2 + 3\,a_2\,w_2{}^2 + w_2{}^3 .$$

Wir gehen nun dazu über, die Laufwinkelgleichung (142) nach w aufzulösen, d. h. w als eine Potenzreihe von p_1 und p_2 darzustellen und entsprechend unserer allgemeinen Problemstellung ihre Entwicklung bis zu den linearen Gliedern herzustellen. Um die Potenzreihenentwicklung

$$w\,(p_1;p_2) = w\,(0;0) + \frac{\partial w}{\partial p_1}\bigg|_{0,\,0} \cdot p_1 + \frac{\partial w}{\partial p_2}\bigg|_{0,\,0} \cdot p_2 + \cdots$$

zu erhalten, haben wir die partiellen Ableitungen

$$\frac{\partial w}{\partial p_1}\bigg|_{0,\,0} \quad \text{und} \quad \frac{\partial w}{\partial p_2}\bigg|_{0,\,0}$$

zu ermitteln. Betrachtet man alle Größen als fest und wird w nur als Funktion von p_1 und p_2 aufgefaßt, so erhält man durch partielle Ableitung nach p_1 aus der Laufwinkelgleichung

$$0 = \left\{ 6\,q_0\,u_1 + 6\,a_2 \left[w + \frac{p_1}{q_0\,u_1}\,f\,(w_1;\varphi) \right] + \right.$$

$$\left. + 3 \left[w + \frac{p_1}{q_0\,u_1}\,f\,(w_1;\varphi) \right]^2 \right\} \left\{ \frac{\partial w}{\partial p_1} + \frac{1}{q_0\,u_1}\,f\,(w_1;\varphi) \right\} +$$

$$+ 6\,[(w\,\gamma_{12} - 1)\,f\,(w_1;\varphi - w) + w\,g\,(w_1;\varphi - w)] + \ldots\ldots$$

Die nicht angeschriebenen und nur durch Punkte angedeuteten Glieder sind p_1 bzw. p_2 proportional und verschwinden daher für $p_1 = p_2 = 0$. Wir erhalten somit

$$3 \left[2\,q_0\,u_1 + 2\,a_2\,w_2 + w_2{}^2 \right] \cdot \left[\frac{\partial w}{\partial p_1}\bigg|_{0,0} + \frac{1}{q_0\,u_1}\,f\,(w_1;\varphi) \right] +$$

$$+ 6\,[(w_2\,\gamma_{12} - 1)\,f\,(w_1;\varphi - w_2) + w_2\,g\,(w_1;\varphi - w_2)] = 0.$$

Unter Berücksichtigung der zweiten Gleichung von (143) ergibt sich

$$\frac{\partial w}{\partial p_1}\bigg|_{0,0} = -\frac{1}{q_0\,u_1}\,f\,(w_1;\varphi) - \frac{1}{q_0\,u_2}\,[(w_2\,\gamma_{12} - 1)\,f\,(w_1;\varphi - w_2) +$$

$$+ w_2\,g\,(w_1;\varphi - w_2)]\,.$$

Ebenso findet man

$$\frac{\partial w}{\partial p_2}\bigg|_{0,0} = \frac{1}{q_0\,u_2}\,f\,(w_2;\varphi + \delta_2)\,.$$

Die Auflösung der Laufwinkelgleichung führt somit auf

$$w = w_2 - f\,(w_1;\varphi)\,\frac{p_1}{q_0\,u_1} + f\,(w_2;\varphi + \delta_2)\,\frac{p_2}{q_0\,u_2} -$$

$$- \left[(w_2\,\gamma_{12} - 1)\,f\,(w_1;\varphi - w_2) + w_2\,g\,(w_1;\varphi - w_2) \right] \frac{p_1}{q_0\,u_2}\,. \quad (183)$$

Die Laufwinkel der zu verschiedenen Zeiten in den Entladungsraum eintretenden Elektronen schwanken um den stationären Wert w_2. Die Schwankung ist eine lineare Funktion von p_1 und p_2 mit Koeffizienten, die neben dem Phasenwinkel φ von den stationären Arbeitspunktkoordinaten w_0; w_1; w_2; u_1; u_2 abhängen.

Führt man nun für den Laufwinkel den oben ausgerechneten Wert ein, so ergibt sich unter Berücksichtigung von (138) und (143) nach einfacher Rechnung

$$F = F_2 - \frac{(w_2\,\gamma_{12} - 1)\,f\,(w_1;\varphi - w_2) + w_2\,g\,(w_1;\varphi - w_2)}{q_0\,u_2} \cdot \frac{p_1}{q_0} -$$

$$- \cos\,(\varphi + \delta_2)\,\frac{p_2}{q_0} + \frac{f\,(w_2;\varphi + \delta_2)}{q_0\,u_2} \cdot \frac{p_2}{q_0} \quad\quad (184)$$

$$u = u_2 + [\gamma_{12} f (w_1; \varphi - w_2) + g (w_1; \varphi - w_2) -$$

$$- \gamma_2 (w_2 \gamma_{12} - 1) f (w_1; \varphi - w_2) - \gamma_{12} w_2 g (w_1; \varphi - w_2)] \cdot \frac{p_1}{q_0} +$$

$$+ [\gamma_2 f (w_2; \varphi + \delta_2) + g (w_2; \varphi + \delta_2)] \frac{p_2}{q_0} . \qquad (185)$$

Hierin ist

$$\gamma_2 = \frac{a_2 + w_2}{q_0 u_2} \qquad (186)$$

gesetzt. Nach (143) stellt diese Größe das Verhältnis aus Feldstärke und Geschwindigkeit, d. h. die logarithmische Beschleunigung dar.

Durch die Gleichungen (184) und (185) sind uns die Feldstärke F und die Geschwindigkeit u als lineare Funktionen der beiden Stromaussteuerungen p_1 und p_2 gegeben. Die Koeffizienten hängen, abgesehen vom Phasenwinkel φ, nur von den Koordinaten des Arbeitspunktes ab. Alle Entwicklungen, die letzten Endes zu diesen Koeffizienten geführt haben, wurden so vorgenommen, daß auch bei Berücksichtigung der Terme höherer als erster Ordnung in den Zwischenrechnungen — wie bei der Ermittlung der Funktionen G und H aus den Randbedingungen — die Koeffizienten der linearen Glieder keine Abänderung mehr erfahren können. Damit haben wir unserer allgemeinen Problemstellung auch bei den Zweikreis-Systemen in vollem Umfang Rechnung getragen.

Unser nächster Schritt wird nun in der Berechnung der Spannung bestehen. Aus (184) ergibt sich mit (7)

$$\frac{U_2}{U_0} = 2 \int_0^{z_2} F dz_2 = 2 \int_0^{z_2} F_2 dz_2 + \frac{2 p_1}{q_0^2} \int_0^{z_2} f (w_1; \varphi - w_2) \frac{dz_2}{u_2} -$$

$$- \frac{2 p_1}{q_0^2} \gamma_{12} \int_0^{z_2} w_2 f (w_1; \varphi - w_2) \frac{dz_2}{u_2} - \frac{2 p_1}{q_0^2} \int_0^{z_2} w_2 g (w_1; \varphi - w_2) \frac{dz_2}{u_2} -$$

$$- \frac{2 p_2 z_2}{q_0} \cos (\varphi + \delta_2) + \frac{2 p_2}{q_0^2} \int_0^{z_2} f (w_2; \varphi + \delta_2) \frac{dz_2}{u_2} .$$

Die Auswertung der rechts stehenden Integrale gelingt unmittelbar durch Wechsel der Integrationsvariablen. Aus (143) und (144) folgt nämlich

$$dz_2 = u_2 \, dw_2$$

$$du_2 = F_2 \, dw_2$$

oder $\qquad\qquad F_2 \, dz_2 = u_2 \, du_2 .$

Damit geht das erste Integral der rechten Seite über in

$$2 \int\limits_0^{z_2} F_2 \, dz_2 = 2 \int\limits_{u_1}^{u_2} u_2 \, du_2 = {u_2}^2 - {u_1}^2 \; .$$

Das fünfte Integral geht mit Benützung der Variablen w_2 über in

$$\int\limits_0^{z_2} f\,(w_2;\, \varphi + \delta_2)\,\frac{dz_2}{u_2} = \int\limits_0^{w_2} f\,(w_2;\, \varphi + \delta_2)\, dw_2$$

und ergibt nach (101) den Wert

$$\int\limits_0^{z_2} f\,(w_2;\, \varphi + \delta_2)\,\frac{dz_2}{u_2} = \Delta_{\pi/2-\varphi-\delta_2}\,(w_2) \; .$$

Zur Auswertung der weiteren drei Integrale gehen wir ebenfalls zur Variablen w_2 über und erhalten für das zweite, dritte und vierte Integral der Reihe nach

$$\int\limits_0^{z_2} f\,(w_1;\, \varphi - w_2)\,\frac{dz_2}{u_2} = \int\limits_0^{w_2} f\,(w_1;\, \varphi - w_2)\, dw_2$$

$$-\int\limits_0^{z_2} w_2\, f\,(w_1;\, \varphi - w_2)\,\frac{dz_2}{u_2} = -\int\limits_0^{w_2} w_2\, f\,(w_1;\, \varphi - w_2)\, dw_2$$

$$-\int\limits_0^{z_2} w_2\, g\,(w_1;\, \varphi - w_2)\,\frac{dz_2}{u_2} = -\int\limits_0^{w_2} w_2\, g\,(w_1;\, \varphi - w_2)\, dw_2 \; .$$

Es erweist sich als außerordentlich zweckmäßig diese Integrale vorläufig noch nicht auszuwerten, sondern sie auf geeignet definierte Funktionen zurückzuführen, aus denen später die Herkunft der verschiedenartigen Effekte jederzeit noch erkennbar ist. Die Definitionen wählen wir gleich so, daß sie auch für Mehrkammersysteme unmittelbar Anwendung finden können. Wir setzen

$$C_\vartheta\,(w_1;\, w_2) = \int\limits_0^{w_2} f\,(w_1;\, \frac{\pi}{2} - \vartheta - w_2)\, dw_2 \qquad (187)$$

$$D_\vartheta\,(w_1;\, w_2) = -\int\limits_0^{w_2} w_2\, f\,(w_1;\, \frac{\pi}{2} - \vartheta - w_2)\, dw_2 \qquad (188)$$

$$G_\vartheta\,(w_1\,;\,w'_2) = \int_0^{w_2} g\,\left(w_1;\frac{\pi}{2} - \vartheta - w_2\right) dw_2 \qquad (189)$$

$$H_\vartheta\,(w_1;\,w'_2) = -\int_0^{w'_2} w'_2\,g\,\left(w'_1;\frac{\pi}{2} - \vartheta - w_2\right) dw_2\;. \qquad (190)$$

Die beiden ersten Funktionen sind Laufwinkelintegrale der Feldfunktion, die beiden letzten, Laufwinkelfunktionen der linearen Geschwindigkeitsfunktion. Für die vier Laufwinkelfunktionen kann man leicht das Bestehen der folgenden Funktionalgleichungen nachweisen:

$$\begin{aligned}
C_{\vartheta+\varkappa} &= C_\varkappa \cos\vartheta + C_{\pi/2+\varkappa} \sin\vartheta \\
D_{\vartheta+\varkappa} &= D_\varkappa \cos\vartheta + D_{\pi/2+\varkappa} \sin\vartheta \\
G_{\vartheta+\varkappa} &= G_\varkappa \cos\vartheta + G_{\pi/2+\varkappa} \sin\vartheta \\
H_{\vartheta+\varkappa} &= H_\varkappa \cos\vartheta + H_{\pi/2+\varkappa} \sin\vartheta\;.
\end{aligned} \qquad (191)$$

Die Richtigkeit dieser Behauptung läßt sich sofort mit Hilfe der Funktionalgleichungen (69) und (70) erkennen, wenn man sie in der erweiterten Form

$$f\,(w_1;\,\varphi + \varkappa) = f\,(w_1;\,\varkappa)\cos\varphi + f\,\left(w_1;\frac{\pi}{2} + \varkappa\right)\sin\varphi$$
$$g\,(w_1;\,\varphi + \varkappa) = g\,(w'_1;\,\varkappa)\cos\varphi + g\,\left(w'_1;\frac{\pi}{2} + \varkappa\right)\sin\varphi \qquad (192)$$

benützt. Nach (69) ist nämlich

$$f\,(w_1;\,\varphi + \varkappa) = f\,(w_1;\,0)\cos(\varphi + \varkappa) + f\,\left(w_1;\frac{\pi}{2}\right)\sin(\varphi + \varkappa) =$$

$$= \left[f\,(w_1;\,0)\cos\varkappa + f\,\left(w_1;\frac{\pi}{2}\right)\sin\varkappa\right]\cos\varphi +$$

$$+ \left[-f\,(w_1;\,0)\sin\varkappa + f\,\left(w_1;\frac{\pi}{2}\right)\cos\varkappa\right]\sin\varphi\;.$$

Nun ist aber nach (69) der erste Klammerausdruck $f\,(w_1;\,\varkappa)$, der zweite $f\,(w_1;\,\pi/2 + \varkappa)$, womit die Gültigkeit von (192) bewiesen ist. Wenn man (192) auf die Integraldefinitionen (187) bis (190) anwendet, ergeben sich sogleich die Funktionalgleichungen (191). Mit ihrer Hilfe können wir C_ϑ auf C_0 und $C_{\pi/2}$ zurückführen. Dasselbe gilt für D_ϑ; G_ϑ und H_ϑ. Nun werden wir noch zeigen, daß sich die Funktionen C_0; $C_{\pi/2}$ usw. letzten Endes auf f_0; $f_{\pi/2}$ und g_0; $g_{\pi/2}$ zurückführen lassen. Es ist

$$\begin{aligned}
f_0\,(w_1) &= w_1 \sin w_1 + \cos w_1 - 1 \\
f_{\pi/2}\,(w_1) &= -w_1 \cos w_1 + \sin w_1 \\
g_0\,(w_1) &= -\sin w_1 \\
g_{\pi/2}\,(w_1) &= \cos w_1 - 1\;.
\end{aligned}$$

Wir nehmen die Reduktion an den Funktionen C_0 und D_0 jetzt vor. Aus (187) erhält man durch Anwendung der Funktionalgleichung (69) auf den Integranden

$$C_0(w_1; w_2) = \int\limits_0^{w_2} f\left(w_1; \frac{\pi}{2} - w_2\right) dw_2 =$$

$$= \int\limits_0^{w_2} f_0(w_1) \cos\left(\frac{\pi}{2} - w_2\right) dw_2 + \int\limits_0^{w_2} f_{\pi/2}(w_1) \sin\left(\frac{\pi}{2} - w_2\right) dw_2 =$$

$$= f_0(w_1) \int\limits_0^{w_2} \sin w_2 \, dw_2 + f_{\pi/2}(w_1) \int\limits_0^{w_2} \cos w_2 \, dw_2 \, .$$

Nun ist aber wegen (92)

$$\int\limits_0^{w_2} \sin w_2 \, dw_2 = -\, g_{\pi/2}(w_2)$$

und

$$\int\limits_0^{w_2} \cos w_2 \, dw_2 = -\, g_0(w_2),$$

so daß wir erhalten

$$C_0(w_1; w_2) = -\, f_0(w_1)\, g_{\pi/2}(w_2) - f_{\pi/2}(w_1)\, g_0(w_2).$$

Die Rechnung für D_0 vollzieht sich in ähnlicher Weise. Die Anwendung der Funktionalgleichung (69) ergibt aus (188)

$$D_0(w_1; w_2) = -\int\limits_0^{w_2} w_2\, f\left(w_1; \frac{\pi}{2} - w_2\right) dw_2 =$$

$$= -f_0(w_1) \int\limits_0^{w_2} w_2 \sin w_2 \, dw_2 - f_{\pi/2}(w_1) \int\limits_0^{w_2} w_2 \cos w_2 \, dw_2 \, .$$

Wie man leicht nachrechnet ist

$$\int\limits_0^{w_2} w_2 \sin w_2 \, dw_2 = f_{\pi/2}(w_2)$$

und

$$\int\limits_{0}^{w_2} w_2 \cos w_2 \, dw_2 = f_0 \, (w_2).$$

Wir erhalten daher

$$D_0 \, (w_1; w_2) = - f_0 \, (w_1) \, f_{\pi/2} \, (w_2) - f_{\pi/2} \, (w_1) \, f_0 \, (w_2).$$

In analoger Weise lassen sich die übrigen Funktionen aufspalten. Das Ergebnis der Zerlegung ist in den nachstehenden Formeln zusammengefaßt:

$$C_0 \, (w_1; w_2) \quad = - f_0 \, (w_1) \, g_{\pi/2} \, (w_2) - f_{\pi/2} \, (w_1) \, g_0 \, (w_2) \qquad (193)$$

$$C_{\pi/2} \, (w_1; w_2) = - f_0 \, (w_1) \, g_0 \, (w_2) + f_{\pi/2} \, (w_1) \, g_{\pi/2} \, (w_2) \qquad (194)$$

$$D_0 \, (w_1; w_2) \quad = - f_0 \, (w_1) \, f_{\pi/2} \, (w_2) - f_{\pi/2} \, (w_1) \, f_0 \, (w_2) \qquad (195)$$

$$D_{\pi/2} \, (w_1; w_2) = - f_0 \, (w_1) \, f_0 \, (w_2) + f_{\pi/2} \, (w_1) \, f_{\pi/2} \, (w_2) \qquad (196)$$

$$G_0 \, (w_1; w_2) \quad = - g_0 \, (w_1) \, g_{\pi/2} \, (w_2) - g_{\pi/2} \, (w_1) \, g_0 \, (w_2) \qquad (197)$$

$$G_{\pi/2} \, (w_1; w_2) = - g_0 \, (w_1) \, g_0 \, (w_2) + g_{\pi/2} \, (w_1) \, g_{\pi/2} \, (w_2) \qquad (198)$$

$$H_0 \, (w_1; w_2) \quad = - g_0 \, (w_1) \, f_{\pi/2} \, (w_2) - g_{\pi/2} \, (w_1) \, f_0 \, (w_2) \qquad (199)$$

$$H_{\pi/2} \, (w_1; w_2) = - g_0 \, (w_1) \, f_0 \, (w_2) + g_{\pi/2} \, (w_1) \, f_{\pi/2} \, (w_2). \qquad (200)$$

Die von den beiden Laufwinkeln w_1 und w_2 abhängigen Funktionen lassen sich alle in zwei Summanden zerlegen, von denen jeder als Produkt aus zwei Faktoren darstellbar ist, deren einer nur von w_1, deren anderer nur von w_2 abhängt.

Durch Einführung der Laufwinkelfunktionen erhalten wir für das zweite, dritte und vierte Integral der Spannungsgleichung der Reihe nach

$$\int\limits_{0}^{z_2} f \, (w_1; \varphi - w_2) \, \frac{dz_2}{u_2} = C_{\pi/2-\varphi} \, (w_1; w_2)$$

$$- \int\limits_{0}^{z_2} w_2 \, f \, (w_1; \varphi - w_2) \, \frac{dz_2}{u_2} = D_{\pi/2-\varphi} \, (w_1; w_2)$$

$$- \int\limits_{0}^{z_2} w_2 \, g \, (w_1; \varphi - w_2) \, \frac{dz_2}{u_2} = H_{\pi/2-\varphi} \, (w_1; w_2).$$

Führt man in der Spannungsgleichung die für die fünf Integrale gefundenen Ausdrücke ein, so erhält man

$$\frac{U_2}{U_0} = u_2{}^2 - u_1{}^2 + \frac{2 \, p_1}{q_0{}^2} \, [C_{\pi/2-\varphi} \, (w_1; w_2) + H_{\pi/2-\varphi} \, (w_1; w_2) +$$

$$+ \gamma_{12} \, D_{\pi/2-\varphi} \, (w_1; w_2)] + \frac{2 \, p_2}{q_0{}^2} \, [- q_0 \, z_2 \cos \, (\varphi + \delta_2) + \varLambda_{\pi/2-\varphi-\delta_2} \, (w_2)].$$

Durch diesen Ausdruck ist also die an den Begrenzungsebenen unserer Entladungsstrecke liegende Spannung gegeben. Zu der Gleichspannung $u_2{}^2 - u_1{}^2$ treten zwei Wechselanteile hinzu, deren zweiter durch den überlagerten Strom

$$\frac{J_2}{J_0} = p_2 \sin (\varphi + \delta_2)$$

hervorgerufen wird und deren erster auf die im ersten Entladungsraum an den Elektronen ausgeübte Steuerwirkung

$$\frac{J_1}{J_0} = p_1 \sin \varphi$$

zurückzuführen ist. Wir wollen nun in der Spannungsgleichung noch die vom Phasenwinkel φ abhängigen Faktoren der Laufwinkelfunktionen abspalten. Für die Funktion $\varDelta_\varphi$ gilt die Funktionalgleichung (102), welche entsprechend erweitert auf die Beziehung

$$\varDelta_{\varphi+\varkappa} (w_2) = \varDelta_\varkappa (w_2) \cos \varphi + \varDelta_{\pi/2+\varkappa} (w_2) \sin \varphi \qquad (201)$$

führt. Es ist somit

$$\varDelta_{\pi/2-\varphi-\delta_2} (w_2) = \varDelta_{-\delta_2} (w_2) \sin \varphi + \varDelta_{\pi/2-\delta_2} (w_2) \cos \varphi.$$

Nach (191) wird

$$C_{\pi/2-\varphi} = C_0 \sin \varphi + C_{\pi/2} \cos \varphi$$
$$D_{\pi/2-\varphi} = D_0 \sin \varphi + D_{\pi/2} \cos \varphi$$
$$H_{\pi/2-\varphi} = H_0 \sin \varphi + H_{\pi/2} \cos \varphi.$$

Damit geht die Spannungsgleichung nach Multiplikation mit $\tfrac{1}{2}q_0{}^2$ und unter Anwendung von (108) über in

$$\frac{U_2}{A J_0} = \frac{q_0{}^2}{2} (u_2{}^2 - u_1{}^2) +$$

$$+ p_1 \sin \varphi \left[C_0 (w_1; w_2) + H_0 (w_1; w_2) + \gamma_{12} D_0 (w_1; w_2) \right] +$$
$$+ p_1 \cos \varphi \left[C_{\pi/2} (w_1; w_2) + H_{\pi/2} (w_1; w_2) + \gamma_{12} D_{\pi/2} (w_1; w_2) \right] +$$
$$+ p_2 \sin \varphi \left[q_0 z_2 \sin \delta_2 + \varDelta_{-\delta_2} (w_2) \right] +$$
$$+ p_2 \cos \varphi \left[-q_0 z_2 \cos \delta_2 + \varDelta_{\pi/2-\delta_2} (w_2) \right]. \qquad (202)$$

Hiezu gehört die Stromgleichung

$$\frac{J_2}{J_0} = p_2 \sin \varphi \cdot \cos \delta_2 + p_2 \cos \varphi \cdot \sin \delta_2. \qquad (203)$$

Die entsprechenden Gleichungen für den Entladungsraum 1 sind durch (105) und (106) gegeben und führen gemäß der vorausgesetzten Einschränkung mit $\beta_1 q_0 = 0$ auf

$$\frac{U_1}{A J_0} = \frac{q_0{}^2}{2} (u_1{}^2 - 1) + p_1 \sin \varphi \, \varDelta_0 (w_1) +$$

$$+ p_1 \cos \varphi \left[-q_0 z_1 + \varDelta_{\pi/2} (w_1) \right] \qquad (204)$$

$$\frac{J_1}{J_0} = p_1 \sin \varphi. \qquad (205)$$

Abgesehen von den Gleichspannungsanteilen, die uns von jetzt ab nicht mehr interessieren, lassen sich die linearen Zusammenhänge (202) bis (205) in der Gestalt schreiben:

$$\begin{aligned}
U_1 &= A_{11}\, p_1 \sin \varphi & + B_{11}\, p_1 \cos \varphi \\
U_2 &= (A_{21}\, p_1 + A_{22}\, p_2) \sin \varphi + (B_{21}\, p_1 + B_{22}\, p_2) \cos \varphi
\end{aligned} \tag{206}$$

$$\begin{aligned}
J_1 &= a_{11}\, p_1 \sin \varphi \\
J_2 &= a_{22}\, p_2 \sin \varphi & + b_{22}\, p_2 \cos \varphi .
\end{aligned} \tag{207}$$

Wir gehen nun zur komplexen Schreibweise über, indem wir die in den Gliedern $\sin \varphi$ und $\cos \varphi$ enthaltene Phasenverschiebung durch Benützung der imaginären Einheit zum Ausdruck bringen. Zu diesem Zweck führen wir die komplexen Spannungen $\mathfrak{U}_1$; $\mathfrak{U}_2$ und die komplexen Stromdichten $\mathfrak{J}_1$; $\mathfrak{J}_2$ ein. Die zu den oben angeschriebenen Gleichungen entsprechenden Beziehungen lauten:

$$\begin{aligned}
\mathfrak{U}_1 &= A_{11}\, p_1 + j\, B_{11}\, p_1 \\
\mathfrak{U}_2 &= A_{21}\, p_1 + A_{22}\, p_2 + j\, (B_{21}\, p_1 + B_{22}\, p_2)
\end{aligned} \tag{208}$$

$$\begin{aligned}
\mathfrak{J}_1 &= a_{11}\, p_1 \\
\mathfrak{J}_2 &= a_{22}\, p_2 + j\, b_{22}\, p_2 .
\end{aligned} \tag{209}$$

Eliminiert man p_1 und p_2 aus (208) und (209), so kommt:

$$\mathfrak{U}_1 = \frac{A_{11} + j\, B_{11}}{a_{11}} \cdot \mathfrak{J}_1$$

$$\mathfrak{U}_2 = \frac{A_{21} + j\, B_{21}}{a_{11}} \cdot \mathfrak{J}_1 + \frac{A_{22} + j\, B_{22}}{a_{22} + j\, b_{22}} \cdot \mathfrak{J}_2 .$$

Wir haben damit ein lineares Gleichungssystem

$$\begin{aligned}
\mathfrak{U}_1 &= \mathfrak{W}_{11}\, \mathfrak{J}_1 + \mathfrak{W}_{12}\, \mathfrak{J}_2 \\
\mathfrak{U}_2 &= \mathfrak{W}_{21}\, \mathfrak{J}_1 + \mathfrak{W}_{22}\, \mathfrak{J}_2
\end{aligned} \tag{210}$$

gewonnen, dessen Koeffizienten dargestellt sind durch:

$$\mathfrak{W}_{11} = \frac{A_{11} + j\, B_{11}}{a_{11}}$$

$$\mathfrak{W}_{12} = 0$$

$$\mathfrak{W}_{21} = \frac{A_{21} + j\, B_{21}}{a_{11}} \tag{211}$$

$$\mathfrak{W}_{22} = \frac{A_{22} + j\, B_{22}}{a_{22} + j\, b_{22}} .$$

Der Vergleich zwischen (202), (204) mit (208) einerseits, sowie zwischen (203), (205) mit (209) anderseits ergibt:

$$\begin{aligned}
A_{11} &= A\, J_0\, \Delta_0\, (w_1) \\
A_{21} &= A\, J_0\, [C_0\, (w_1; w_2) + H_0\, (w_1; w_2) + \gamma_{12}\, D_0\, (w_1; w_2)] \\
A_{22} &= A\, J_0\, [q_0\, z_2 \sin \delta_2 + \Delta_{-\delta_2}\, (w_2)]
\end{aligned}$$

$$B_{11} = A J_0 \left[- q_0 z_1 + \Delta_{\pi/2} (w_1) \right]$$
$$B_{21} = A J_0 \left[C_{\pi/2} (w_1; w_2) + H_{\pi/2} (w_1; w_2) + \gamma_{12} D_{\pi/2} (w_1; w_2) \right]$$
$$B_{22} = A J_0 \left[- q_0 z_2 \cos \delta_2 + \Delta_{\pi/2 - \delta_2} (w_2) \right]$$
$$a_{11} = J_0$$
$$a_{22} = J_0 \cos \delta_2$$
$$b_{22} = J_0 \sin \delta_2 .$$

Wir setzen nun in (211) ein und erhalten beispielsweise

$$\mathfrak{W}_{22} = A \frac{\left[q_0 z_2 \sin \delta_2 + \Delta_{-\delta_2} (w_2) \right] + j \left[- q_0 z_2 \cos \delta_2 + \Delta_{\pi/2 - \delta_2} (w_2) \right]}{\cos \delta_2 + j \sin \delta_2} .$$

Macht man den Nenner durch Multiplikation mit seinem konjugiert komplexen Wert reell, so kommt

$$\mathfrak{W}_{22} = A \left\{ \Delta_{-\delta_2} (w_2) \cos \delta_2 + \Delta_{\pi/2 - \delta_2} (w_2) \sin \delta_2 + \right.$$
$$\left. + j \left[- q_0 z_2 + \Delta_{\pi/2 - \delta_2} (w_2) \cos \delta_2 - \Delta_{-\delta_2} (w_2) \sin \delta_2 \right] \right\} .$$

Die hierin auftretenden Kombinationen der Laufwinkelfunktionen

$$\Delta_{-\delta_2} (w_2) \quad \text{und} \quad \Delta_{\pi/2 - \delta_2} (w_2)$$

lassen sich mit Hilfe der Funktionalgleichung (201) noch erheblich vereinfachen. Setzt man nämlich dort

$$\varkappa = - \delta_2 \quad \text{und} \quad \varphi = \delta_2,$$

so erhält man für die eine Kombination

$$\Delta_0 = \Delta_{-\delta_2} \cos \delta_2 + \Delta_{\pi/2 - \delta_2} \sin \delta_2 .$$

In analoger Weise ergibt sich aus (201) mit

$$\varkappa = - \delta_2 \qquad \varphi = \frac{\varkappa}{2} + \delta_2$$

für die andere Kombination der Laufwinkelfunktionen

$$\Delta_{\pi/2} = \Delta_{\pi/2 - \delta_2} \cos \delta_2 - \Delta_{-\delta_2} \sin \delta_2 .$$

Es wird daher

$$\mathfrak{W}_{22} = A \left\{ \Delta_0 (w_2) + j \left[- q_0 z_2 + \Delta_{\pi/2} (w_2) \right] \right\} .$$

Die Größen $\mathfrak{W}_{11}$ und $\mathfrak{W}_{21}$ findet man ohne weitere Rechnung. Für die Koeffizienten des linearen Gleichungssystems (210) erhalten wir:

$$\mathfrak{W}_{11} = A \left\{ \Delta_0 (w_1) + j \left[- q_0 z_1 + \Delta_{\pi/2} (w_1) \right] \right\}$$
$$\mathfrak{W}_{12} = 0$$
$$\mathfrak{W}_{21} = A \left\{ C_0 (w_1; w_2) + H_0 (w_1; w_2) + \gamma_{12} D_0 (w_1; w_2) + \right. \tag{212}$$
$$\left. + j \left[C_{\pi/2} (w_1; w_2) + H_{\pi/2} (w_1; w_2) + \gamma_{12} D_{\pi/2} (w_1; w_2) \right] \right\}$$
$$\mathfrak{W}_{22} = A \left\{ \Delta_0 (w_2) + j \left[- q_0 z_2 + \Delta_{\pi/2} (w_2) \right] \right\} .$$

Sie haben die Dimension von A, d. h. nach (108) die eines Widerstandes, bezogen auf die Einheit des Strömungsquerschnittes $[\Omega\ \text{cm}^2]$. Die Widerstandselemente lassen sich angeben, sobald der Arbeitspunkt des Systems festgelegt ist.

7. Wechselstromverhalten. Lineare Vierpole.

Die Untersuchung der linearen Eigenschaften hat uns letzten Endes auf die linearen Zusammenhänge zwischen den Wechselspannungen und Wechselströmen geführt, welche in dem Gleichungssystem (210) zum Ausdruck kommen. Wir haben unser Zweikreissystem hinsichtlich seiner linearen Wechselstromeigenschaften auf einen linearen Vierpol zurückgeführt.

Bevor wir zur genaueren Erörterung der linearen Wechselstromeigenschaften schreiten, seien im folgenden zunächst einige Bemerkungen über lineare Vierpole vorausgeschickt, die unsere Betrachtung erheblich erleichtern werden. Durch das lineare Gleichungssystem

$$\mathfrak{U}_1 = \mathfrak{W}_{11}\,\mathfrak{J}_1 + \mathfrak{W}_{12}\,\mathfrak{J}_2$$
$$\mathfrak{U}_2 = \mathfrak{W}_{21}\,\mathfrak{J}_1 + \mathfrak{W}_{22}\,\mathfrak{J}_2$$

bzw. durch die Widerstandsmatrix

$$\| \mathfrak{W} \| = \left\| \begin{matrix} \mathfrak{W}_{11} & \mathfrak{W}_{12} \\ \mathfrak{W}_{21} & \mathfrak{W}_{22} \end{matrix} \right\| \tag{213}$$

sind sämtliche Eigenschaften des linearen Vierpoles eindeutig festgelegt. Wenn wir die Orientierung der Spannungen und Ströme so festsetzen wie in Abb. 29 angedeutet, dann sind durch die beiden in der Hauptdiagonale der Widerstandsmatrix stehenden Elemente der Eingangs- und Ausgangsleerlaufwiderstand gegeben.

Abb. 29. Vierpole.

Die gewählte Orientierung entspricht den in unseren Rechnungen gemachten Annahmen und weicht von der in der Vierpoltheorie meist benützten Bezeichnung [5] insofern ab, als dort der Zählpfeil von $\mathfrak{U}_2$ gerade umgekehrte Richtung hat. Demgemäß liefern uns die Elemente der Nebendiagonale die negativen Kernwiderstände. Der Kernwiderstand $-\mathfrak{W}_{12}$ gibt das Maß der Rückwirkung, die von dem Kreis 2 auf den Kreis 1 ausgeübt wird. Sie verschwindet in dem von uns behandelten Fall in (212) deshalb, weil die Trennungswand zwischen den beiden aneinandergrenzenden Entladungsräumen zunächst als eine ideale betrachtet wird, d. h. daß keine Feldlinien in der einen oder anderen Richtung durch sie hindurchgreifen, wohl aber Elektronen unbehindert durch sie hindurchtreten können. Diese sind für die Wirkung verantwortlich, die von dem Entladungsraum 1 auf den Entladungsraum 2 ausgeübt wird. Der Kernwiderstand $-\mathfrak{W}_{21}$ gibt das Maß dieser Wirkung an. In unserer Betrachtungsweise haben die Elemente der Vierpolmatrix allgemein die folgende Bedeutung

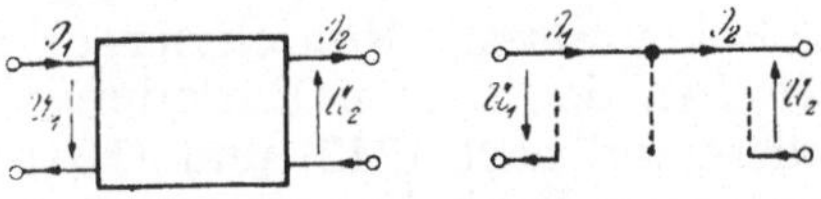

$$\|\mathfrak{W}\| = \left\|\begin{matrix} \text{Eingangsleerlauf-} & \text{-Kernwiderstand} \\ \text{widerstand} & \text{rückwärts} \\[1ex] \text{-Kernwiderstand} & \text{Ausgangsleerlauf-} \\ \text{vorwärts} & \text{widerstand} \end{matrix}\right\| . \tag{214}$$

Löst man das Gleichungssystem (210) nach den Strömen auf, so erhält man die linearen Zusammenhänge in der Form

$$\mathfrak{J}_1 = \mathfrak{Y}_{11}\,\mathfrak{U}_1 + \mathfrak{Y}_{12}\,\mathfrak{J}_2$$
$$\mathfrak{J}_2 = \mathfrak{Y}_{21}\,\mathfrak{U}_1 + \mathfrak{Y}_{22}\,\mathfrak{J}_2 . \tag{215}$$

Die Leitwertmatrix

$$\|\mathfrak{Y}\| = \left\|\begin{matrix} \mathfrak{Y}_{11} & \mathfrak{Y}_{12} \\ \mathfrak{Y}_{21} & \mathfrak{Y}_{22} \end{matrix}\right\| = \frac{1}{|\mathfrak{W}|} \left\|\begin{matrix} \mathfrak{W}_{22} & -\mathfrak{W}_{12} \\ -\mathfrak{W}_{21} & \mathfrak{W}_{11} \end{matrix}\right\| \tag{216}$$

stellt die reziproke Matrix zur Widerstandsmatrix dar. In der Gleichung (216) ist unter $|\mathfrak{W}|$ die Determinante der Widerstandsmatrix zu verstehen. Die Elemente der Hauptdiagonale geben die Eingangs- und Ausgangskurzschlußleitwerte, die Elemente der Nebendiagonale die Kernleitwerte rückwärts und vorwärts. Es ist

$$\|\mathfrak{Y}\| = \left\|\begin{matrix} \text{Eingangskurz-} & \text{Kernleitwert} \\ \text{schlußleitwert} & \text{rückwärts} \\[1ex] \text{Kernleitwert} & \text{Ausgangskurz-} \\ \text{vorwärts} & \text{schlußleitwert} \end{matrix}\right\| . \tag{217}$$

Bei unserem Röhrenvierpol mit feldidealer Trennungswand zwischen den beiden Entladungsräumen ist der Eingangsleerlaufwiderstand nach (212) und (107) gleich dem Diodenwiderstand r_1 des ersten Entladungsraumes. Ebenso ist der Ausgangsleerlaufwiderstand identisch mit dem Diodenwiderstand r_2 des zweiten Entladungsraumes. Der Diodenwiderstand r_1 setzt sich dabei nach (107) und (111) zusammen aus dem Blindwiderstand des Entladungsraumes

$$- j\,A\,q_0\,z_1 = - j\,\frac{x_1}{\varepsilon_0\,\omega}$$

und aus dem elektronischen Widerstandsanteil

$$A\,[\varDelta_0\,(w_1) + j\,\varDelta_{\pi/2}\,(w_1)] .$$

Entsprechendes gilt für den Widerstand r_2. Der Kernwiderstand $-\mathfrak{W}_{12}$ in Rückwärtsrichtung verschwindet, der Kernwiderstand in Vorwärtsrichtung sei

$$\mathfrak{r} = -\mathfrak{W}_{21} . \tag{218}$$

Das Vierpolschema hat also die Form

$$\|\mathfrak{W}\| = \left\|\begin{matrix} \mathfrak{r}_1 & 0 \\ -\mathfrak{r} & \mathfrak{r}_2 \end{matrix}\right\| . \tag{219}$$

wobei die beiden Leerlaufwiderstände und der Kernwiderstand
gegeben sind durch:

$$r_1 = A\{\Delta_0\,(w_1) + j\,[-q_0\,z_1 + \Delta_{\pi/2}\,(w'_1)]\}$$

$$r_2 = A\{\Delta_0\,(w_2) + j\,[-q_0\,z_2 + \Delta_{\pi/2}\,(w'_2)]\}$$

$$r = -A\,\{C_0\,(w_1;w_2) + H_0\,(w_1;w_2) + \gamma_{12}\,D_0\,(w_1;w_2) +$$

$$+ j\,[C_{\pi/2}\,(w_1;w_2) + H_{\pi/2}\,(w'_1;w_2) + \gamma_{12}\,D_{\pi/2}\,(w_1;w_2)]\}\,. \tag{220}$$

Die wesentlichste Erkenntnis haben wir darin zu erblicken, daß
der Sprung der logarithmischen Beschleunigung in den Kernwiderstand eingeht, und damit diese Größe für die Wirkung des
Kreises 1 auf den Kreis 2 einen hervorragenden Einfluß gewinnt.
Wir wollen in Hinkunft für den Kernwiderstand r eines Zweikreis-
Systems den Ausdruck „Fundamentalwirkung" gebrauchen. Die
Diodenwiderstände werden wir als „Fundamentalwiderstände"
bezeichnen. Es entspricht der besonderen Art unserer Betrachtung,
deren natürliche Begründung in dem Bau der Grundgleichungen
liegt, daß wir primär die Wechselspannungen als lineare Funktionen der Ströme erhielten und damit auf die Widerstandsmatrix
geführt wurden. Aus ihr können wir nun leicht die Leitwertmatrix gewinnen. Setzt man

$$g_1 = \frac{1}{r_1}$$

$$g_2 = \frac{1}{r_2} \tag{221}$$

$$g = \frac{r}{r_1\,r_2}\,,$$

so erhalten wir für die Leitwertmatrix, das ist die reziproke Matrix
von (219), mit Benützung von (216):

$$\|\mathfrak{Y}\| = \left\|\begin{matrix} g_1 & 0 \\ g & g_2 \end{matrix}\right\|\,. \tag{222}$$

Der Eingangskurzschlußleitwert g_1 bzw. der Ausgangskurzschlußleitwert g_2 sind identisch mit den „Fundamentalleitwerten" der
beiden Diodenstrecken. Der Kernleitwert g in Vorwärtsrichtung
setzt sich hingegen aus der Fundamentalwirkung r und den Fundamentalwiderständen r_1 und r_2 zusammen. Damit werden durch
den Formalismus der Leitwertmatrix zwei physikalisch verschiedene Erscheinungen, die keinen unmittelbaren Zusammenhang
aufweisen, miteinander vermischt. Die eine Erscheinung bezieht sich auf die Widerstände der beiden Diodenstrecken, denen
für sich eine unmittelbare physikalische Bedeutung zukommt,
die andere Erscheinung bezieht sich auf die Influenzwirkung,

welche die in den Raum 2 eintretenden Elektronen dort hervorrufen und die ebenfalls eine selbstständige physikalische Rolle spielt. Aus diesen Überlegungen geht hervor, daß die Darstellung mittels der $\mathfrak{W}$-Matrix nicht nur formal einfacher ist als durch die $\mathfrak{Y}$-Matrix, sondern daß in ihr auch die Zusammenhänge in einer physikalisch unmittelbareren Form hervortreten. Aus diesem Grunde werden wir uns auch vorwiegend mit der Widerstandsmatrix befassen und nur dort die Leitwertdarstellung heranziehen, wo bereits bekannte Ergebnisse vorliegen, die ja fast ausschließlich in dieser Form gebracht werden. Der Kernleitwert $\mathfrak{g}$ ist nämlich nahezu gleichbedeutend mit dem in der Röhrentechnik gebräuchlichen Begriff der Steilheit. Wir werden zur schärferen Unterscheidung gegenüber den gebräuchlichen Begriffsbildungen für $\mathfrak{g}$ den Ausdruck „Fundamentalsteilheit" gebrauchen.

Es seien nun noch zwei einfache Schaltungsmaßnahmen an einem linearen Vierpol besprochen, von denen die eine den Übergang von der sogenannten Gitterbasisschaltung zur Kathodenbasisschaltung einer Triode entspricht, die andere für die Gewinnung des Bremsfeldgenerators aus einem Zweikreis-System Bedeutung besitzt. Als erstes betrachten wir einen linearen Vierpol mit der Widerstandsmatrix

$$\| \mathfrak{W} \| = \begin{Vmatrix} \mathfrak{W}_{11} & \mathfrak{W}_{12} \\ \mathfrak{W}_{21} & \mathfrak{W}_{22} \end{Vmatrix},$$

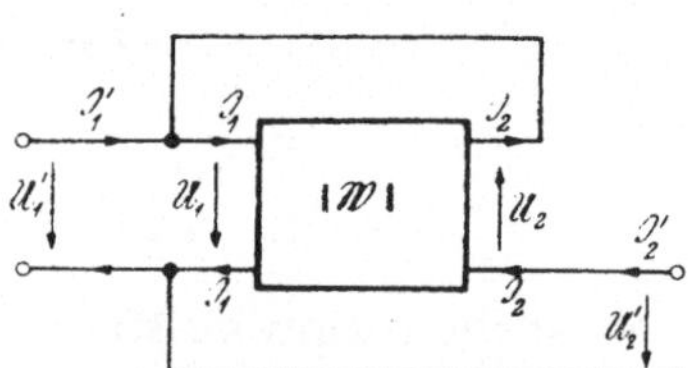

Abb. 30. Rückkopplung eines Vierpoles.

aus dem durch die in Abb. 30 angedeutete Schaltungsmaßnahme ein neuer Vierpol mit der Widerstandsmatrix $\| \mathfrak{W}' \|$ hergestellt wird. Bei dieser Schaltungsmaßnahme handelt es sich, wie man sofort erkennen kann, um eine Rückkopplung. Zwischen den mit einem Strich versehenen Spannungen bzw. Strömen des neuen Vierpoles und den ursprünglichen Größen bestehen folgende Beziehungen:

$$\begin{aligned} \mathfrak{U}_1 &= \mathfrak{U}_1' \\ \mathfrak{U}_2 &= -\,\mathfrak{U}_1' + \mathfrak{U}_2' \\ \mathfrak{J}_1 &= \mathfrak{J}_1' + \mathfrak{J}_2' \\ \mathfrak{J}_2 &= \mathfrak{J}_2'. \end{aligned}$$

Werden mittels dieser Transformationsformel in (210) die gestrichenen Größen eingeführt, so erhält man

$$\mathfrak{U}_1' = \mathfrak{W}_{11}\,(\mathfrak{J}_1' + \mathfrak{J}_2') + \mathfrak{W}_{12}\,\mathfrak{J}_2'$$

$$-\,\mathfrak{U}_1' + \mathfrak{U}_2' = \mathfrak{W}_{21}\,(\mathfrak{J}_1' + \mathfrak{J}_2') + \mathfrak{W}_{22}\,\mathfrak{J}_2'.$$

Läßt man die erste Gleichung unverändert und schreibt die Summe beider Gleichungen darunter, so ergibt sich

$$\mathfrak{U}_1' = \qquad\qquad \mathfrak{W}_{11}\,\mathfrak{J}_1' \qquad\qquad + (\mathfrak{W}_{12} + \mathfrak{W}_{11})\,\mathfrak{J}_2'$$
$$\mathfrak{U}_2' = (\mathfrak{W}_{21} + \mathfrak{W}_{11})\,\mathfrak{J}_1' + (\mathfrak{W}_{22} + \mathfrak{W}_{21} + \mathfrak{W}_{12} + \mathfrak{W}_{11})\,\mathfrak{J}_2'\,.$$

Die Widerstandsmatrix der Vierpolschaltung nach Abb. 30 ist also auf die Matrix des ursprünglichen Vierpoles zurückgeführt und hat die Form

$$\| \mathfrak{W}' \| = \left\|\begin{array}{cc} \mathfrak{W}_{11} & \mathfrak{W}_{12} + \mathfrak{W}_{11} \\ \mathfrak{W}_{21} + \mathfrak{W}_{11} & \mathfrak{W}_{22} + \mathfrak{W}_{21} + \mathfrak{W}_{12} + \mathfrak{W}_{11} \end{array}\right\|\,. \tag{223}$$

Durch die vorgenommene Schaltungsmaßnahme wird also die Rückwirkung und die Wirkung verändert; zu den negativen Kernwiderständen $\mathfrak{W}_{12}$ und $\mathfrak{W}_{21}$ tritt der Eingangsleerlaufwiderstand $\mathfrak{W}_{11}$ als zusätzlicher Anteil hinzu.

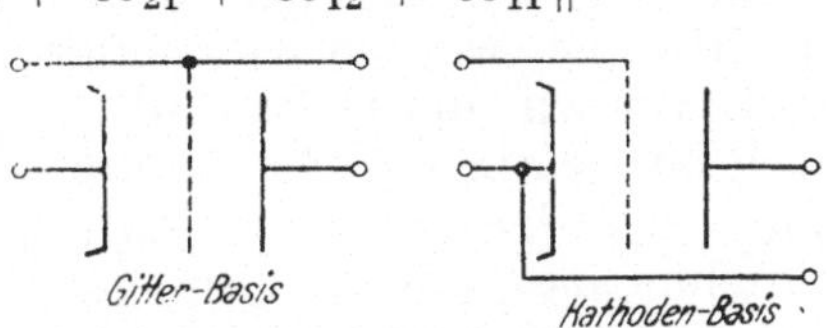

Abb. 31. Triodenschaltungen.

Dem Ausgangsleerlaufwiderstand $\mathfrak{W}_{22}$ des ursprünglichen Vierpoles überlagern sich dessen Eingangswiderstand $\mathfrak{W}_{11}$ und die negativen Kernwiderstände. Aus Abb. 31 geht unmittelbar hervor, daß der Übergang von der Gitterbasisschaltung zur Kathodenbasisschaltung einer Triode sich nach der oben vorgenommenen Schaltungsmaßnahme vollzieht. Wir werden auf diese Zusammenhänge bei der Behandlung der Triode noch näher zu sprechen kommen.

Als zweite Schaltungsmaßnahme betrachten wir die volle Spannungsrückkopplung eines linearen Vierpoles nach Abb. 32. Diese Umbildung des Vierpoles stellt einen Spezialfall der in Abb. 30 dargestellten Rückkopplung dar. Schließt man nämlich den Vierpol $\| \mathfrak{W}' \|$ an seinem Ausgang kurz, so erhält man

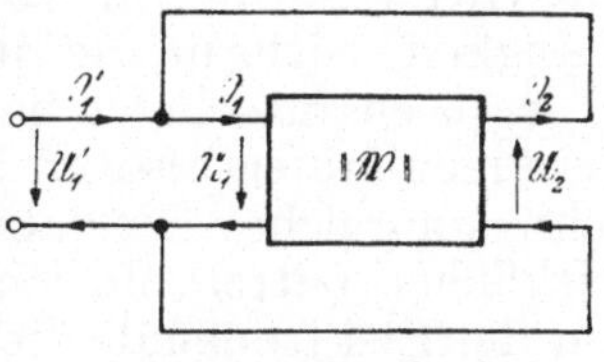

Abb. 32. Zweipol.

Abb. 32; aus dem Vierpol $\| \mathfrak{W}' \|$ wird ein Zweipol. Die Vierpolgleichungen von $\| \mathfrak{W}' \|$ ergeben mit

$$\mathfrak{U}_2' = 0$$

nach Elimination von $\mathfrak{J}_2'$ für den Eingangswiderstand des Zweipoles

$$\mathfrak{W}' = \frac{|\mathfrak{W}|}{\mathfrak{W}_{11} + \mathfrak{W}_{12} + \mathfrak{W}_{21} + \mathfrak{W}_{22}}\,. \tag{224}$$

Diese Beziehung nimmt eine besonders einfache Gestalt an, wenn wir die Leitwertdarstellung benützen. Es wird nämlich

$$\mathfrak{Y}' = \frac{1}{|\mathfrak{W}|}\left(\mathfrak{W}_{11} + \mathfrak{W}_{12} + \mathfrak{W}_{21} + \mathfrak{W}_{22} \right)$$

und nach Einführung der Elemente der Leitwertmatrix gemäß (216):

$$\mathfrak{Y}' = \mathfrak{Y}_{11} + \mathfrak{Y}_{22} - \mathfrak{Y}_{12} - \mathfrak{Y}_{21}. \tag{225}$$

Der Eingangsleitwert unseres Zweipoles entspricht also der Parallelschaltung aus den Kurzschluß-Leitwerten und negativen Kernleitwerten der ursprünglichen Matrix. Es ist ohne weiteres ersichtlich, daß es sich bei der behandelten Schaltungsmaßnahme um den Übergang von dem Zweikreis-System zur Bremsfeldröhre handelt. Die besonderen Einschränkungen, unter denen der Bremsfeldgenerator aus einem Zweikreissystem durch Spiegelung ableitbar ist, werden wir an späterer Stelle noch genauer erörtern.

Bevor wir unsere Vierpolbetrachtungen abschließen, stellen wir noch eine einfache Überlegung an, welche uns gestattet, den Einfluß einer der nicht idealen Eigenschaften der Trennungswände zwischen zwei Kammern nachträglich numerisch zu erfassen. Bei unseren Rechnungen hatten wir angenommen, daß diese Trennwände (Gitter) für Elektronen vollkommen durchlässig, für Feldlinien hingegen völlig undurchlässig sind. Eine solche Trennwand wollen wir kurz als „elektronenideal" bezeichnen. Diese Abstraktion war notwendig, damit eine exakte Behandlung des Problems in dem eingangs festgelegten Sinne überhaupt möglich wurde. Nun sind aber die in Wirklichkeit bei einer Röhre benützten Gitter weit von diesem Idealtypus entfernt, so daß wir diesem Umstand Rechnung tragen müssen, wenn wir die Theorie mit den Meßergebnissen vergleichen wollen. In der Praxis ist nun ein Gitter umsomehr von dem Zustand idealer Elektronendurchlässigkeit entfernt, je mehr der feldideale Zustand angestrebt, d. h. je engmaschiger das Gitter gemacht wird. Die beiden Forderungen laufen also im allgemeinen einander zuwider. Durch ein sehr sinnreiches Verfahren kann man aber die Nichtidealität wirklicher Gitter hinsichtlich des Feldes gerade dazu benutzen, um die Elektronenidealität des Gitters zu erzwingen. Dieses Verfahren wird bekanntlich bei jeder Triode benützt, in welcher bei negativer Vorspannung des Gitters die in der Gitterebene benötigte Beschleunigungsspannung mittels des durch die Gitterlöcher hindurchgreifenden Anodenfeldes erzeugt wird. Man erhält auf diese Weise ein elektronenideales Gitter und vermeidet hiedurch unerwünschte Stromaufteilung sowie das Auftreten störender Sekundärelektronen. Da aber auch die Feldlinien des Wechselfeldes durch die Gitteröffnungen hindurchtreten, wirkt sich der Durchgriff auch auf die Wechselstromeigenschaften aus, d. h. die Elemente der Vierpolmatrix werden vom „Durchgriff" abhängig. Obwohl die Behandlung des Durchgriffseinflusses nicht Gegenstand einer Theorie der Laufzeitvorgänge sein kann, da er das Wesen dieser Erscheinung in keiner Weise prinzipiell berührt, sei dieser Punkt hier der Vollständigkeit halber doch kurz gestreift. Dabei beschränken wir uns der Einfachheit halber auf den Fall, in dem das Gitter am Ende der Vorbeschleunigungskammer entweder mit der Kathode zusammenfällt (z. B. Triode) oder als feldideal angenommen sei. Wir erreichen dadurch, daß wir es nur mit einem Durchgriff zu tun haben. Ist das Gitter zwischen den beiden Entladungsräumen feldideal, dann sind die Spannungen $\mathfrak{U}_1$ und $\mathfrak{U}_2$ in der Elektronenströmung (wirksame Spannungen) identisch mit den Spannungen zwischen den entsprechenden Elektroden. Wir nennen sie die „inneren" bzw. „äußeren" Spannungen. Je weiter das Gitter von diesem Idealzustand abweicht, umso größer wird der Unterschied zwischen den nicht direkt meßbaren Spannungen $\mathfrak{U}_1$ bzw. $\mathfrak{U}_2$ und den meßbaren äußeren Spannungen $\mathfrak{U}_1'$ bzw. $\mathfrak{U}_2'$ zwischen den Elektroden. Bei den üblichen Verstärkerröhren benützt man hierbei bekanntlich die Zusammenhänge[1]

$$\mathfrak{U}_1 = \frac{1}{1+D}\left[\mathfrak{U}_1' + D\,(\mathfrak{U}_1 + \mathfrak{U}_2) \right]$$

$$\mathfrak{U}_1 + \mathfrak{U}_2 = \mathfrak{U}_1' + \mathfrak{U}_2',$$

oder anders geschrieben

$$\mathfrak{U}_1' = \mathfrak{U}_1 - D\,\mathfrak{U}_2$$

$$\mathfrak{U}_2' = (1+D)\,.\,\mathfrak{U}_2\,. \tag{226}$$

Dabei bedeutet D den Durchgriff des Systems ohne Berücksichtigung der Raumladung. Wieweit diese Beziehungen den tatsächlichen Verhältnissen, insbesondere bei großen Laufwinkeln, gerecht werden, sei hier nicht weiter untersucht. Wenn wir die obigen Zusammenhänge aber auch für unsere Zwecke als brauchbar unterstellen, können wir die Vierpolgleichungen (210) durch Einführung von $\mathfrak{U}_1'$ bzw. $\mathfrak{U}_2'$ an Stelle von $\mathfrak{U}_1$ bzw. $\mathfrak{U}_2$ auf den Fall des nicht mehr feldidealen Gitters erweitern. Wir erhalten dann nach Ausführung der einfachen Rechnung die Elektrodenspannungen $\mathfrak{U}_1'$; $\mathfrak{U}_2'$ als lineare Funktionen der Ströme, d.h. eine Widerstandsmatrix der Form

$$\| \mathfrak{W}' \| = \left\| \begin{matrix} \mathfrak{r}_1 + D\,\mathfrak{r} & -D\,\mathfrak{r}_2 \\ -(1+D)\,\mathfrak{r} & (1+D)\,\mathfrak{r}_2 \end{matrix} \right\|. \tag{227}$$

Sie geht für $D = 0$ in (219) über. Wir können den Sachverhalt aber auch noch von einer anderen Seite beleuchten. Man kann nämlich sagen, daß unabhängig von den Durchgriffseigenschaften des Gitters die Widerstandsmatrix (219) immer exakt gilt, weil ihr die inneren Spannungen zugrunde liegen. Die Widerstandsmatrix bezogen auf die Elektrodenspannungen hingegen ist vom

---

[1] Hier ist zur Vereinfachung der Rückgriff der Kathode auf das Gitter vernachlässigt.

Durchgriff abhängig und näherungsweise durch (227) gegeben.
Die Unsicherheit dieser Gleichungen ist ausschließlich in der Unsicherheit von (226) begründet. Den Übergang von (219) auf
(227) können wir formal auch sehr einfach durch eine Multiplikation zweier Matrizen darstellen. Setzen wir nämlich für die
Matrix der Transformation (226)

$$\|\mathfrak{D}\| = \begin{Vmatrix} 1 & -D \\ 0 & 1+D \end{Vmatrix}, \tag{228}$$

welche bei verschwindendem Durchgriff in die Einheitsmatrix
übergeht, so wird

$$\|\mathfrak{W}'\| = \|\mathfrak{D}\| \cdot \|\mathfrak{W}\| . \tag{229}$$

Durch Bildung der reziproken Matrix ergibt sich die entsprechende
Leitwertmatrix

$$\|\mathfrak{Y}'\| = (\|\mathfrak{D}\| \cdot \|\mathfrak{W}\|)^{-1} = \|\mathfrak{W}\|^{-1} \cdot \|\mathfrak{D}\|^{-1} ,$$

es ist also

$$\|\mathfrak{Y}'\| = \|\mathfrak{Y}\| \cdot \|\mathfrak{D}\|^{-1} . \tag{230}$$

Mit (222) und

$$\|\mathfrak{D}\|^{-1} = \frac{1}{1+D} \begin{Vmatrix} 1+D & D \\ 0 & 1 \end{Vmatrix}$$

erhält man nach Ausführung der Multiplikation

$$\|\mathfrak{Y}'\| = \frac{1}{1+D} \begin{Vmatrix} (1+D)\,\mathfrak{g}_1 & D\,\mathfrak{g}_1 \\ (1+D)\,\mathfrak{g} & \mathfrak{g}_2 + D\,\mathfrak{g} \end{Vmatrix} . \tag{231}$$

8. Wechselstromverhalten der Triode.

Als erstes Anwendungsbeispiel der allgemeinen Theorie untersuchen wir die mit einer *Langmuir*schen Kathode ausgerüstete
Triode. Es handelt sich also um den Fall *1* des Abschnittes 5.
Wir nehmen an, daß die Laufwinkel w_1 und w_2 sehr klein sind
gegen $\pi/2$, aber von gleicher Größenordnung. Unter diesen Voraussetzungen erhält man durch Reihenentwicklung der Funktionen (92), unter Benützung der Formeln (193) bis (200), für die
ersten Glieder der Laufwinkelfunktionen

$$\Delta_0\,(w_2) = \frac{1}{12}\,w_2{}^4$$

$$\Delta_{\pi/2}\,(w_2) = \frac{1}{6}\,w_2{}^3 - \frac{1}{40}\,w_2{}^5$$

$$C_0\,(w_1;\,w_2) + H_0\,(w_1;\,w_2) = \frac{w_1\,w_2}{6}\,(2w_1{}^2 + 3w_1\,w_2 + 2w_2{}^2)$$

$$C_{\pi/2}(w_1; w_2) + H_{\pi/2}(w_1; w_2) = \frac{w_1 w_2}{2}(w_1 + w_2)$$

$$D_0(w_1; w_2) = -\frac{w_1{}^2 w_2{}^2}{6}(w_1 + w_2)$$

$$D_{\pi/2}(w_1; w_2) = -\frac{w_1{}^2 w_2{}^2}{4}.$$

Nun ist in dem vorliegenden Falle

$$6\,q_0\,z_1 = w_1{}^3$$

und somit nach (220)

$$\frac{\mathfrak{r}_1}{A} = \frac{w_1{}^4}{12} + j\left(-\frac{1}{6}w_1{}^3 + \frac{1}{6}w_1{}^3 - \frac{1}{40}w_1{}^5\right) = \frac{w_1{}^4}{12} - j\,\frac{w_1{}^5}{40}.$$

Da der Blindanteil um eine Größenordnung des Laufwinkels kleiner ist als der Wirkanteil, können wir

$$\mathfrak{r}_1 = \frac{A}{12}\,w_1{}^4$$

setzen. Für den Ausgangsleerlaufwiderstand ergibt sich wegen

$$6\,q_0\,z_2 = 6\,q_0\,z_1\frac{x_2}{x_1} = w_1{}^3\,\frac{x_2}{x_1}$$

die Beziehung

$$\frac{\mathfrak{r}_2}{A} = \frac{w_2{}^4}{12} + j\left(-\frac{1}{6}w_1{}^3 \cdot \frac{x_2}{x_1} + \frac{1}{6}w_2{}^3\right) = \frac{w_2{}^4}{12} - \frac{j\,w_1{}^3}{6}\left[\frac{x_2}{x_1} - \left(\frac{w_2}{w_1}\right)\right].$$

Wenn wir

$$\frac{x_2}{x_1} > 1$$

und

$$\frac{w_2}{w_1} < 1$$

voraussetzen, — eine Annahme, die praktisch immer erfüllt ist — dann überwiegt der Blindanteil um eine Größenordnung des Laufwinkels und wir erhalten

$$\mathfrak{r}_2 = -\frac{j\,A}{6}\,w_1{}^3\left[\frac{x_2}{x_1} - \left(\frac{w_2}{w_1}\right)^3\right].$$

In ganz ähnlicher Weise errechnet man die Fundamentalwirkung. Da die Funktion $C_0 + H_0$ in den Laufwinkeln vom 4ten Grad, D_0 vom 5ten Grad und γ_{12} nach (176 B) vom — 1ten Grad sind, wird der Realteil der Wirkung eine Funktion 4-ten Grades. Der Imaginärteil hingegen überwiegt um eine Größenordnung, so daß wir nur diesen zu berücksichtigen haben. Es wird

$$-\frac{\mathfrak{r}}{A} = j\,(\,C_{\pi/2} + H_{\pi/2} + \gamma_{12}\,D_{\pi/2}\,) =$$

$$= j\left\{\frac{w_1{}^2\,w_2}{2} + \frac{w_1\,w_2{}^2}{2} - \frac{2\,w_1}{3\,w_2{}^2}\left[\left(1 + \frac{w_2}{w_1}\right)^3 - 1 - \frac{x_2}{x_1}\right]\cdot\frac{w_1{}^2\,w_2{}^2}{4}\right\}$$

oder nach Auflösung der Klammern und Zusammenfassung der Glieder

$$\mathfrak{r} = -\frac{j\,A}{6}\,w_1{}^3\left[\frac{x_2}{x_1} - \left(\frac{w_2}{w_1}\right)^3\right].$$

Die Fundamentalwirkung ist negativ imaginär und gleich dem Fundamentalwiderstand $\mathfrak{r}_2$. Wir haben also für die Triode bei genügend kleinen Laufwinkeln und wenn

$$\frac{x_2}{x_1} > 1;\quad \frac{w_2}{w_1} < 1$$

gilt, die Gleichungen:

$$\mathfrak{r}_1 = \frac{A}{12}\,w_1{}^4$$

$$\mathfrak{r} = \mathfrak{r}_2 = -\frac{j\,A}{6}\,w_1{}^3\left[\frac{x_2}{x_1} - \left(\frac{w_2}{w_1}\right)^3\right]. \tag{232 B}$$

Mit (221) ergibt sich für die Elemente der Leitwertmatrix

$$\mathfrak{g} = \mathfrak{g}_1 = \frac{12}{A}\cdot\frac{1}{w_1{}^4}$$

$$\mathfrak{g}_2 = j\,\frac{6}{A}\,\frac{1}{\left[\dfrac{x_2}{x_1} - \left(\dfrac{w_2}{w_1}\right)^3\right]w_1{}^3}. \tag{233 B}$$

Die Matrizen (219) und (222) werden in unserem Falle durch zwei Elemente bestimmt und haben die Gestalt

$$\|\mathfrak{W}\| = \left\|\begin{array}{cc}\mathfrak{r}_1 & 0 \\ -\mathfrak{r} & \mathfrak{r}\end{array}\right\| \tag{234 B}$$

$$\|\mathfrak{D}\| = \left\|\begin{array}{cc}\mathfrak{g} & 0 \\ \mathfrak{g} & \mathfrak{g}_2\end{array}\right\|. \tag{235 B}$$

Sie geben uns den Zusammenhang zwischen den inneren Spannungen und den Strömen. Bezieht man sie auf die Elektrodenspannungen, die nach den Betrachtungen des vorigen Abschnittes je nach der Größe des Durchgriffes mehr oder weniger von den inneren Spannungen abweichen, dann erhält man mit (227) bzw. (231) für die Matrizen der Triode in Gitterbasisschaltung

$$\|\mathfrak{W}'\| = \left\| \begin{array}{cc} \mathfrak{r}_1 + D\,\mathfrak{r} & -D\,\mathfrak{r} \\ -(1+D)\,\mathfrak{r} & (1+D)\,\mathfrak{r} \end{array} \right\| \qquad (236\ \text{B})$$

$$\|\mathfrak{Y}'\| = \frac{1}{1+D} \left\| \begin{array}{cc} (1+D)\,\mathfrak{g} & D\,\mathfrak{g} \\ (1+D)\,\mathfrak{g} & \mathfrak{g}_2 + D\,\mathfrak{g} \end{array} \right\|. \qquad (237\ \text{B})$$

Infolge der vom Arbeitskreis in den Steuerkreis zurückgreifenden Feldlinien — hervorgerufen durch den endlichen Durchgriff — zeigt die Triode in Gitterbasisschaltung eine „Wirkung" von der Größe

$$(1+D)\,\mathfrak{r}$$

und eine „Rückwirkung" von der Größe

$$D\,\mathfrak{r}.$$

Zu den „Fundamentalwiderständen" $\mathfrak{r}_1$ und $\mathfrak{r}_2 = \mathfrak{r}$ der Matrix (234 B) tritt das Glied $D\,\mathfrak{r}$ hinzu. Noch übersichtlicher werden die Verhältnisse, wenn man in (236 B) die mit D multiplizierten Glieder abspaltet und die Matrix in eine Summe von zwei Matrizen zerlegt. Man erhält dann den Zusammmenhang

$$\|\mathfrak{W}'\| = \|\mathfrak{W}\| + D\,\mathfrak{r} \left\| \begin{array}{cc} 1 & -1 \\ -1 & +1 \end{array} \right\|. \qquad (238\ \text{B})$$

Damit ist die Wirkung des Durchgriffes auf eine Reihenschaltung zurückgeführt.

In der Leitwertmatrix (237 B) ist der Kernleitwert vorwärts, — wir nennen ihn die „Steilheit" — identisch mit der „Fundamentalsteilheit" $\mathfrak{g}$. Der Ausgangskurzschlußleitwert hat die Größe

$$\frac{1}{1+D}\,\mathfrak{g}_2 + D\,\frac{\mathfrak{g}}{1+D}$$

und setzt sich zusammen aus dem um den Faktor $1/(1+D)$ verkleinerten Fundamentalleitwert $\mathfrak{g}_2$ und dem Leitwert des „inneren Widerstandes"

$$\frac{1}{R_i} = D\,\frac{\mathfrak{g}}{1+D}.$$

Setzt man

$$S = \frac{\mathfrak{g}}{1+D},$$

so ergibt sich die bekannte Beziehung

$$S\,D\,R_i = 1.$$

Es sei an dieser Stelle nochmals daran erinnert, daß der verwaschene Begriff der „Steilheit S" mit unserer Definition der Steilheit nicht zu verwechseln ist. Wir verstehen unter der „Steilheit" immer nur das in der linken unteren Ecke der Leitwertmatrix stehende Element, d. h. den Kernleitwert vorwärts.

Wir gehen nun zur Behandlung der Kathodenbasisschaltung über. Den neuen Vierpol erhalten wir sogleich, wenn wir auf den Vierpol der Gitterbasisschaltung die Schaltungsmaßnahme nach Abb. 30 anwenden. Zu diesem Zweck haben wir nach (223) zu den Elementen der Nebendiagonale der Matrix (236 B) das in der linken oberen Ecke stehende Element hinzuzufügen und in die rechte untere Ecke die Summe der vier ursprünglichen Elemente hineinzuschreiben. Man findet dann für die Matrix der Kathodenbasisschaltung

$$\| \mathfrak{W}' \| = \left\| \begin{matrix} \mathfrak{r}_1 + D\,\mathfrak{r} & \mathfrak{r}_1 \\ -\,\mathfrak{r} + \mathfrak{r}_1 & \mathfrak{r}_1 \end{matrix} \right\| . \tag{239 B}$$

Wir erhalten eine Rückwirkung unabhängig vom Durchgriff von der Größe $-\mathfrak{r}_1$. Während für das Zustandekommen einer Rückwirkung in Gitterbasisschaltung die Nichtidealität des Gitters hinsichtlich der Feldlinien notwendig ist, haben wir bei der Kathodenbasisschaltung auch bei idealem Gitter eine Rückwirkung. Sie ist darauf zurückzuführen, daß man den eigentlichen Arbeitskreis zwischen Gitter und Anode außerhalb nicht direkt schließt, sondern den Arbeitsstrom über die in Reihe geschaltete Steuerstrecke führt. Die ursprünglichere Kathodenbasisschaltung der Niederfrequenztechnik stellt, vom allgemeinen Standpunkt aus gesehen, daher nicht den einfachsten Betriebszustand einer Triode dar, sondern einen ungleich viel komplizierteren als die Gitterbasisschaltung. Diese ist es, — wie aus der Art der Behandlung wohl eindeutig hervorgeht — welche dem physikalisch primären Zustand direkt entspricht. Aus diesem Grunde sind daher alle Versuche, von den elementaren Vorstellungen der Steuerwirkung einer Triode in Kathodenbasisschaltung ausgehend, zu einer allgemeinen Theorie der Laufzeitvorgänge zu gelangen, aus prinzipiellen Gründen von vorneherein zum Scheitern verurteilt.

Wir ermitteln nun noch die Leitwertmatrix der Kathodenbasisschaltung. Zu diesem Zweck haben wir nach (216) die Elemente der Widerstandsmatrix (239 B) an der Nebendiagonale zu spiegeln, den Elementen der Nebendiagonale das negative Vorzeichen zu geben und die so erhaltene Matrix mit der reziproken Determinante der Widerstandsmatrix zu multiplizieren. Sie hat den Wert

$$| \mathfrak{W}' | = (\mathfrak{r}_1 + D\,\mathfrak{r})\,\mathfrak{r}_1 - \mathfrak{r}_1\,(\mathfrak{r}_1 - \mathfrak{r}) = (1 + D)\,\mathfrak{r}\,\mathfrak{r}_1 .$$

Es wird daher

$$\| \mathfrak{Y}' \| = \frac{1}{1 + D} \cdot \frac{1}{r_1 r} \left\| \begin{matrix} r_1 & -r_1 \\ r - r_1 & r_1 + D\,r \end{matrix} \right\| =$$

$$= \frac{1}{1 + D} \left\| \begin{matrix} \dfrac{1}{r} & -\dfrac{1}{r} \\ \dfrac{1}{r_1} - \dfrac{1}{r} & \dfrac{1}{r} + D\dfrac{1}{r_1} \end{matrix} \right\| .$$

Nun ist aber nach (221) und wegen $r_2 = r$

$$\frac{1}{r_1} = \mathfrak{g}$$

$$\frac{1}{r} = \mathfrak{g}_2 ,$$

so daß wir erhalten

$$\| \mathfrak{Y}' \| = \frac{1}{1 + D} \left\| \begin{matrix} \mathfrak{g}_2 & -\mathfrak{g}_2 \\ \mathfrak{g} - \mathfrak{g}_2 & \mathfrak{g}_2 + D\,\mathfrak{g} \end{matrix} \right\| . \qquad (240\ B)$$

Der Rückwirkungsleitwert

$$- \frac{\mathfrak{g}_2}{1 + D}$$

entspricht in der gewohnten Bezeichnung dem Leitwert der „Gitter-Anodenkapazität", die Steilheit

$$\frac{1}{1 + D}\,(\mathfrak{g} - \mathfrak{g}_2)$$

setzt sich aus der Fundamentalsteilheit $\mathfrak{g}$ und dem Fundamentalleitwert $\mathfrak{g}_2$ zusammen und ist vom Durchgriff abhängig.

Die Elemente der Matrix (240 B) bilden den Ausgangspunkt aller Betrachtungen an einer Triode nach der üblichen Art. Daß bei uns dieses Vierpolschema nicht am Anfang sondern am Ende erscheint, kennzeichnet wohl am besten die Verschiedenartigkeit des Weges.

9. Eigenschaften der Fundamentalwirkung.

Nach den speziellen Erörterungen des vorigen Abschnittes kehren wir wieder zur Behandlung von Fragen allgemeiner Natur zurück. Das Hauptproblem bildet dabei die Untersuchung der Fundamentalwirkung r, welche bekanntlich das Maß der von dem Kreis 1 auf den Kreis 2 ausgeübten elektronischen Wirkung darstellt. Nach der dritten Gleichung von (220) ist sie proportional der Größe

$$A = \frac{K J_0}{\varepsilon_0{}^2 \omega^4}$$

und nimmt daher mit der ersten Potenz der Stromdichte und der vierten Potenz der Wellenlänge zu. Dieser bekannte Zusammenhang interessiert uns im folgenden nicht. Wir werden vielmehr unser Augenmerk auf den Klammerausdruck von (220) zu richten haben. Dieser ist von dem Beschleunigungssprung γ_{12} und von den Laufwinkelfunktionen abhängig. Wir fassen je zwei von ihnen wie folgt zusammen:

$$\begin{aligned}
t_C &= - C_0 - j\, C_{\pi/2}\\
t_D &= - D_0 - j\, D_{\pi/2}\\
t_G &= - G_0 - j\, G_{\pi/2}\\
t_H &= - H_0 - j\, H_{\pi/2}\,.
\end{aligned} \tag{241}$$

Die Fundamentalwirkung (220) läßt sich daher in der Gestalt schreiben:

$$\frac{r}{A} = t_C + t_H + \gamma_{12}\, t_D\,. \tag{242}$$

Sie setzt sich aus drei Anteilen zusammen. Unsere erste Aufgabe wird nun darin bestehen, eine Aussage über ihre absolute Größe zu machen. Dann sollen ihre gegenseitigen Phasenlagen untersucht werden.

Zunächst können wir aus den Gleichungen (193), (194), (199), (200) entnehmen, daß die Funktionen C_0 und $C_{\pi/2}$ bei Vertauschung der Argumente in die Funktionen H_0 und $H_{\pi/2}$ übergehen und ebenso umgekehrt. Nach (241) stellt daher die Summe

$$t_C\,(w_1;\, w_2) + t_H\,(w_1;\, w_2)$$

eine symmetrische Funktion der Laufwinkel dar. Eine weitere Verwandtschaft zwischen t_C und t_H können wir noch darin erkennen, daß beide aus der logarithmischen Geschwindigkeitsfunktion f und der linearen Geschwindigkeitsfunktion g aufgebaut sind. Im Gegensatz dazu stehen die Funktionen t_D und t_G, von denen die erste nur aus f-Teilen, die zweite nur aus g-Teilen zusammengesetzt ist. Die Funktion t_G, die in die Fundamentalwirkung nicht eingeht und nur der Vollständigkeit halber hier bereits mit aufgeführt wurde, spielt u. a. in den Dreikammersystemen (Klystron) eine Rolle. Ferner erkennen wir aus (195) bis (198), daß die Funktionen D_0; $D_{\pi/2}$ sowie G_0 und $G_{\pi/2}$ symmetrische Funktionen der Argumente w_1 und w_2 sind. Es gilt daher

$$\begin{aligned}
t_D\,(w_1;\, w_2) &= t_D\,(w_2;\, w_1)\\
t_G\,(w_1;\, w_2) &= t_G\,(w_2;\, w_1)\,.
\end{aligned}$$

Ist insbesondere $u_2 = 1$, dann wird nach (173) auch γ_{12} eine symmetrische Funktion von w_1 und w_2 und somit die gesamte Fundamentalwirkung symmetrisch in w_1 und w_2.

Bei der Behandlung der Einkammersysteme hatten wir bereits Aussagen über die Größe und Phasenlage der zur f- und g-Steuerung gehörigen Anteile gemacht. Zu diesem Zweck hatten wir den beiden Steuerungsarten zwei Vektoren zugeordnet, die gegeben waren durch

$$\mathfrak{a} = \gamma_1 \left(f_0; f_{\pi/2}; 0 \right)$$
$$\mathfrak{b} = \left(g_0; g_{\pi/2}; 0 \right) .$$

Für die folgenden Betrachtungen ist es zweckmäßiger den skalaren Faktor γ_1 wegzulassen und die Vektoren

$$\mathfrak{m} = \left(f_0; f_{\pi/2}; 0 \right) \tag{243}$$
$$\mathfrak{n} = \left(g_0; g_{\pi/2}; 0 \right)$$

zu benutzen. Mit den drei Einheitsvektoren $\mathfrak{i}$; $\mathfrak{j}$ und $\mathfrak{k}$ haben sie die Gestalt

$$\mathfrak{m} = f_0 \cdot \mathfrak{i} + f_{\pi/2} \cdot \mathfrak{j}$$
$$\mathfrak{n} = g_0 \cdot \mathfrak{i} + g_{\pi/2} \cdot \mathfrak{j} .$$

Die Raumvektoren können wir aber auch gleichzeitig als Zeiger in der komplexen Schreibweise deuten, wenn wir setzen

$$\mathfrak{m} = f_0 + j f_{\pi/2} \tag{244}$$
$$\mathfrak{n} = g_0 + j g_{\pi/2} ,$$

wobei unter j die imaginäre Einheit zu verstehen ist. Da wir es hier mit zwei Kammern zu tun haben, müssen wir noch eine Unterscheidung anbringen, auf welche Kammern sich die Vektoren $\mathfrak{m}$ und $\mathfrak{n}$ beziehen. Wir bringen dies durch den entsprechenden Index zum Ausdruck. Es ist also

$$\mathfrak{m}_1 = f_0 (w_1) + j f_{\pi/2} (w_1)$$
$$\mathfrak{n}_1 = g_0 (w_1) + j g_{\pi/2} (w_1)$$
$$\mathfrak{m}_2 = f_0 (w_2) + j f_{\pi/2} (w_2)$$
$$\mathfrak{n}_2 = g_0 (w_2) + j g_{\pi/2} (w_2) .$$

In gleicher Weise können wir auch die durch die Gleichungen (241) definierten Größen t_C; t_D; t_G und t_H je nach Bedarf als Zeiger in der komplexen Zahlenebene oder als Raumvektoren auffassen. So hat beispielsweise t_C als Vektor betrachtet die Komponenten

$$\mathfrak{t}_C = \left(- C_0; - C_{\pi/2}; 0 \right) .$$

Bei der Behandlung der Steuereigenschaften hatten wir festgestellt, daß das skalare Produkt der Vektoren $\mathfrak{a}$ und $\mathfrak{b}$ gegeben war durch

$$(\mathfrak{a}\,\mathfrak{b}) = \gamma_1 w_1 \left(\cos w_1 - 1 \right) .$$

Formal abgeändert muß also gelten

$$(\mathfrak{m}_1\,\mathfrak{n}_1) = w_1\,(\cos w_1 - 1) \leqq 0\,.$$

Die Vektoren $\mathfrak{m}_1$ und $\mathfrak{n}_1$ bzw. $\mathfrak{m}_2$ und $\mathfrak{n}_2$ bilden daher unabhängig vom Laufwinkel immer einen Phasenwinkel, der größer ist als $\pi/2$. Wir werden weiter unten erkennen, daß diese Phasenlage in einen sehr einfachen Zusammenhang mit den Winkeln zwischen den Vektoren $\mathfrak{t}_C$; $\mathfrak{t}_H$ und $\mathfrak{t}_D$ gebracht werden kann.

Zunächst aber wollen wir ihre absoluten Beträge mit denen von $\mathfrak{m}$ und $\mathfrak{n}$ in Beziehung bringen. Aus (193); (194) und (241) erhalten wir

$$|\mathfrak{t}_C|^2 = C_0{}^2 + C_{\pi/2}{}^2 = [f_0\,(w_1)\,g_{\pi/2}\,(w_2) + f_{\pi/2}\,(w_1)\,g_0\,(w_2)]^2 +$$
$$+[-f_0\,(w_1)\,g_0\,(w_2) + f_{\pi/2}\,(w_1)\,g_{\pi/2}\,(w_2)]^2$$
$$= [f_0{}^2\,(w_1) + f_{\pi/2}{}^2\,(w_1)] \cdot [g_0{}^2\,(w_2) + g_{\pi/2}{}^2\,(w_2)] = |\mathfrak{m}_1|^2\,|\mathfrak{n}_2|^2.$$

In ähnlicher Weise lassen sich die Absolutbeträge der drei anderen Vektoren ermitteln. Man findet:

$$\begin{aligned}
|\mathfrak{t}_C| &= |\mathfrak{m}_1|\,|\mathfrak{n}_2| \\
|\mathfrak{t}_D| &= |\mathfrak{m}_1|\,|\mathfrak{m}_2| \\
|\mathfrak{t}_G| &= |\mathfrak{n}_1|\,|\mathfrak{n}_2| \\
|\mathfrak{t}_H| &= |\mathfrak{n}_1|\,|\mathfrak{m}_2|.
\end{aligned} \qquad (245)$$

Die Absolutwerte der Vektoren $\mathfrak{t}$ stehen also in einem sehr einfachen Zusammenhang mit den Absolutwerten von $\mathfrak{m}$ und $\mathfrak{n}$. Diese wieder sind nach den Formeln (76) bis (79) gegeben durch

$$|\mathfrak{m}_1| = |h_f\,(w_1)| = \sqrt{(w_1 - \sin w_1)^2 + (1 - \cos w_1)^2}$$
$$|\mathfrak{n}_1| = |h_g\,(w_1)| = 2\left|\sin \frac{w_1}{2}\right|. \qquad (246)$$

Dieselben Beziehungen gelten für den Laufwinkel w_2. Aus der Laufwinkelabhängigkeit der Funktionen $|h_f|$ und $|h_g|$, die in Abb. 11 und Abb. 12 veranschaulicht ist, entnehmen wir für die Beträge der Vektoren $\mathfrak{t}$ nach (245) unmittelbar folgendes: Der Betrag von $\mathfrak{t}_C$ bzw $\mathfrak{t}_H$ ist dem $\sin w_2/2$ bzw. dem $\sin w_1/2$ proportional. Der erste bzw. zweite verschwindet daher, wenn der Laufwinkel in der Arbeits- bzw. Steuerstrecke ein ganzzahliges Vielfaches von $2\,\pi$ beträgt. Der Betrag von $\mathfrak{t}_G$ ist gleich dem Produkt

$$4\left|\sin \frac{w_1}{2}\right|\,\left|\sin \frac{w_2}{2}\right|$$

und verschwindet daher, wenn einer der beiden Laufwinkel ein Vielfaches von $2\,\pi$ beträgt; der Maximalwert des Produktes ist 4. Eine Sonderstellung nimmt der Vektor $\mathfrak{t}_D$ ein, dessen Betrag mit w_1 und w_2 monoton ansteigt.

Sind beide Laufwinkel groß gegen $\pi/2$, dann wird nach der ersten Gleichung von (246)

$$| h_f (w_1) | \approx w_1 \,.$$

Aber auch bei kleinen Laufwinkeln können wir die Funktion $| h_f |$ in aller erster Näherung durch w_1 bzw. w_2 ersetzen. Dies entspricht einer Annäherung der schlangenförmigen Kurve der Abb. 11 durch die gestrichelt gezeichnete Gerade. In erster Näherung wird somit aus (245) zusammen mit (246)

$$|t_C| \approx 2\, w_1 \left| \sin \frac{w'_2}{2} \right|$$

$$|t_D| \approx w'_1\, w_2$$

$$|t_G| = 4 \left| \sin \frac{w_1}{2} \right| \left| \sin \frac{w'_2}{2} \right| \qquad (247)$$

$$|t_H| \approx 2\, w_2 \left| \sin \frac{w_1}{2} \right|.$$

Diese Beziehungen stellen einfache Faustformeln dar, um die absolute Größe der t-Vektoren in speziellen Fällen abzuschätzen, bzw. deren periodische Abhängigkeit von den Laufwinkeln zu überblicken. Als wesentlichste Erkenntnis vermerken wir den Umstand, daß der Vektor t_D der einzige ist, der keine periodische Eigenschaft zeigt und dessen Betrag roh durch das Produkt der beiden Laufwinkel bestimmt ist. Er liefert uns gerade den Anteil der Fundamentalwirkung, der nach (242) dem Beschleunigungssprung proportional ist.

Wir untersuchen nun die Phasenlage der t-Vektoren. Zu diesem Zweck berechnen wir das skalare Produkt

$$(t_C\, t_D) = C_0\, D_0 + C_{\pi/2}\, D_{\pi/2} \,.$$

Unter Benützung von (193) bis (196) ergibt sich

$$(t_C\, t_D) = [f_0 (w_1)\, g_{\pi/2} (w'_2) + f_{\pi/2} (w'_1)\, g_0 (w_2)] \cdot [f_0 (w_1)\, f_{\pi/2} (w'_2) +$$
$$+ f_{\pi/2} (w'_1)\, f_0 (w_2)] + [-f_0 (w_1)\, g_0 (w_2) +$$
$$+ f_{\pi/2} (w'_1)\, g_{\pi/2} (w'_2)] \cdot [- f_0 (w_1)\, f_0 (w_2) + f_{\pi/2} (w'_1)\, f_{\pi/2} (w'_2)] \,.$$

Nach Auflösung der Klammern erhält man

$$(t_C\, t_D) = | \mathfrak{m}_1 |^2 \cdot (\mathfrak{m}_2\, \mathfrak{n}_2) \qquad (248)$$

und analog
$$(t_H\, t_D) = | \mathfrak{n}_2 |^2 \cdot (\mathfrak{m}_1\, \mathfrak{n}_1) \,.$$

Es ist also

$$|t_C| \cdot |t_D| \cos (t_C\, t_D) = | \mathfrak{m}_1 |^2 | \mathfrak{m}_2 | | \mathfrak{n}_2 | \cos (\mathfrak{m}_2\, \mathfrak{n}_2).$$

Setzt man hierin die Beträge der t-Vektoren nach (245) ein, so ergibt sich

$$\cos (t_C\, t_D) = \cos (\mathfrak{m}_2\, \mathfrak{n}_2) \,.$$

Ebenso erhält man

$$\cos(t_H\, t_D) = \cos(m_1\, n_1)\,.$$

Damit haben wir festgestellt, daß die Phasenwinkel zwischen den Vektoren t_C und t_D einerseits, sowie t_H und t_D anderseits, mit den Winkeln zwischen m_2; n_2 bzw. m_1; n_1 übereinstimmen. Es ist also

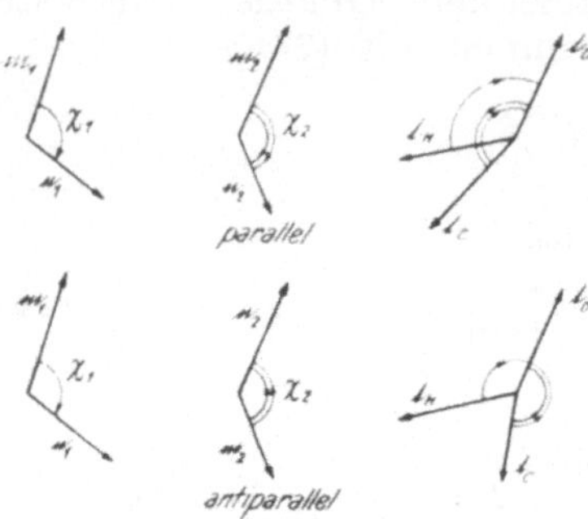

$$\sphericalangle\, t_C\, t_D = \sphericalangle\, m_2\, n_2 = \chi_2 \qquad (249)$$
$$\sphericalangle\, t_H\, t_D = \sphericalangle\, m_1\, n_1 = \chi_1\,.$$

Diese Winkel sind nach vorigem immer größer als $\pi/2$. Damit ist aber die Phasenlage noch nicht eindeutig festgelegt. Um sie eindeutig zu machen, müssen wir die Vektorprodukte heranziehen. Es ist

$$[t_C\, t_D] = (C_0\, D_{\pi/2} - C_{\pi/2}\, D_0)\,.\,\mathfrak{k}$$
$$[t_H\, t_D] = (H_0\, D_{\pi/2} - H_{\pi/2}\, D_0)\,.\,\mathfrak{k}\,.$$

Abb. 33. Phasenwinkel der Grundvektoren.

Setzt man wieder für die Laufwinkelfunktionen ein, so erhält man nach einfacher Rechnung die beiden Beziehungen:

$$[t_C\, t_D] = |m_1|^2\,[m_2\, n_2]$$
$$[t_H\, t_D] = |m_2|^2\,[m_1\, n_1]\,. \qquad (250)$$

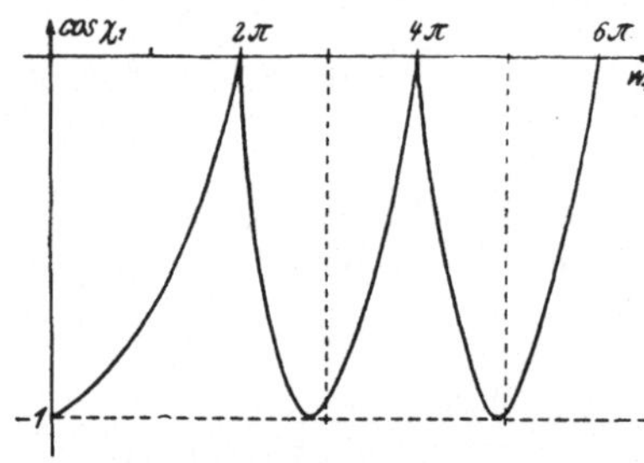

Abb. 34. Phasenlage der t-Vektoren.

Das Vektorprodukt $[t_C\, t_D]$, bzw. $[t_H\, t_D]$ hat also dieselbe Richtung wie der Vektor $[m_2\, n_2]$ bzw. $[m_1\, n_1]$. Sind daher die Vektoren $[m_1\, n_1]$ und $[m_2\, n_2]$ gleichgerichtet, dann liegen t_C und t_H auf einer Seite der durch t_D vorgegebenen Geraden, sind sie gegensinnig, dann liegen die Vektoren t_C und t_D auf verschiedenen Seiten. Die beiden möglichen Fälle sind in Abb. 33 dargestellt.

Wir haben damit die absoluten Beträge der t-Vektoren und deren Phasendifferenz auf die entsprechenden Größen der „Grundvektoren" m und n zurückgeführt. Wie hängt deren Phasenunterschied mit den Laufwinkeln zusammen? Aus dem skalaren Produkt

$$(m_1\, n_1) = |m_1|\,|n_1|\,\cos\chi_1 = w_1\,(\cos w_1 - 1) = -\,2\,w_1 \sin^2\frac{w_1}{2}$$

ergibt sich mit (246) für den Cosinus des Phasenwinkels

$$\cos \chi_1 = \frac{- w_1 \, |\sin w_1/2|}{\sqrt{(w_1 - \sin w_1)^2 + (1 - \cos w_1)^2}} \; . \tag{251}$$

Der Zusammenhang ist in Abb. 34 veranschaulicht. Die im Negativen gelegenen Scheitelpunkte der Kurve entsprechen allen Laufwinkeln, welche zu

$$\chi_1 = \pi$$

führen. Sie genügen der Gleichung (97). Einen Winkel dieser Art wollen wir in Hinkunft einen „charakteristischen" nennen. Zu einer Dichtesteuerung gehört bekanntlich ein charakteristischer Laufwinkel und ein Betriebszustand an der Stabilitätsgrenze der Steuerstrecke.

In (251) können wir für große Laufwinkel, d. h. für

$$w_1 \gg \pi/2$$

den Radikanden durch $w_1{}^2$ ersetzen und erhalten so die Näherung

$$\cos \chi_1 = - \left| \sin \frac{w_1}{2} \right|$$

oder

$$\chi_1 = \frac{1}{2} \, (\pi + w_1) - 2 \, \pi \, m \; . \qquad w_1 \gg \pi/2 \tag{252}$$

Die ganze Zahl m ist dabei so zu wählen, daß für χ_1 ein stumpfer Winkel herauskommt. Dieselbe Beziehung gilt für die zweite Kammer:

$$\chi_2 = \frac{1}{2} \, (\pi + w_2) - 2 \, \pi \, n \; . \qquad w_2 \gg \pi/2$$

Die Ergebnisse dieses Abschnittes können wir folgendermaßen zusammenfassen: Im allgemeinen setzt sich die Fundamentalwirkung gemäß Gleichung (242) aus drei Anteilen zusammen. Die Phasenwinkel zwischen den Vektoren t_C; t_D einerseits und t_H; t_D anderseits sind gleich den Phasenwinkeln χ_2 bzw. χ_1 der beiden Grundvektoren in der Arbeits- bzw. Steuerstrecke. Diese Winkel sind immer größer als $\pi/2$. Der Vektor $\gamma_{12}\,t_D$, welcher den dritten Anteil der Fundamentalwirkung ergibt, hat bei positivem Beschleunigungssprung dieselbe Richtung wie t_D, bei negativem Beschleunigungssprung ist er zu diesem entgegengesetzt gerichtet. Demnach erfolgt bei positivem γ_{12} eine teilweise Kompensation der drei Anteile, bei negativem γ_{12} hingegen, eine gegenseitige Unterstützung ihrer Wirkung.

10. Fundamentalwirkung vom C — und H — Typus.

Zur näheren Untersuchung der drei Anteile der Fundamentalwirkung wird man bestrebt sein, solche Betriebszustände herzustellen, bei denen der eine Typus voll hervortritt, die beiden anderen aber verschwinden. Wir wollen zuerst den C- und den H-Typus behandeln. Wie können wir das Entstehen des D-Typus unterdrücken? Da der Vektor t_D für keine Laufwinkelkombination verschwindet, können wir den D-Typus nur durch Vermeidung des Beschleunigungssprunges ausschalten. Diesen Fall wollen wir jetzt ins Auge fassen. Wir betrachten also solche Arbeitspunkte, für die

$$\gamma_{12} = 0$$

wird. Das trifft nach (172) zu für

$$a_2 = a_1 + w_1.$$

Wählen wir nun

$$w_1 = 2\, m\, \pi$$

und

$$w_2 = (2\, n + 1)\, \pi,$$

dann wird nach (92):

$$
\begin{aligned}
f_0\,(w_1) &= 0 & f_0\,(w_2) &= -\,2 \\
f_{\pi/2}\,(w_1) &= -\,w_1 & f_{\pi/2}\,(w_2) &= w_2 \\
g_0\,(w_1) &= 0 & g_0\,(w_2) &= 0 \\
g_{\pi/2}\,(w_1) &= 0 & g_{\pi/2}\,(w_2) &= -\,2.
\end{aligned}
$$

Damit erhält man aus (193) bis (200) zusammen mit (241)

$$
\begin{aligned}
t_C\,(w_1;\, w_2) &= (0;\, -\,2\,w_1;\, 0) \\
t_D\,(w_1;\, w_2) &= (2\,w_1;\, w_1\,w_2;\, 0) \\
t_H\,(w_1;\, w_2) &= (0;\, 0;\, 0)\,.
\end{aligned}
$$

Wir haben also den reinen C-Typus in seiner maximalen Größe. Wählt man hingegen

$$w_1 = (2\, n + 1)\, \pi$$

und

$$w_2 = 2\, m\, \pi,$$

dann wird wegen der Symmetrieeigenschaften der t-Vektoren

$$
\begin{aligned}
t_C\,(w_1;\, w_2) &= (0;\, 0;\, 0) \\
t_D\,(w_1;\, w_2) &= (2\,w_2;\, w_1\,w_2;\, 0) \\
t_H\,(w_1;\, w_2) &= (0;\, -\,2\,w_2;\, 0),
\end{aligned}
$$

und wir erhalten den reinen H-Typus in seiner größtmöglichen Stärke.

Zur Ausschaltung des D-Typus hatten wir den Beschleunigungssprung vermieden. Dabei ist in jeder der beiden Kammern im allgemeinen aber die logarithmische Beschleunigung von Null verschieden, weil eine endliche Feldstärke vorhanden sein kann, wie in dem Bild a) der Abb. 35 angedeutet ist. Wenn wir in jeder der beiden Kammern äußere Gleichfelder vermeiden, d. h.

$$u_1 = u_2 = 1$$

setzen, dann unterliegen die Elektronen nur noch der inneren Beschleunigung, die durch die Wirkung ihrer eigenen Raumladung hervorgerufen wird. In Bild b) der Abb. 35 sind die Feldgeraden für ein solches feldfreies System mit dem Arbeitspunkt

$$(w_0; w_1; w_2; u_1; u_2) = (10\,\pi; 2\pi; \pi; 1; 1)$$

eingezeichnet. Die innere Feldstärke ist außerordentlich klein, der Beschleunigungssprung hat nach (173) den Wert

$$\gamma_{12} \approx 1\%$$

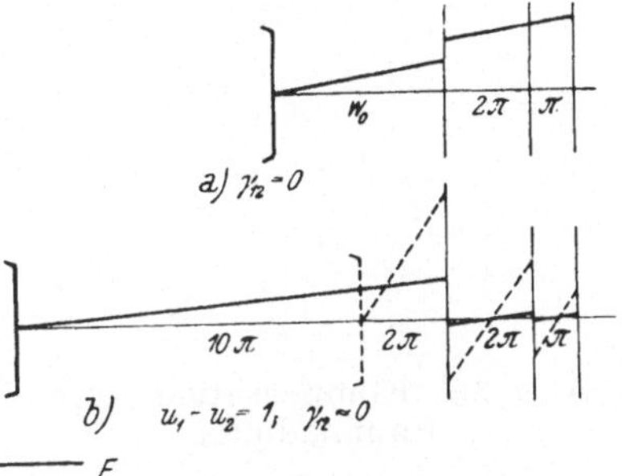

Abb. 35. Wirkung der Raumladung für $u_1 = u_2 = 1$.

und wird umso kleiner, je größer der Laufwinkel in der Vorbeschleunigungsstrecke gemacht wird. Verringert man ihn jedoch von dem Wert $10\,\pi$ auf $2\,\pi$, so steigt der Beschleunigungssprung nach (173) auf

$$\gamma_{12} \approx 25\%.$$

Er kann kaum mehr vernachläßigt werden. Der neue Feldverlauf ist strichliert gezeichnet. In Abb. 36 sind für

$$w_1 = 2\,\pi; \qquad w_2 = \pi$$

die Vektoren $\mathfrak{t}_C$ und $\mathfrak{t}_D$ eingetragen. Bei dem Laufwinkel $w_0 = 10\,\pi$ ist nahezu die gesamte Fundamentalwirkung vom Typus C. Wird w_0 aber auf $2\,\pi$ herabgesetzt, dann tritt zum Vektor $\mathfrak{t}_C$ noch rund ein Viertel des Vektors $\mathfrak{t}_D$ hinzu. Die Fundamentalwirkung hat damit ihre Phase geändert und ihre absolute Größe ist von $\overline{OP}$ auf $\overline{OP'}$ herabgesunken. Es erfolgt eine teilweise Kompensation der C-Wirkung durch die D-Wirkung. Sie hat ihre Ursache in einer Zunahme der Raumladung. Wesentlich hierbei ist das positive Vorzeichen von γ_{12}.

Wir wollen diese Erscheinung noch etwas eingehender beschreiben, da sie eine prinzipielle Grenze für alle Röhrensysteme darstellt, die mit äußerlich feldfreien Entladungsräumen arbeiten. Wir betrachten zu diesem Zweck wieder eine Röhre mit feldfreien Entladungsräumen. Der Laufwinkel w_0 sei so groß, daß innere Feldstärken praktisch nicht vorhanden sind; es ist $\gamma_{12} \approx 0$. Wir setzen der Einfachheit halber den reinen C-Typus voraus, also $w_1 = 2\,\pi$ und $w_2 = \pi$. Wenn wir die Kathode bei festgehaltener Gleichspannung U_0 näher heranrücken, dann steigt die

Stromdichte J_0 an und damit sinkt q_0 bzw. w_0 ab. Wir können aber die Erhöhung der Stromdichte auch bei festem Kathodenabstand durch Anwendung elektronenoptischer Strahlkonzentration hervorrufen. In beiden Fällen nimmt w_0 ab. Durch die größere Stromdichte bilden sich in den Entladungsräumen Geschwindigkeitsminima, die Laufwinkel w_1 und w_2 werden größer. Diese Zunahme denken wir uns durch eine geeignete Verkleinerung der geometrischen Abstände x_1 und x_2 gerade wieder rückgängig gemacht. Dieser Vorgang entspricht dem zweiten Bild der Abb. 35 und führt zu einer Zunahme des Beschleunigungssprunges und damit zu einer teilweisen Kompensation der C-Wirkung durch die D-Wirkung gemäß Abb. 36. Man kann natürlich auch bei festgehaltenen Abständen x_1 und x_2 den Einfluß einer Stromdichteerhöhung aus unseren Gleichungen ermitteln. Durch die damit verbundene Zunahme der Laufwinkel w_1 und w_2

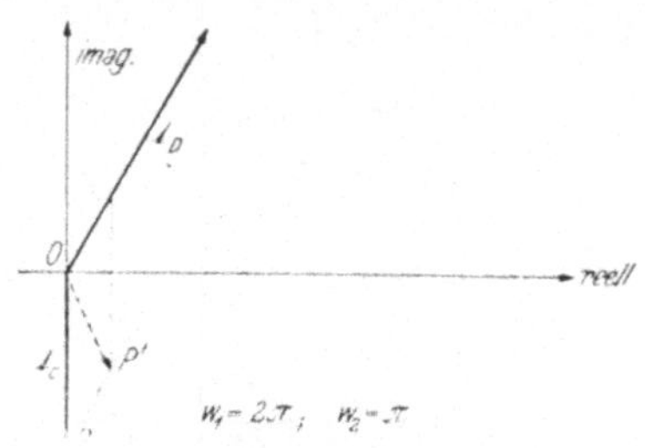

Abb. 36. Kompensation durch Raumladung.

tritt ein C-H-Gemisch auf, zu dem noch der kompensierende D-Anteil hinzukommt.

Die kompensierende Wirkung einer Erhöhung der Stromdichte bei Systemen mit äußerlich feldfreien Entladungsräumen läßt sich auch noch in einer etwas anderen Form darstellen, aus der man den Einfluß der Stromdichte unmittelbar ablesen kann. Mit

$$u_1 = u_2 = 1$$

und wegen

$$w_0{}^2 = 2\,q_0$$

ergibt sich aus (173)

$$\gamma_{12} = \frac{w_1 + w_2}{2\,q_0\,u_1}\,.$$

Setzt man hierin nach (3) für q_0 ein, so kommt

$$\gamma_{12} = \frac{w_1 + w_2}{2\,u_1} \cdot \frac{K\,J_0}{\varepsilon_0\,v_0\,\omega^2}\,.$$

Für die gesamte Fundamentalwirkung erhält man demnach mit (242)

$$\frac{\mathfrak{r}}{A} = \mathfrak{t}_C + \mathfrak{t}_H + \frac{K\,(w_1 + w_2)}{2\,\varepsilon_0\,v_0\,\omega^2\,u_1}\,J_0\,\mathfrak{t}_D\,.$$

Führt man nach (109) für A seine Bedeutung ein, so ergibt sich schließlich

$$r = \frac{K}{\varepsilon_0^2 \omega^4} (t_C + t_H) J_0 + \frac{K^2 (w_1 + w_2)}{2 \varepsilon_0^3 v_0 \omega^6 u_1} J_0^2 \cdot t_D . \qquad (253)$$

Der C- und H-Anteil ist also proportional der Stromdichte J_0, der D-Anteil wächst quadratisch mit ihr. Bei sehr kleinen Stromdichten liefert der quadratische Term gegenüber dem linearen nur einen verschwindend kleinen Beitrag. Mit steigendem J_0 fällt der quadratische Anteil jedoch immer mehr ins Gewicht.

Wir wollen nun nochmals zu dem reinen C- und H-Typus zurückkehren, wobei wir wieder ein System mit nahezu feldfreien Entladungsräumen nach Abb. 35 b voraussetzen. Der Laufwinkel w_0 sei so groß angenommen, daß die Raumladung vollkommen vernachlässigbar ist. Im stationären Zustand durchlaufen die Elektronen beide Entladungsräume mit konstanter Geschwindigkeit; die logarithmische Beschleunigung ist an allen Stellen Null. Wenn wir den reinen C-Typus in seiner maximalen Stärke betrachten, ist der Laufwinkel in der Steuerstrecke ein geradzahliges Vielfaches, der Laufwinkel in der Arbeitsstrecke ein ungeradzahliges Vielfaches von π. Wir haben es hier mit einer reinen Dichtesteuerung zu tun, denn die f-Steuerung verschwindet, weil der Steuerraum beschleunigungsfrei ist, die g-Steuerung, weil der Laufwinkel $w_1 = 2\,m\,\pi$ ist. Die in der Steuerstrecke gebildeten Elektronenpakete verlassen diese alle mit der gleichen Geschwindigkeit und erzeugen in der Arbeitsstrecke die Wirkung

$$\frac{r}{A} = t_C .$$

Vertauschen wir nun die Rollen der Steuer- und Arbeitsstrecke, so haben wir den reinen H-Typus. Der Laufwinkel der Steuerstrecke beträgt dann ein ungeradzahliges Vielfaches von π; wir haben die reine g-Steuerung. Die Elektronen verlassen die Steuerstrecke mit der maximalen Geschwindigkeitsschwankung, zeigen aber auch eine Dichteschwankung. Diese ist aber kleiner als beim C-Typus. Das läßt sich mit Hilfe der Gleichung (82) leicht nachweisen. In der Arbeitsstrecke von der Länge $2\,m\,\pi$ rufen die Elektronen die Wirkung

$$\frac{r}{A} = t_H$$

hervor. Diese ist in beiden Fällen gleich groß. Wie haben wir uns anschaulich diese Symmetrieeigenschaft vorzustellen? Die Erklärung ist ganz einfach, wenn wir daran denken, daß die Influenzwirkung nicht allein von der Größe der Dichteschwankung beim Eintritt in die Arbeitsstrecke abhängig sein kann, sondern durch die gesamte Dichteverteilung in dem zweiten Entladungsraum bestimmt wird. Nun ist beim H-Typus die Dichteschwankung an der Eintrittsstelle zur Arbeitsstrecke zwar kleiner als beim

C-Typus, dafür tragen die Elektronen eine Geschwindigkeitsschwankung, die infolge des bekannten Auflaufeffektes in der
Arbeitsstrecke zu einer nachträglichen Erhöhung der Dichteschwankung führt. Daß hierbei insgesamt dieselbe Wirkung zustande kommt, ist gerade der Inhalt des Symmetriesatzes. Diese
Betrachtung sollte an einem einfachen Spezialfall den Inhalt des
Symmetriesatzes plausibel machen. Seine Gültigkeit hat natürlich viel allgemeineren Charakter.

11. Fundamentalwirkung vom D-Typus.

Die Ergebnisse des vorigen Abschnittes haben uns gezeigt,
daß bei verschwindendem Beschleunigungssprung die Fundamentalwirkung im allgemeinen durch ein C-H-Gemisch hervorgerufen
wird. Insbesondere ist in einem Zweikreissystem, mit äußerlich
feldfreien Entladungsräumen bei genügend großem Laufwinkel
in der Vorbeschleunigungsstrecke, die Influenzwirkung ausschließlich auf den C- und H-Typus zurückzuführen.

Wir gehen jetzt zur Behandlung des reinen D-Typus über. Die
C- und H-Wirkung schalten wir aus, indem wir für beide Laufwinkel ein geradzahliges Vielfaches von π voraussetzen. Es sei also

$$w_1 = 2\,m\,\pi$$
$$w_2 = 2\,n\,\pi.$$

Nach (92) verschwinden alle f- und g-Terme bis auf

$$f_{\pi/2}\,(w_1) = -\,w_1$$

und

$$f_{\pi/2}\,(w_2) = -\,w_2\;.$$

Aus (241) ergibt sich zusammen mit (193) bis (200)

$$t_C = t_H = 0$$
$$t_D = (0;\,-\,w_1\,w_2;\,0)\;.$$

Der reine D-Typus liefert uns also einen Vektor t_D, der genau so
wie beim reinen C- und H-Typus negativ imaginär ist. Der Unterschied zwischen dem D-Typus und dem C- oder H-Typus besteht
aber darin, daß bei dem ersteren das Vorzeichen der Fundamentalwirkung durch das Vorzeichen des Beschleunigungssprunges bestimmt wird, während letztere davon unabhängig sind. Da beim
D-Typus der Laufwinkel in der Steuerstrecke ein geradzahliges
Vielfaches von π beträgt, also die g-Steuerung verschwindet,
liegt im allgemeinen eine reine f-Steuerung vor, es sei denn, daß
am Ende der Steuerstrecke die logarithmische Beschleunigung γ_1
ebenfalls zu Null wird; dann haben wir eine Dichtesteuerung.

Für die Fundamentalwirkung vom reinen D-Typus erhalten
wir wegen

$$t_D = -\,j\,w_1\,w_2$$

und mit (173)

$$\frac{\mathfrak{r}}{A} = \gamma_{12}\,\mathfrak{t}_D = -\frac{j}{w_0^2\,u_1}\left[w'_1\,w_2\,(w_1 + w_2) + w_0^2\,w_2\,(u_1 - 1) + \right.$$

$$\left. + w_0^2\,w_1\,(u_1 - u_2)\right].\tag{254}$$

Wenn wir also mit der Elektronengeschwindigkeit in der Trennungsebene zwischen beiden Entladungsräumen an Null heranrücken, d. h.

$$u_1 \to 0$$

gehen lassen, dann strebt im allgemeinen (siehe Abschnitt 5) $|\gamma_{12}|$ gegen ∞, die Fundamentalwirkung also ebenfalls. Insbesondere erhalten wir in dem in Abb. 26 dargestellten Fall *2* der raumladungsschwachen Entladungsräume mit

$$u_1 \ll 1;\; u_2 = 1$$

für die Fundamentalwirkung die einfache Beziehung

$$\frac{\mathfrak{r}}{A} = j\cdot\frac{w'_1 + w_2}{u_1}.\tag{255 A}$$

In unmittelbarer Nähe der Stabilitätsgrenze beider Entladungsräume nach Abb. 27 ergibt sich hingegen mit (180 A) die Gleichung

$$\frac{\mathfrak{r}}{A} = -2\,j\,(w_1 + w'_2).\tag{256 A}$$

Der im raumladungsschwachen Zustand vorhandene enorme Einfluß von u_1 wird hier vollkommen unwirksam.

Der Einfluß von u_1 kommt jedoch wieder zur vollen Wirksamkeit, wenn wir wie im Falle *4* die Elektronen in der Arbeitsstrecke stark beschleunigen, uns also von der Stabilitätsgrenze genügend weit entfernen (Abb. 28). Mit (181 A) erhalten wir

$$\frac{\mathfrak{r}}{A} = j\,w_1\,w_2\left\{\frac{1}{u_1\,w_2}\left[u_2 - u_1 - \left(\frac{w_2}{w_0}\right)^2\right] - \frac{2}{w_1}\right\}.\tag{257 A}$$

Setzt man wieder $u_1 \ll 1$ und außerdem

$$\frac{w_2}{w_0} < 1;\;\; u_2 > 1$$

voraus, so wird in erster Näherung

$$\frac{\mathfrak{r}}{A} \approx j\,w_1\cdot\frac{u_2}{u_1}.\tag{258 A}$$

Dieser Betriebszustand zeigt bereits eine weitgehende Verwandtschaft mit dem der Triode. Er weicht aber von dieser noch insofern ab, als wegen

$$w_1 = 2\,m\,\pi$$

keine reine Dichtesteuerung vorliegt. Diese würde nämlich in der Steuerstrecke einen charakteristischen Laufwinkel erfordern. Diesen Fall werden wir im 12. Abschnitt behandeln. Er entspricht nämlich nicht dem reinen D-Typus, wie ja auch der Betriebszustand der Triode nicht dem reinen D-Typus entspricht, sondern ein Gemisch aus C-H- und D-Anteilen darstellt, obwohl der D-Typus den weit überwiegenden Beitrag liefert.

12. Fundamentalwirkung vom Typus C-H-D.
Charakteristische Systeme.

Wir legen uns nun die Frage vor, unter welcher Bedingung die drei Vektoren t_C ; t_H und t_D in eine Gerade zusammenfallen. Das ist nach (249) offenbar der Fall für

$$\chi_1 = \chi_2 = \pi.$$

Dieser Betriebszustand liegt dann vor, wenn die Laufwinkel in der Steuerstrecke und in der Arbeitsstrecke charakteristische Werte annehmen, d. h. wenn sie der Gleichung (97) genügen. Einen charakteristischen Winkel bezeichnen wir in Hinkunft mit ζ. Es gilt nach (97)

$$\operatorname{tg} \zeta/2 = \zeta/2.$$

Die positiven Wurzeln dieser Gleichung der Größe nach geordnet, ergeben die Reihe

$$_0\zeta ; \ _1\zeta ; \ _2\zeta \cdot \cdot \cdot \cdot \cdot _m\zeta \tag{259}$$

und entsprechen den Scheitelpunkten der Abb. 34. Der kleinste charakteristische Winkel hat den Wert

$$_0\zeta = 0.$$

Da man aber für „kleine" Winkel den Tangens durch das Argument ersetzen kann und daher jeder Winkel dieser Art die Gleichung (97) näherungsweise erfüllt, können wir jeden „kleinen" Winkel als einen „quasicharakteristischen" Winkel von der Ordnung Null auffassen.[1] Solche Winkel können dabei noch um Größenordnungen verschieden sein; $10^{-10}\,\pi$ und $10^{-5}\,\pi$ sind beides charakteristische Winkel in diesem Sinne. Der nächst größere charakteristische Winkel $_1\zeta$ hat etwa den Wert $11\,\pi/4$. Die darauffolgenden Winkel $_2\zeta$; $_3\zeta$; usw. nähern sich mit wachsender Ordnung immer mehr einem ungeradzahligen Vielfachen von π. Es gilt demnach

---

[1] Wir werden daher unter $_0\zeta$ jeden kleinen Winkel verstehen.

$$\lim_{m \to \infty} \frac{m\,\zeta}{2\,m\,+\,1} = \pi \,.\tag{260}$$

Wesentlich ist, daß in der Nähe von π kein charakteristischer Winkel liegt (Abb. 34).

Wir wählen jetzt für den Laufwinkel in beiden Entladungsräumen charakteristische Werte, indem wir setzen

$$w_1 = \zeta_1; \qquad w_2 = \zeta_2.$$

Ein solches System nennen wir ein „charakteristisches System". Die rechts angebrachten Indizes beziehen sich auf die Entladungsstrecke, während die links stehenden Indizes in (259) die Ordnungszahl, d. h. die Nummer der Wurzel von Gleichung (97) angeben. Wir berechnen zunächst die Funktionen f_0 ; $f_{\pi/2}$; g_0 und $g_{\pi/2}$ für einen charakteristischen Winkel ζ. Wegen des Bestehens der Gleichung (97) können wir jede zyklometrische Funktion von ζ auf eine algebraische Funktion zurückführen. Es ist nämlich

$$\cos\frac{\zeta}{2} = \frac{1}{\sqrt{1 + \mathrm{tg}^2\,\zeta/2}}$$

$$\sin\frac{\zeta}{2} = \frac{\mathrm{tg}\,\zeta/2}{\sqrt{1 + \mathrm{tg}^2\,\zeta/2}}\,.$$

Damit wird

$$\sin\zeta = 2\sin\frac{\zeta}{2}\cdot\cos\frac{\zeta}{2} = \frac{2\,\mathrm{tg}\,\zeta/2}{1 + \mathrm{tg}^2\,\zeta/2}$$

$$\cos\zeta = \cos^2\frac{\zeta}{2} - \sin^2\frac{\zeta}{2} = \frac{1 - \mathrm{tg}^2\,\zeta/2}{1 + \mathrm{tg}^2\,\zeta/2}\,.$$

Ersetzt man den Tangens gemäß (97) durch $1/2 \cdot \zeta$, so kommt

$$\sin\zeta = \frac{4\,\zeta}{4 + \zeta^2}$$

$$\cos\zeta = \frac{4 - \zeta^2}{4 + \zeta^2}\,.$$

Wir erhalten so mit (92)

$$f_0(\zeta) = \frac{2\,\zeta^2}{4 + \zeta^2}; \qquad f_{\pi/2}(\zeta) = \frac{\zeta^3}{4 + \zeta^2}$$

$$g_0(\zeta) = -\frac{4\,\zeta}{4 + \zeta^2}; \qquad g_{\pi/2}(\zeta) = -\frac{2\,\zeta^2}{4 + \zeta^2}\,.\tag{261}$$

Mit Hilfe dieser Beziehungen lassen sich die Funktionen $C_0\,(\zeta_1;\,\zeta_2)$ usw. unter Benützung von (193) bis (200) leicht berechnen. Man findet:

$$C_0\,(\zeta_1;\,\zeta_2) = \frac{4\,\zeta_1{}^2\,\zeta_2}{(4+\zeta_1{}^2)\,(4+\zeta_2{}^2)}\,(\zeta_1+\zeta_2)$$

$$C_{\pi/2}\,(\zeta_1;\,\zeta_2) = \frac{2\,\zeta_1{}^2\,\zeta_2}{(4+\zeta_1{}^2)\,(4+\zeta_2{}^2)}\,(4-\zeta_1\,\zeta_2)$$

$$H_0\,(\zeta_1;\,\zeta_2) = \frac{\zeta_2}{\zeta_1}\,C_0\,(\zeta_1;\,\zeta_2)$$

$$H_{\pi/2}\,(\zeta_1;\,\zeta_2) = \frac{\zeta_2}{\zeta_1}\,C_{\pi/2}(\zeta_1;\,\zeta_2) \qquad\qquad (262)$$

$$D_0\,(\zeta_1;\,\zeta_2) = -\,\frac{\zeta_2}{2}\,C_0\,(\zeta_1;\,\zeta_2)$$

$$D_{\pi/2}\,(\zeta_1;\,\zeta_2) = -\,\frac{\zeta_2}{2}\,C_{\pi/2}\,(\zeta_1;\,\zeta_2)\;.$$

Demnach erhält man mit (241) für die $\mathfrak{t}$-Vektoren die Zusammen-hänge

$$\mathfrak{t}_C\,(\zeta_1;\,\zeta_2) = -\,\frac{2}{\zeta_2}\,\mathfrak{t}_D\,(\zeta_1;\,\zeta_2)$$

$$\mathfrak{t}_H\,(\zeta_1;\,\zeta_2) = -\,\frac{2}{\zeta_1}\,\mathfrak{t}_D\,(\zeta_1;\,\zeta_2)\;. \qquad\qquad (263)$$

Für die gesamte Fundamentalwirkung ergibt sich damit nach (242)

$$\frac{\mathfrak{r}}{A} = \left(\gamma_{12} - \frac{2}{\zeta_1} - \frac{2}{\zeta_2}\right)\cdot \mathfrak{t}_D\,(\zeta_1;\,\zeta_2)\;. \qquad\qquad (264)$$

Für den Tangens des Phasenwinkels von $\mathfrak{t}_D$ erhalten wir aus (262)

$$\frac{D_{\pi/2}}{D_0} = \frac{4-\zeta_1\,\zeta_2}{2\,(\zeta_1+\zeta_2)} = \frac{1-\dfrac{\zeta_1}{2}\cdot\dfrac{\zeta_2}{2}}{\dfrac{\zeta_1}{2}+\dfrac{\zeta_2}{2}}\;.$$

Darin kann man wegen (97) $\zeta_1/2$ bzw. $\zeta_2/2$ ersetzen durch

$$\operatorname{tg}\zeta_1/2 \;\text{ bzw. }\; \operatorname{tg}\zeta_2/2$$

und erhält wegen des Additionstheorems der Tangensfunktion

$$\frac{D_{\pi/2}}{D_0} = \frac{1-\operatorname{tg}\dfrac{\zeta_1}{2}\operatorname{tg}\dfrac{\zeta_2}{2}}{\operatorname{tg}\dfrac{\zeta_1}{2}+\operatorname{tg}\dfrac{\zeta_2}{2}} = \cot\left(\frac{\zeta_1}{2}+\frac{\zeta_2}{2}\right) = \operatorname{tg}\frac{\pi-\zeta_1-\zeta_2}{2}\;.$$

Der Phasenwinkel des Vektors t_D ist also immer gleich dem Komplement der halben Laufwinkelsumme. In Abb. 37 ist die Phasenlage dargestellt einmal unter der Annahme, daß beide Laufwinkel von nullter Ordnung, das andere Mal, daß beide von mindestens erster Ordnung sind.

Der Darstellung entspricht die Voraussetzung $m + n = 2\,l$.

Wir zeigen nun daß die allgemeinen Gleichungen (262) für zwei charakteristische Laufwinkel nullter Ordnung in die Gleichungen für die Triode übergehen. Für

$$\zeta_1 = {}_0\zeta_1 \quad \text{und} \quad \zeta_2 = {}_0\zeta_2$$

können wir nämlich in den Gleichungen (262) die Quadrate und das Produkt der Laufwinkel gegen 4 streichen und erhalten:

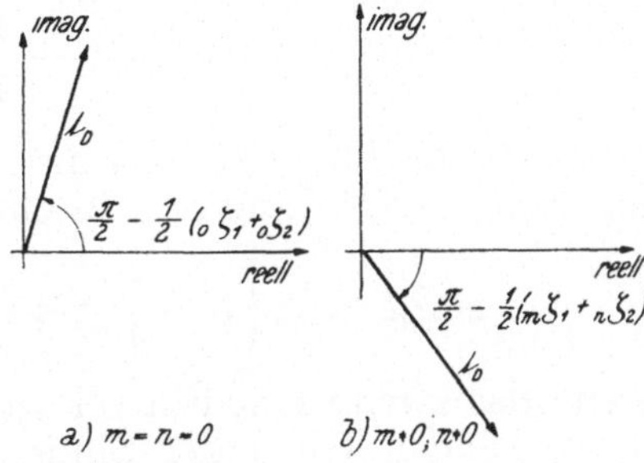

Abb. 37. Phasenlage der t-Vektoren für $m + n = 2\,l$.

$$C_0 \left({}_0\zeta_1;\ {}_0\zeta_2\right) = \frac{1}{4}\, {}_0\zeta_1{}^2\, {}_0\zeta_2 \left({}_0\zeta_1 + {}_0\zeta_2\right)$$

$$C_{\pi/2} \left({}_0\zeta_1;\ {}_0\zeta_2\right) = \frac{1}{2}\, {}_0\zeta_1{}^2\, {}_0\zeta_2$$

$$H_0 \left({}_0\zeta_1;\ {}_0\zeta_2\right) = \frac{1}{4}\, {}_0\zeta_1\, {}_0\zeta_2{}^2 \left({}_0\zeta_1 + {}_0\zeta_2\right)$$

$$H_{\pi/2} \left({}_0\zeta_1;\ {}_0\zeta_2\right) = \frac{1}{2}\, {}_0\zeta_1\, {}_0\zeta_2{}^2$$

$$D_0 \left({}_0\zeta_1;\ {}_0\zeta_2\right) = -\frac{1}{8}\, {}_0\zeta_1{}^2\, {}_0\zeta_2{}^2 \left({}_0\zeta_1 + {}_0\zeta_2\right)$$

$$D_{\pi/2} \left({}_0\zeta_1;\ {}_0\zeta_2\right) = -\frac{1}{4}\, {}_0\zeta_1{}^2\, {}_0\zeta_2{}^2\ .$$

Ein Vergleich mit den entsprechenden Beziehungen am Anfang des Abschnittes 8 zeigt, daß die für den imaginären Anteil der Fundamentalwirkung maßgebenden Funktionen (Index $\pi/2$) identisch sind. Die reellen Anteile (Index 0) hingegen, weichen von den dort ermittelten Ausdrücken ab. Nun hatten wir aber festgestellt, daß die Realteile um eine Größenordnung der Laufwinkel kleiner sind als die Imaginärteile und damit in den weiteren Rechnungsgang nicht mehr eingehen. Der Grund für die Abweichung liegt daran, daß es sich bei beiden Betrachtungen um eine Näherung handelt, die umso besser ist, je kleiner die Laufwinkel werden. Je näher wir mit ihnen aber an Null heranrücken, umso geringfügiger wird auch die Abweichung. Man erkennt dies am besten, indem man die oben benützten Beziehungen

$$\sin \zeta = \frac{4\,\zeta}{4 + \zeta^2}$$

$$\cos \zeta = \frac{4 - \zeta^2}{4 + \zeta^2}\,,$$

die exakt nur für einen charakteristischen Winkel gelten, in der Umgebung des Nullpunktes in eine Reihe entwickelt. Man findet

$$\sin {}_0\zeta = {}_0\zeta \left(1\cdot + \frac{1}{4}\,{}_0\zeta^2\right)^{-1} = {}_0\zeta - \frac{1}{4}\,{}_0\zeta^3 + \ldots$$

Bereits das zweite Glied dieser Reihe stimmt nicht mehr mit dem entsprechenden Glied der Sinusreihe überein. Für die Cosinusfunktion dagegen kommt

$$\cos {}_0\zeta = \left(1 - \frac{1}{4}\,{}_0\zeta^2\right)\left(1 + \frac{1}{4}\,{}_0\zeta^2\right)^{-1} = 1 - \frac{1}{2}\,{}_0\zeta^2 + \ldots$$

Die ersten beiden Glieder sind hier noch „richtig". Damit ist gezeigt, daß es sich bei der Triode mit verschwindend kleinen Laufwinkeln um ein quasicharakteristisches System nullter Ordnung handelt.

Wir gehen nun wieder zu den allgemeinen charakteristischen Systemen über. Ihre Fundamentalwirkung ist durch (264) gegeben. Wenn wir wie bei der Triode einen negativen Beschleunigungssprung wählen, dann haben die drei Glieder in der Klammer gleiches Vorzeichen, die C-, H- und D-Anteile liefern also gleichsinnige Beiträge. Die Fundamentalwirkung hat die umgekehrte Richtung wie $\mathfrak{t}_D$. Für hohe Ordnungszahl wird wegen (260) der Phasenwinkel von $\mathfrak{t}_D$ (Abb. 37 b) nahezu $-\pi/2$. Die Fundamentalwirkung ist also in erster Näherung positiv imaginär im Gegensatz zur Triode (Abb. 37 a). Der Vektor

$$\mathfrak{t}_D = -D_0 - j\,D_{\pi/2}$$

erhält mit (262) die Gestalt

$$\mathfrak{t}_D = \frac{\zeta_1{}^2\,\zeta_2{}^2}{(4 + \zeta_1{}^2)\,(4 + \zeta_2{}^2)}\left[2\,(\zeta_1 + \zeta_2) - j\,(\zeta_1\,\zeta_2 - 4)\right]. \tag{265}$$

Wenn man bedenkt, daß bei einem System von der Ordnung (1, 1) d. h. für

$$\zeta_1 = \zeta_2 = {}_1\zeta \approx 3\,\pi$$

bereits die Laufwinkelquadrate von der Größenordnung 100 werden, so können wir ohne einen nennenswerten Fehler zu begehen in (265) die 4 weglassen und erhalten die einfache Näherungsformel

$$\mathfrak{t}_D \approx 2\,(\zeta_1 + \zeta_2) - j\,\zeta_1\,\zeta_2. \tag{266}$$

Sie gilt umso genauer, je höher die Ordnungszahl beider Laufwinkel wird. Für ein System 0-ter Ordnung ist sie natürlich unbrauchbar.

Aus den oben stehenden Betrachtungen geht hervor, daß charakteristische Systeme mit negativem Beschleunigungssprung eine ganz bemerkenswerte Sonderstellung einnehmen. In ihnen kommen alle drei Anteile der Fundamentalwirkung, wie bei der Triode, in vollem Maße zur Geltung. Abgesehen von der damit zusammenhängenden Vereinfachung in der Darstellung enthalten charakteristische Systeme die allgemeinste Erweiterung des Triodenprinzipes. Wird nämlich der Betriebszustand der Steuerstrecke an die Stabilitätsgrenze gelegt, dann haben wir eine reine Dichtesteuerung. Hinsichtlich der Fundamentalwirkungen besteht also, abgesehen von der annähernd gegensinnigen Phasenlage, eine weitgehende Verwandtschaft. Ein wesentlicher Unterschied zwischen charakteristischen Systemen höherer als 0-ter Ordnung und einem System 0-ter Ordnung ohne Vorbeschleunigungskammer (Triode) besteht aber hinsichtlich des Fundamentalwiderstandes r_1. Dieser ist nämlich bei der Triode nach (232 B) reell. Dies kommt dadurch zustande, daß der reine Blindwiderstand der Kapazität (siehe Abschnitt 8), der durch den Laufwinkel dargestellt die Größe

$$-\frac{jA}{6}\,w_1{}^3$$

hat, durch das erste Glied der Reihenentwicklung des elektronischen Blindanteiles gerade aufgehoben wird, so daß der übrig bleibende Blindwiderstand der 5-ten Potenz von w_1 proportional wird. Der elektronische Wirkanteil

$$\frac{A}{12}\,w_1{}^4$$

überwiegt demnach um eine Größenordnung des Laufwinkels. Die Widerstände r und r_2 hingegen sind bei der Triode rein imaginär. So kommt es, daß die Fundamentalsteilheit

$$\mathfrak{g} = \frac{r}{r_1\,r_2}$$

bei der Triode reell ist. Ein charakteristisches System höherer Ordnung dagegen hat die Eigenschaft, daß die elektronischen Anteile beider Fundamentalwiderstände verschwinden,[1] da nach (110) zu einem charakteristischen Laufwinkel der elektronische Wider-

---

[1] Bei einem System 0-ter Ordnung verschwinden sie deshalb nicht, weil der Laufwinkel nur näherungsweise gleich dem charakteristischen Winkel $_0\overset{\scriptstyle\smallsmile}{} = 0$ ist (quasicharakteristisch). Für „quasicharakteristische" Systeme höherer Ordnung gelten die angeführten Sätze ebenfalls nur näherungsweise, da die Laufwinkel nur in der Nachbarschaft charakteristischer Werte liegen.

stand Null gehört. Die Fundamentalwiderstände r_1 und r_2 sind
daher gleich den kapazitiven Blindwiderständen in beiden Entladungsräumen. Diese Eigenschaft ist unabhängig davon, ob in
dem System eine Vorbeschleunigungskammer vorhanden ist oder
nicht. Die Fundamentalsteilheit charakteristischer Systeme
höherer als 0-ter Ordnung ist somit im Gegensatz zur Triode rein
imaginär, da die Fundamentalwirkung und beide Fundamentalwiderstände diese Eigenschaft zeigen. Da ein charakteristisches
System höherer Ordnung nur imaginäre Fundamentalgrößen enthält, scheint es, außer zur Erzeugung von Schwingungen, für die
Konstruktion von Vorverstärkerröhren besonders geeignet. Ferner
lassen sich — ähnlich wie bei der Triode — die notwendigen
inneren Gleichspannungen bei negativ vorgespanntem Gitter herstellen. Das charakteristische System hat daher auch bei extrem
kurzen Wellen in jeder Beziehung ,,Triodeneigenschaft‘‘.

13. Kompensation in charakteristischen Systemen.

In Abschnitt 10 hatten wir bereits die teilweise Kompensation
der drei Influenzwirkungen behandelt und darauf hingewiesen,
daß bei Wahl anderer Betriebszustände sogar eine vollständige
Auslöschung erfolgen kann. Dieser Fall liegt bei charakteristischen
Systemen vor.

Wenn wir es nämlich so einrichten, daß in einem charakteristischen System ein positiver Beschleunigungssprung von der Größe

$$\gamma_{12} = \frac{2}{\zeta_1} + \frac{2}{\zeta_2} \tag{267}$$

auftritt, dann verschwindet nach (264) die Fundamentalwirkung;
es erfolgt demnach eine vollständige Kompensation. Die hierzu
notwendige Konstellation entspricht dem Fall *3* von Abschnitt *5*;
er liegt vor, wenn beide Entladungsräume an der Stabilitätsgrenze liegen.

Wir untersuchen zunächst die Frage, ob der genannte Fall die
einzige Möglichkeit für eine vollständige Kompensation in sich
birgt. Zu diesem Zweck führen wir in (265) für den Beschleunigungssprung die Darstellung nach (173) ein. Nach einfacher Umformung erhält man als Bedingung für das Auftreten der voll-
kommenen Auslöschung

$$w_0{}^2\,\zeta_1\,(u_1 + u_2) + w_0{}^2\,\zeta_2\,(1 + u_1) = \zeta_1\,\zeta_2\,(\zeta_1 + \zeta_2). \tag{268}$$

Wir können nun leicht zeigen, daß diese Beziehung tatsächlich
nur bestehen kann, wenn der oben angeführte Fall vorliegt. Die
Forderung des stabilen Zustandes in jedem der beiden Entladungs-

räume verlangt nämlich nach (158) und (54) die Erfüllung der folgenden beiden Ungleichungen:

$$w_0^2 \, (u_1 + u_2) \geqq \zeta_2^2$$
$$w_0^2 \, (1 + u_1) \geqq \zeta_1^2 \, .$$

Das Gleichheitszeichen gilt an der Stabilitätsgrenze. Multipliziert man die erste Ungleichung mit ζ_1, die zweite mit ζ_2 und addiert, so folgt

$$w_0^2 \, \zeta_1 \, (u_1 + u_2) + w_0^2 \, \zeta_2 \, (1 + u_1) \geqq \zeta_1 \, \zeta_2 \, (\zeta_1 + \zeta_2) \, .$$

Hieraus entnimmt man, daß nur an der Stabilitätsgrenze beider Entladungsräume die Gleichung (268) erfüllt werden kann. Damit haben wir den wichtigen Satz:

In einem charakteristischen System, dessen Entladungsräume beide an der Grenze der Stabilität betrieben werden, wird die elektronische Wirkung der Steuerstrecke auf die Arbeitsstrecke zu Null. Dies ist gleichzeitig die einzige Möglichkeit einer vollständigen Auslöschung.

Wie kann man sich das Zustandekommen dieser Erscheinung plausibel machen, wo doch eine reine Dichtesteuerung vorliegt, die Elektronen also alle mit gleicher Geschwindigkeit in Form von Paketen in die Arbeitsstrecke eintreten? Man sollte doch annehmen, daß solche Pakete auf alle Fälle eine Influenzwirkung hervorrufen müßten. Das trifft auch zu, wenn sich die eintretenden Elektronen bzw. die Ladungspakete nur einen verschwindend kleinen Bruchteil einer Periode in der Arbeitsstrecke aufhalten. Dann influenziert jedes Elektronenpaket zusammen mit der nachfolgenden Lücke gerade eine Periode der Wechselspannung. Zu einem bestimmten Zeitpunkt befindet sich entweder ein Ladungspaket oder eine Lücke in der Arbeitsstrecke. Ist dagegen der Laufwinkel ein charakteristischer, also von der annähernden Größe $3\,\pi$, $5\,\pi$ usw., dann befinden sich gleichzeitig mehrere Verdichtungsstellen und mehrere Lücken innerhalb der Arbeitsstrecke. Jedes Paket erleidet außerdem während seiner Durchgangszeit noch eine erhebliche Formänderung. Beim Eintritt in die Arbeitsstrecke wird es infolge der bremsenden Wirkung vor Erreichen des Geschwindigkeitsminimums zusammengedrückt, dahinter wieder aufgelockert. Man kann sich leicht vorstellen, daß bei einer derart komplizierten Ladungsverteilung sich u. U. eine Influenzwirkung von zeitlich konstantem Charakter ausbilden kann. Die verschwindende Influenzwirkung eines austretenden Paketes wird im gleichen Maß von einem neu eintretenden Paket übernommen. Dann sind aber die an den Begrenzungsplatten der Arbeitsstrecke influenzierten Ladungen zeitlich unveränderlich, die Fundamentalwirkung verschwindet.

Als einfachstes charakteristisches System betrachten wir ein solches mit äußerlich feldfreien Entladungsräumen, d. h. wir wählen

$$u_1 = u_2 = 1 \, .$$

An die Stabilitätsgrenze beider Entladungsräume gelangen wir wegen (158) und (54), wenn

$$2\,w_0{}^2 = \zeta_2{}^2$$

und

$$2\,w_0{}^2 = \zeta_1{}^2$$

gemacht wird. Es muß daher

$$\zeta_1 = \zeta_2 = \zeta \, ,$$

also

$$w_0 = \frac{1}{\sqrt{2}}\,\zeta$$

sein. Der Feld- und Geschwindigkeitsverlauf dieses Systems ist in Abb. 38 dargestellt. Die Geschwindigkeit sinkt in beiden Räumen auf den Wert $\tfrac{1}{2}$ herab. Das Minimum liegt in der Mitte jedes Entladungsraumes.

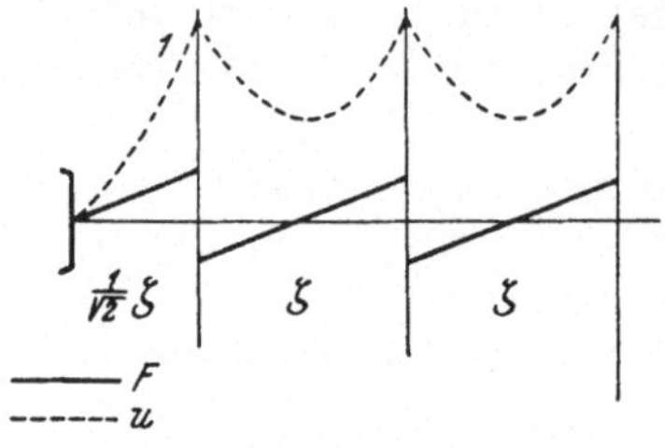

Abb. 38. Kompensation für $u_1 = u_2 = 1$

Auf die kompensierende Wirkung der Raumladung wurde zuerst von *Fuchs* und *Kompfner [6]*, sowie von *Borgnis* und *Ledinegg [7]* hingewiesen. Beide Arbeiten behandeln die Frage von einer ganz anderen Seite, indem sie den Einfluß der Stromdichte auf die Focussierung im Laufraum eines klystronartigen Gebildes untersuchen. Die genannten Arbeiten enthalten jedoch Voraussetzungen, welche eine exakte Behandlung des Problems nicht zulassen. Hiedurch erklären sich die Abweichungen zwischen ihren und unseren Ergebnissen. Im Grunde genommen sind jedoch die physikalischen Ursachen der Kompensation dort dieselben wie hier. Zum näheren Vergleich sei auf die Originalarbeiten verwiesen.

14. Der Reziprozitätssatz.

Wir betrachten im folgenden Zweikreis-Systeme, bei denen die Elektronen mit der gleichen Geschwindigkeit den Arbeitsraum verlassen, mit der sie in die Steuerstrecke eintreten. Es ist also

$$u_2 = 1$$

zu setzen. Der Arbeitspunkt ist in den Koordinaten zweiter Art gegeben durch

$$(w_0;\, w_1;\, w_2;\, u_1;\, 1).$$

Solche Systeme sind dadurch ausgezeichnet, daß bei einer wechsel-

seitigen Vertauschung von w_1 mit w_2 bei festgehaltenem w_0 und u_1 der Beschleunigungssprung γ_{12} sich nicht ändert; γ_{12} ist eine symmetrische Funktion von w_1 und w_2. Aus diesem Grund und wegen der symmetrischen Eigenschaft der Vektoren $t_C + t_H$ und t_D, konnten wir in Abschnitt 9 bereits die Symmetrieeigenschaft der Fundamentalwirkung gegenüber einer Vertauschung der Laufwinkel feststellen. Diese Eigenschaft ist aber ausdrücklich auf den Fall $u_2 = 1$ beschränkt.

Wir betrachten nun neben dem ursprünglichen System S mit dem Arbeitspunkt

$$P_u = (w_0; w_1; w_2; u_1; 1)$$

das „reziproke System" S' mit dem Arbeitspunkt

$$P_u' = (w_0; w_2; w_1; u_1; 1).$$

Die Arbeitspunkte erster Art haben die Gestalt:

$$S: \qquad P_a = (w_0; w_1; w_2; a_1; a_2)$$
$$S': \qquad P_a' = (w_0; w_2; w_1; a_1'; a_2').$$

Wie hängen die Feldgrößen a_1' und a_2' mit den ursprünglichen Feldgrößen a_1 und a_2 zusammen? Durch die Vertauschung $w_1 \leftrightarrow w_2$ ergibt sich aus (147) und (148)

$$a_1' = \frac{1}{2\,w_2}\left\{ w_0^2\,(u_1 - 1) - w_2^2 \right\} = \frac{w_0^2\,(u_1 - 1)}{2\,w_2} - \frac{w_2}{2}$$

$$a_2' = \frac{1}{2\,w_1}\left\{ w_0^2\,(1 - u_1) - w_1^2 \right\} = \frac{w_0^2\,(1 - u_1)}{2\,w_1} - \frac{w_1}{2}.$$

Wegen

$$a_1 = \frac{w_0^2\,(u_1 - 1)}{2\,w_1} - \frac{w_1}{2}$$

$$a_2 = \frac{w_0^2\,(1 - u_1)}{2\,w_2} - \frac{w_2}{2}$$

erhält man

$$a_1' = -\,(a_2 + w_2)$$
$$a_2' = -\,(a_1 + w_1)\,. \tag{269}$$

Nun ist aber nach Abb. 21

$$\frac{2}{w_0^2}\cdot a_1 \qquad \text{bzw.} \qquad \frac{2}{w_0^2}\,(a_1 + w_1)$$

die Feldstärke am Anfang bzw. am Ende der ersten Kammer. Entsprechendes gilt für den zweiten Entladungsraum. Die Feldstärke am Anfang des ersten Entladungsraumes ($w_1' = w_2$) in S' ist nach (269) entgegengesetzt gleich der Feldstärke am Ende des zweiten Entladungsraumes in S. Ebenso ist die Feldstärke am Anfang des zweiten Entladungsraumes ($w_2' = w_1$) in S' entgegengesetzt gleich der Feldstärke am Ende des ersten Entladungs-

raumes in S. Wenn man daher die Feldgeraden des ursprünglichen Systems S an der Laufwinkelachse spiegelt (Abb. 39) und darauf beide Entladungsräume um ihre senkrecht zur Laufwinkelachse liegende Mittellinie umklappt, ergibt sich das System S'. Die Elektronen bewegen sich in S' genau so, als ob sie das System S in umgekehrterRichtung durchlaufen würden; der Geschwindigkeitsverlauf in S und S' ist spiegelbildlich kongruent.

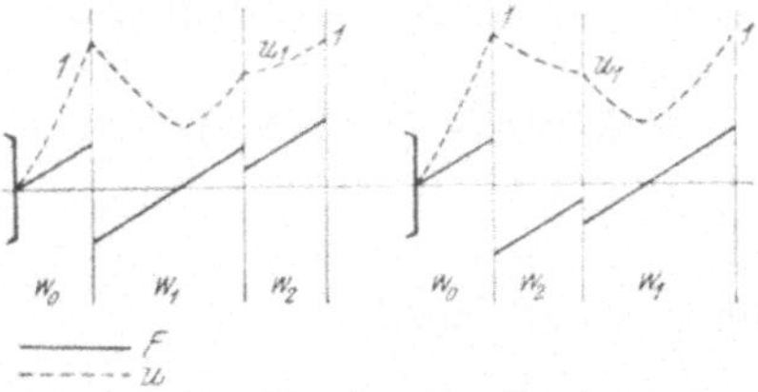

Abb. 39. Reziproke Systeme.

Durch die Vertauschung $w_1 \leftarrow \rightarrow w_2$ wird nun aber die Steuerstrecke bzw. die Arbeitsstrecke von S zur Arbeitsstrecke bzw. Steuerstrecke von S'. Wie verändern sich die Fundamentalwiderstände $\mathfrak{r}_1$ und $\mathfrak{r}_2$ durch die Vertauschung? Ihre elektronischen Anteile (220)

$$A \{\Delta_0 (w_1) + j \Delta_{\pi/2} (w_1)\} \quad \text{und} \quad A \{\Delta_0 (w_2) + j \Delta_{\pi/2} (w_2)\}$$

gehen bei der Laufwinkelvertauschung wechselseitig ineinander über. Was geschieht aber mit den Blindanteilen

$$- j A\, q_0\, z_1 \quad \text{und} \quad - j A\, q_0\, z_2 \; ?$$

Aus (149) und (150) erhält man durch Auflösung nach z_1 und z_2 die beiden Gleichungen

$$2\, z_1 = w_1 (1 + u_1) - \frac{w_1'^{\,3}}{3\, w_0'^{\,2}}$$

$$2\, z_2 = w_2' (u_1 + u_2) - \frac{w_2'^{\,3}}{3\, w_0'^{\,2}} \, . \tag{270}$$

Hieraus entnehmen wir, daß für $u_2 = 1$ die Vertauschung der Laufwinkel w_1 und w_2 auch mit einer Vertauschung der virtuellen Laufwinkel z_1 und z_2 verbunden ist. Daß dies jedoch keineswegs selbstverständlich ist — wie man vielleicht anzunehmen geneigt sein könnte — geht aus der Tatsache hervor, daß für $u_2 \neq 1$ diese Eigenschaft nicht besteht.

Den Reziprozitätssatz können wir nun in folgender Weise zusammenfassen: Ist $u_2 = 1$, dann geht bei einer Vertauschung der Laufwinkel w_1 und w_2 bei festem w_0 und u_1 die ursprüngliche Widerstandsmatrix

$$\left\| \begin{array}{cc} \mathfrak{r}_1 & 0 \\ -\mathfrak{r} & \mathfrak{r}_2 \end{array} \right\|$$

über in

$$\left\| \begin{array}{cc} \mathfrak{r}_2 & 0 \\ -\mathfrak{r} & \mathfrak{r}_1 \end{array} \right\| \, .$$

Das Bemerkenswerte des Reziprozitätssatzes liegt darin, daß er uns zeigt, wie an dem Zustandekommen der Influenzwirkung die Steuerstrecke und die Arbeitsstrecke in gleichem Maße beteiligt sind; denn sonst wäre es nicht zu verstehen, wie man bei ihrer Vertauschung dieselbe Fundamentalwirkung erzeugen kann. In Abschnitt 10 hatten wir diesen Tatbestand an einem einfachen Fall eingehender erörtert.

15. Symmetrische Systeme.

Wir wollen jetzt solche Anordnungen betrachten, bei denen neben $u_2 = 1$ noch

$$w_1 = w_2$$

gilt. Die reziproken Systeme S und S' nach Abb. 39 sind in einem solchen symmetrischen System miteinander identisch. Die Bewegung der Elektronen im Arbeitsraum vollzieht sich so, als ob sie die Steuerstrecke zum zweiten Mal aber in umgekehrter Richtung durcheilten (Abb. 40). Aus (270) entnehmen wir, daß auch

$$z_1 = z_2$$

wird, also auch „geometrische" Symmetrie vorliegt.

Wenn man die rechte Begrenzungsebene des Arbeitsraumes mit der linken Begrenzungsebene des Steuerraumes wechselstrommäßig verbindet, so erhält man aus dem ursprünglichen Vierpol einen Zweipol,

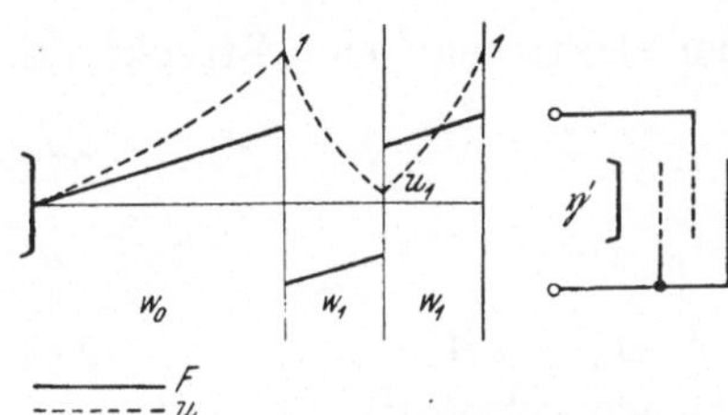

Abb. 40. Symmetrisches System.

dessen Eingangswiderstand wegen

$$r_1 = r_2$$

nach (224) gegeben ist durch

$$\mathfrak{W}' = \frac{r_1{}^2}{2\,r_1 - r} \,.$$

Für den Eingangsleitwert erhält man

$$\mathfrak{Y}' = \frac{2}{r_1} - \frac{r}{r_1{}^2} = 2\,\mathfrak{g}_1 - \mathfrak{g} \,. \tag{271}$$

Zu dem doppelten Fundamentalleitwert (Diodenleitwert) $2\,\mathfrak{g}_1$ tritt noch der Leitwert $-\mathfrak{g}$ hinzu. Er kommt dadurch zustande, daß der zweite Entladungsraum keine gewöhnliche Diodenstrecke darstellt, da die in ihn eintretenden Elektronen bereits ausgesteuert sind. Der Anteil des ersten Raumes ist $\mathfrak{g}_1$, der des zweiten Raumes dagegen $\mathfrak{g}_1 - \mathfrak{g}$.

Für unsere weiteren Betrachtungen wollen wir der Einfachheit halber annehmen, daß der Fundamentalwiderstand $\mathfrak{r}_1$ im wesentlichen nur durch den Blindwiderstand der Strecke gegeben ist, d. h., daß der elektronische Widerstandsanteil klein ist gegen diesen. Nach (220) ist

$$\mathfrak{r}_1 = A \, (\varDelta_0 + j \, \varDelta_{\pi/2}) - j \, A \, q_0 \, z_1$$

mit

$$A \, |\, \varDelta_0 + j \, \varDelta_{\pi/2} \,| \ll A \, q_0 \, z_1 \; .$$

Wir können daher bei der Berechnung des Leitwertes

$$\mathfrak{g}_1 = \frac{1}{\mathfrak{r}_1} = \frac{\mathfrak{r}_1{}^*}{|\, \mathfrak{r}_1 \,|^2}$$

den Nenner ersetzen durch

$$A^{\,2} \, q_0{}^2 \, z_1{}^2$$

und erhalten

$$\mathfrak{g}_1 = \frac{1}{A^{\,2} \, q_0{}^2 \, z_1{}^2} \cdot \left\{ A \, [\varDelta_0 - j \, \varDelta_{\pi/2}] + j \, A \, q_0 \, z_1 \right\} \; .$$

Bezeichnet man den Blindleitwert der elektronenfreien Strecke mit

$$\mathfrak{g}_{10} = j \, \frac{1}{A \, q_0 \, z_1} \; , \tag{272}$$

so wird

$$\mathfrak{g}_1 = \mathfrak{g}_{10} + |\, \mathfrak{g}_{10} \,|^2 \, A \, [\varDelta_0 - j \, \varDelta_{\pi/2}] \; . \tag{273}$$

Für die Fundamentalsteilheit können wir schreiben

$$\mathfrak{g} = \frac{\mathfrak{r}}{\mathfrak{r}_1{}^2} = \mathfrak{r} \cdot \mathfrak{g}_{10}{}^2 = - \mathfrak{r} \, |\, \mathfrak{g}_{10} \,|^2$$

und erhalten somit unter Berücksichtigung von (242) für den Eingangsleitwert unseres Zweipoles nach (271)

$$\mathfrak{Y}' = 2 \, \mathfrak{g}_{10} + 2 \, |\, \mathfrak{g}_{10} \,|^2 \, A \, [\varDelta_0 \, (w_1) - j \, \varDelta_{\pi/2} \, (w_1)] +$$

$$+ |\, \mathfrak{g}_{10} \,|^2 \, A \, [\mathfrak{t}_\mathrm{C} \, (w_1; w_1) + \mathfrak{t}_\mathrm{H} \, (w_1; w_1) + \gamma_{12} \, \mathfrak{t}_\mathrm{D} \, (w_1; w_1)] \; .$$

Wegen der Symmetrieeigenschaft der $\mathfrak{t}$-Vektoren ist nun

$$\mathfrak{t}_\mathrm{C} \, (w_1; w_1) = \mathfrak{t}_\mathrm{H} \, (w_1; w_1)$$

und daher

$$\mathfrak{Y}' = 2 \, \mathfrak{g}_{10} + 2 \, |\, \mathfrak{g}_{10} \,|^2 \, A \, [\varDelta_0 \, (w_1) - j \, \varDelta_{\pi/2} \, (w_1)] +$$

$$+ |\, \mathfrak{g}_{10} \,|^2 \, A \, [2 \, \mathfrak{t}_\mathrm{C} \, (w_1; w_1) + \gamma_{12} \, \mathfrak{t}_\mathrm{D} \, (w_1; w_1)] \; . \tag{274}$$

Wir untersuchen nun die Bedingung der Selbsterregung. Sie erfolgt, wenn der Realteil des Eingangsleitwertes negativ wird.

Aus (274) erhält man zusammen mit (241) hierfür die Bedingung

$$2\,\Delta_0\,(w_1) - 2\,C_0\,(w_1;\,w_1) - \gamma_{12}\,D_0\,(w_1;\,w_1) \leqq 0 \; . \qquad (275)$$

Bei den weiteren Untersuchungen der Selbsterregung beschränken wir uns auf den Fall *2* des Abschnittes 5. Dort wurde der raumladungsschwache Zustand beider Entladungsräume angenommen (Abb. 26) und außerdem

$$u_1 \ll 1$$

vorausgesetzt. Es ist dann nach (179 A)

$$\gamma_{12} = -\,\frac{2}{u_1\,w'_1} \; . \qquad (276)$$

Dieser Fall ist deshalb von besonderer Bedeutung, weil er uns in einfacher Weise später zur Reflexionsröhre führen wird. Mit (276) geht die Anfachungsbedingung über in

$$\Delta_0\,(w'_1) - C_0\,(w_1;\,w_1) + \frac{1}{u_1\,w_1}\,D_0\,(w_1;\,w_1) \leqq 0 \; . \qquad u_1 \ll 1 \quad (277)$$

In Abb. 41 sind die negativen Bereiche der Funktionen

$$\Delta_0\,(w_1); \qquad -\,C_0\,(w_1;\,w_1) \qquad \text{und} \qquad D_0\,(w_1;\,w_1)$$

stark schematisiert eingezeichnet. Die Anfachungsgebiete der Diode sind durch die Funktion $\Delta_0\,(w_1)$ gegeben und reichen jeweils von $2\,m\,\pi$ bis zum darauffolgenden charakteristischen Winkel $_m\zeta$ und liegen um $2\,\pi$ auseinander. Die Bereiche vom Typus C und D hingegen zeigen nur den halben Laufwinkelabstand von der Größe π! Außerdem erkennt man, daß ihr erster negativer Bereich bei beliebig kleinen Laufwinkeln beginnt.

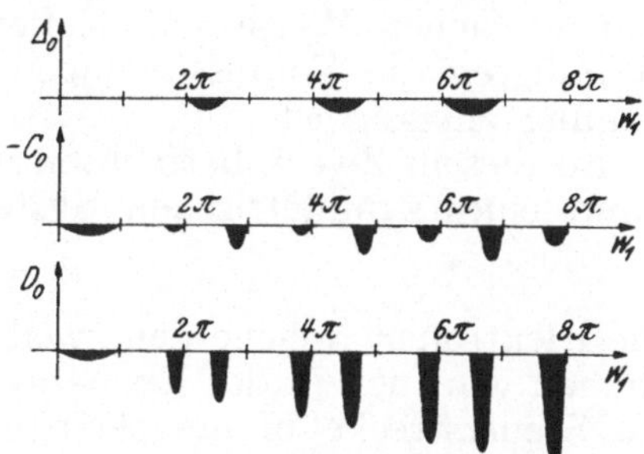

Abb. 41. Anfachungsbereiche.

Berücksichtigt man, daß mit

$$u_1 \rightarrow 0$$

der Faktor $1/u_1$ in der Anfachungsbedingung beliebig große Werte annimmt, dann sieht man ein, daß der wesentlichste Anteil der Schwingung vom Typus D sein wird. Aus Gründen, die wir in Abschnitt 5 genauer auseinandergesetzt haben, kann aber $1/u_1$ mit gegen Null strebender Geschwindigkeit nicht beliebig groß werden, sondern muß sich einem sehr großen aber endlichen Grenzwert annähern. Wir bezeichnen ihn mit

$$\lim_{u_1 \rightarrow 0}\,\frac{1}{u_1} = \left[\frac{1}{u_1}\right] \; . \qquad (278)$$

Wenn wir also die Elektronen am Ende der Steuerstrecke bis auf Null abbremsen, können wir in erster Annäherung[1] von dem Einfluß der Δ_0- und C_0-Terme absehen und erhalten eine Anfachung bei negativen Werten der Funktion D_0. Diese zeigt aber von $w_1 = 0$ angefangen bereits negativen Verlauf, so daß auch bei beliebig kleinen Laufwinkeln das System schwingungsfähig ist. Aus (274) zusammen mit (276) und (278) wird dann

$$\mathfrak{Y}' \approx 2\,\mathfrak{g}_{10} + 2 \mid \mathfrak{g}_{10} \mid^2 A \left[\frac{1}{u_1} \right] \cdot \left[\frac{D_0\,(w_1;\,w_1)}{w_1} + j\,\frac{D_{\pi/2}\,(w_1;\,w_1)}{w_1} \right] . \qquad (279)$$

Mit Berücksichtigung der Δ- und C-Terme erhält man aus (274) zusammen mit (276) die vollständige Formel

$$\mathfrak{Y}' = 2\,\mathfrak{g}_{10} + 2 \mid \mathfrak{g}_{10} \mid^2 A\,[\Delta_0\,(w_1) - j\,\Delta_{\pi/2}\,(w_1)] -$$
$$- 2 \mid \mathfrak{g}_{10} \mid^2 A\,[C_0\,(w_1;\,w_1) + j\,C_{\pi/2}\,(w_1\,;\,w_1)] +$$
$$+ 2 \mid \mathfrak{g}_{10} \mid^2 A\,\frac{1}{w_1} \left[\frac{1}{u_1} \right] [D_0\,(w_1;\,w_1) + j\,D_{\pi/2}\,(w_1;\,w_1)] . \qquad (280)$$

16. Reflexionssysteme.

Die Ergebnisse des vorigen Abschnittes lassen sich nun in sehr einfacher Weise auf Reflexionssysteme übertragen. Wir formulieren die Voraussetzungen, unter denen eine solche Übertragung zulässig ist.

Zu diesem Zweck betrachten wir zunächst den stationären Zustand eines symmetrischen Systems $(w_1 = w_2;\,u_2 = 1)$ mit

$$u_1 = 0 .$$

Die Elektronen, welche den zweiten Entladungsraum durchlaufen, können wir auch in der Ebene $u_1 = 0$ umkehren lassen und durch die Steuerstrecke in umgekehrter Richtung nochmals hindurchschicken. Dann bewegen sie sich genau so, als ob sie in den zweiten Entladungsraum eingetreten wären, da die Feldverteilung dort dieselbe ist wie in der Steuerstrecke. Beide Wege sind aber nur dann vollständig gleichwertig, wenn die rücklaufenden Elektronen durch ihre Raumladung keine merkbaren Zusatzfelder hervorrufen, durch welche der ursprüngliche Feldverlauf in der Steuerstrecke verändert wird. Wir müssen daher voraussetzen, daß beide Entladungsräume des symmetrischen Systems als raumladungsschwach betrachtet werden können. Dies ist nach (151) der Fall für

---

[1] In „erster Annäherung" deshalb, weil wir nicht angeben können, wie groß $[1/u_1]$ tatsächlich ist. Dieser Grenzwert hängt von dem besonderen Feld- und Geschwindigkeitsverlauf an der Stelle $u_1 = 0$ ab, und läßt sich erst ermitteln, wenn man die Korrekturen berücksichtigt, die durch den nicht mehr ebenen Verlauf der Strömung hervorgerufen werden.

$$w_1{}^2 \ll w'_0{}^2$$

oder

$$w_0 \gg w_1 . \tag{281}$$

Ist also der Laufwinkel in der Vorbeschleunigungsstrecke genügend groß gegen den Laufwinkel in der Steuer- bzw. Arbeitsstrecke, dann erfolgt die Bewegung der rücklaufenden Elektronen genau so, wie wenn sie in die zweite Kammer eintreten würden. Die Gleichwertigkeit beider Wege ist also für den stationären Zustand sichergestellt.

Bleibt diese Gleichwertigkeit aber auch im nichtstationären Zustand bestehen? Es erweckt zunächst den Eindruck, als ob bei der Reflexion eine Umgruppierung der Elektronen erfolgen würde derart, daß langsamere Teilchen, die hinter rascheren zur Reflexionsstelle gelangen, nach der Reflexion früher zurückkehren als diese; denn die Reflexionsebene eines rascheren Teilchens wird nach rechts, die eines langsameren Teilchens gegenüber der stationären Reflexionsebene nach links verschoben. In Abb. 42 sind die Verhältnisse für das rascheste und langsamste Elektron angedeutet. Zeitlich betrachtet liegen sie eine halbe

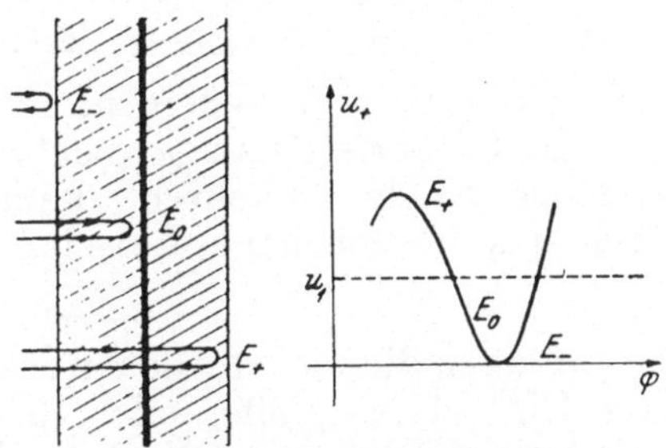

Abb. 42. Verschiebung der Reflexionsebene.

Periode auseinander. Der Geschwindigkeitsverlauf der in die linke Reflexionsebene eindringenden Elektronen entspricht der Sinuskurve in nebenstehendem Bild. Das Elektron E_- kann also das Elektron E_+ nach der Reflexion nur dann überholt haben, wenn der Laufzeitunterschied beider Teilchen größer wird als eine halbe Periode. Nun können wir aber die Schwankung der Reflexionsebene und damit auch diese Zeitdifferenz unter jeden beliebig kleinen Wert herabdrücken, wenn wir nur p_1 genügend klein machen. Diese Erkenntnis besagt aber nichts anderes, als daß bei Beschränkung auf genügend kleine Werte von p_1 eine merkbare Umgruppierung zwischen den raschesten und langsamsten Elektronen nicht eintreten kann. Entsprechende Überlegungen lassen sich auch für zwei Elektronen anstellen, deren zeitlicher Abstand kleiner ist als eine Halbperiode. Für diese ist nämlich wegen ihres geringeren Geschwindigkeitsunterschiedes der Abstand ihrer Reflexionsebenen ein kleinerer und daher erst recht auch der durch die Reflexion bedingte Zeitunterschied geringer. Wir ergänzen unsere anschaulichen Betrachtungen durch eine analytische Beweisführung. Die in die schraffiert gezeichnete „Reflexionsschicht‘ eindringenden Elektronen haben nach (135) die Geschwindigkeit

$$u_+ = u_1 + \frac{p_1}{q_0} \left[\gamma_1 f (w_1; \varphi) + g (w_1; \varphi) \right]$$

oder anders geschrieben

$$u_+ = u_1 +$$

$$+ \frac{p_1}{q_0} \left\{ [\gamma_1 f_0 (w_1) + g_0 (w_1)] \cos \varphi + [\gamma_1 f_{\pi/2} (w_1) + g_{\pi/2} (w_1)] \sin \varphi \right\}.$$

Setzt man

$$\frac{1}{q_0} \left[\gamma_1 f_0 (w_1) + g_0 (w_1) \right] = M_0 \sin \vartheta_0$$

$$\frac{1}{q_0} \left[\gamma_1 f_{\pi/2} (w_1) + g_{\pi/2} (w_1) \right] = M_0 \cos \vartheta_0 \,,$$

so wird

$$u_+ = u_1 + p_1 M_0 \cdot \sin (\varphi + \vartheta_0) \cdot \cdot \qquad (282)$$

Über die Geschwindigkeit u_- der reflektierten Elektronen läßt sich die folgende Aussage machen: Würden alle Elektronen an derselben Stelle umkehren, dann könnten sich u_+ und u_- nur durch das Vorzeichen unterscheiden; es wäre

$$u_- = - u_+ .$$

Da nun aber die verschiedenen Elektronen je nach dem Zeitpunkt ihres Eintreffens früher oder später zur Umkehr gelangen, wird der Phasenwinkel von φ und p_1 abhängig. Aus demselben Grund muß eine funktionale Abhängigkeit der Amplitude angenommen werden. Wir machen daher den Ansatz:

$$u_- = - u_1 - p_1 M (\varphi; p_1) \sin [\varphi + \vartheta (\varphi; p_1)] .$$

Setzt man die Entwickelbarkeit von M und ϑ in eine Potenzreihe von p_1 voraus, so gilt

$$M (\varphi; p_1) = M_0 + M_1 (\varphi) p_1 + M_2 (\varphi) p_1{}^2 + \dots$$
$$\vartheta (\varphi; p_1) = \vartheta_0 + \vartheta_1 (\varphi) p_1 + \vartheta_2 (\varphi) p_1{}^2 + \dots$$

Damit erhalten wir

$$u_- = - u_1 -$$

$$- p_1 (M_0 + M_1 p_1 + \dots) \sin [\varphi + \vartheta_0 + \vartheta_1 p_1 + \dots] .$$

Die Reihenentwicklung der Sinusfunktion an der Stelle $\varphi + \vartheta_0$ führt auf

$$\sin (\varphi + \vartheta_0 + \vartheta_1 p_1 + \vartheta_2 p_1{}^2 + \dots) = \sin (\varphi + \vartheta_0) + ((p_1)) .$$

Die Doppelklammer um p_1 soll andeuten, daß alle folgenden Glieder in p_1 von mindestens erster Ordnung sind. Für die Geschwindigkeit der reflektierten Elektronen folgt demnach

$$u_- = - u_1 - p_1 M_0 \sin (\varphi + \vartheta_0) + ((p_1{}^2)) .$$

Der Vergleich mit (282) zeigt, daß die Geschwindigkeiten der hin- und rücklaufenden Elektronen — abgesehen vom Vorzeichen — im Rahmen unserer linearen Betrachtungen miteinander zu identifizieren sind. Es ist

$$u_- = - u_+ .$$

Damit ist gezeigt, daß in linearer Hinsicht eine Umgruppierung der Elektronen durch Reflexion nicht erfolgt. Die Elektronen starten demnach mit derselben Geschwindigkeit, gleichgültig, ob sie in den zweiten Entladungsraum eintreten oder durch den Reflexionsvorgang in die Steuerstrecke zurückgetrieben werden.

Aus den obigen Betrachtungen ergibt sich, daß ein Reflexionssystem (Bremsfeldröhre) durch Spiegelung aus dem im vorigen Abschnitt behandelten, symmetrischen Zweikreis-System hervorgeht. In der Formel (280) für den Eingangsleitwert haben wir nur zu berücksichtigen, daß der dort zweimal gezählte Leitwert g_{10} infolge der Zusammenlegung beider Kammern durch den einfachen Wert zu ersetzen ist. Für das Reflexionssystem gilt demnach

$$\mathfrak{Y}' = g_{10} + 2\,|g_{10}|^2\,A\,\{\varDelta_0\,(w_1) - j\,\varDelta_{\pi/2}\,(w_1)\} -$$

$$- 2\,|g_{10}|^2\,A\,[C_0\,(w_1;\,w_1) + j\,C_{\pi/2}\,(w_1;\,w_1)] +$$

$$+ 2\,|g_{10}|^2\,A\,\frac{1}{w_1}\left[\frac{1}{u_1}\right][D_0\,(w_1;\,w_1) + j\,D_{\pi/2}\,(w_1;\,w_1)] . \qquad (283)$$

Das über die Schwingbereiche symmetrischer Systeme Gesagte gilt hier unverändert. Insbesondere sei nochmals darauf hingewiesen, daß der erste Schwingbereich ein Laufwinkelintervall von $w_1 = 0$ bis $w_1 \approx 3\,\pi/4$ umfaßt. Dieser Befund steht im Gegensatz zu den bekannten Theorien, bei denen der erste Schwingbereich der Bremsfeldröhre von π bis $_1\zeta/2$ reicht und den *Barkhausen-Kurz*-Schwingungen entsprechen soll. Nun lassen sich in Bremsfeldröhren bekanntlich auch Schwingungen erregen, deren Wellenlänge weit oberhalb der *Barkhausen-Kurz*-Wellen liegt. Sie werden durch unsere ersten Schwingbereiche erfaßt, während diese Schwingungen in den bekannten Theorien der Bremsfeldröhre nicht enthalten sind. Zum genaueren Vergleich sei auf die entsprechenden Veröffentlichungen hingewiesen, so z. B. auf eine Arbeit von *Kleinsteuber [8]*, sowie eine Arbeit von *Gundlach* und *Kleinsteuber [9]*. Aber noch ein weiterer Mangel haftet den Theorien der Bremsfeldröhre an. Es lassen sich u. U. bereits mit erheblich kleineren Stromdichten Schwingungen anfachen, als nach den bekannten Theorien zu erwarten wäre. Diesen Widerspruch versuchte man durch die Annahme mehrfacher Elektronenausnutzung zu erklären (Pendelungen). Eine solche unbefriedigende ad hoc Annahme dürfte aber nach experimentellen Feststellungen heute kaum mehr haltbar sein und ist nach den vorliegenden Untersuchungen auch gar nicht notwendig. In dem D-Typus steht uns nämlich eine Anfachungswirkung zur Verfügung, welche wegen ihrer Proportionalität mit $[1/u_1]$ die bekannten Wirkungen um mindestens eine Größenordnung übertrifft. Zum besseren Verständnis dieses Sachverhaltes entnehmen wir der Arbeit von *Gundlach* und *Kleinsteuber* *[9]* die Formel für den Eingangsleitwert und führen sie in unserer Schreibweise an. Sie lautet:

$$\mathfrak{Y}' = \mathfrak{g}_{10} + |\mathfrak{g}_{10}|^2 A \left[\varDelta_0 (2\,w_1) - j\,\varDelta_{\pi/2} (2\,w_1)\right] . \qquad Kleinsteuber \quad (284)$$

Ein Vergleich mit (283) zeigt, daß hier die wirkungsvollen D-Glieder nicht enthalten sind. Die Formel von *Kleinsteuber* geht aus der Formel für die einfache Diodenstrecke (273) formal dadurch hervor, indem man das Argument w_1 durch $2\,w_1$ ersetzt. Während die günstigste Anfachung der Diode bei einem Laufwinkel von etwa $5\,\pi/2$ liegt, erhält man die beste Anfachung der Bremsfeldröhre nach *Kleinsteuber* für den einfachen Laufwinkel von etwa $5\,\pi/4$. Da $2\,w_1$ den Laufwinkel für den Hin- und Rücklauf darstellt, können wir auch sagen, daß die günstigste Anfachung der Bremsfeldröhre nach (284) bei einem Gesamtwinkel von $5\,\pi/2$ liegt.

Um die stark voneinander abweichenden Formeln (283) und (284) besser miteinander vergleichen zu können, stellen wir noch folgende Betrachtung an. Der Eingangsleitwert einer Diode, an deren Ende die Elektronen bis zur Geschwindigkeit Null abgebremst werden, ist nach (273)

$$\mathfrak{g}_1 = \mathfrak{g}_{10} + |\mathfrak{g}_{10}|^2 A \left[\varDelta_0 (w_1) - j\,\varDelta_{\pi/2} (w_1)\right] . \qquad (273)$$

Schickt man durch denselben Entladungsraum zusätzlich einen zweiten Elektronenstrom gleicher Stromdichte mit der Geschwindigkeit Null beginnend in umgekehrter Richtung hindurch, so beeinflußen sich diese beiden Strömungen nicht, weil wir schwache Raumladung vorausgesetzt haben. Der Leitwert dieser „Gegenstromdiode‟ ist demnach

$$\mathfrak{g}_1' = \mathfrak{g}_{10} + 2\,|\mathfrak{g}_{10}|^2 A \left[\varDelta_0 (w_1) - j\,\varDelta_{\pi/2} (w_1)\right] . \qquad (285)$$

Die ersten beiden Terme in Gleichung (283) sind gerade mit diesem Diodenanteil identisch. Nun ist aber die Bremsfeldröhre mit der betrachteten Gegenstromdiode deshalb nicht identisch, weil die rücklaufenden Elektronen bei der Bremsfeldröhre bei ihrem Start infolge ihrer Vorgeschichte bereits ausgesteuert sind, die entsprechenden Elektronen der Diode jedoch nicht. Diese Steuerwirkung kommt in den C- und D-Termen der Gleichung (283) zum Ausdruck und ergibt gerade den wesentlichsten Unterschied zwischen Bremsfeldröhre und Gegenstromdiode. Wenn wir also unsere Ergebnisse mit denen von *Kleinsteuber* richtig vergleichen wollen, müssen wir in (284) die durch (285) gegebenen Diodenteile abspalten und erhalten

$$\mathfrak{Y}' = \mathfrak{g}_{10} + 2 \mid \mathfrak{g}_{10} \mid^2 A \left[\varDelta_0 (w_1) - j \varDelta_{\pi/2} (w_1) \right] +$$
$$+ 2 \mid \mathfrak{g}_{10} \mid^2 A \left[\varDelta_0 (2 w_1) - j \varDelta_{\pi/2} (2 w_1) \right] -$$
$$- 2 \mid \mathfrak{g}_{10} \mid^2 A \left[\varDelta_0 (w_1) - j \varDelta_{\pi/2} (w_1) \right] . \qquad (286)$$

Kleinsteuber

Der Unterschied zwischen Gegenstromdiode und Bremsfeldröhre kommt hier also in dem dritten und vierten Term zum Ausdruck.

Ein Vergleich unserer Ergebnisse mit den bekannten Theorien zeigt Abweichungen in zwei ganz wesentlichen Punkten. Der eine Unterschied besteht in dem Auftreten der D-Terme. Die experimentell festgestellte Anfachungsmöglichkeit bei kleineren Strömen, als nach den bekannten Theorien zu erwarten wäre, findet damit eine zwanglose Erklärung. Das Interessante dabei ist, daß der D-Typus bei der Bremsfeld-röhre und bei der Triode den wesentlichen Beitrag liefert. Der zweite Punkt bezieht sich auf die Verschiebung der Schwingbereiche. Insbesondere ergibt sich, daß das erste Schwinggebiet von $w_1 = 0$ bis etwa $3\,\pi/4$ reicht. Durch dieses Schwinggebiet werden alle Schwingungsvorgänge er-faßt, deren Wellenlänge weit

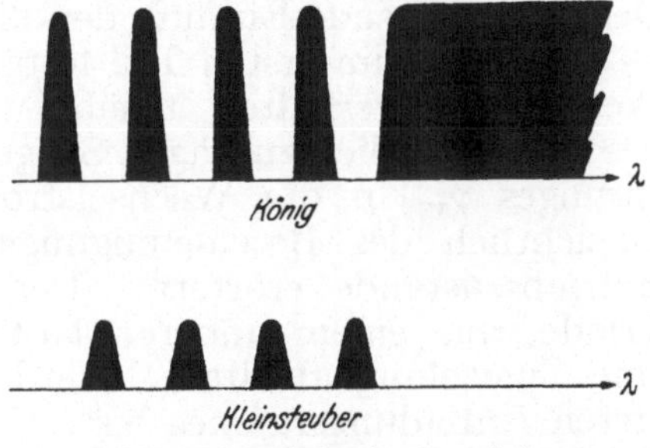

Abb. 43. Schwingbereiche.

oberhalb der sogenannten *Barkhausen-Kurz*-Wellen liegt. Grundsätz-lich lassen sich beliebig lange Wellen mit der Bremsfeldröhre er-regen. Die möglichen Schwingbereiche sind grob schematisch in Abb. 43 dargestellt, wobei die Wellenlänge als Abszisse benützt ist. Zum Vergleich sind die Schwingbereiche nach *Kleinsteuber* ebenfalls eingezeichnet.

17. Zusammenfassung.

Die in den allgemeinen Gleichungen der ebenen Elektronen-strömung enthaltenen beiden willkürlichen Funktionen werden aus den für den Anfang des zweiten Entladungsraumes zu berück-sichtigenden Randbedingungen ermittelt. Diese verlangen, daß die Geschwindigkeit und Dichte der Elektronen an dieser Stelle mit der Geschwindigkeit und Dichte am Ende des ersten Ent-ladungsraumes übereinstimmen. Die so erhaltenen Gleichungen liefern die Feld- und Geschwindigkeitsverteilung im zweiten Ent-ladungsraum als Funktion des Phasenwinkels und des Lauf-winkels. Diese beiden Größen sind durch die Laufwinkelgleichung miteinander verknüpft. Ihre Auflösung nach dem Laufwinkel führt auf die Darstellung der Feldstärke und Geschwindigkeit als lineare Funktionen der Stromaussteuerungen p_1 und p_2. Die

Koeffizienten dieser Funktionen sind von den drei stationären Laufwinkeln w_0; w_1; w_2 und von den zwei Feldgrößen a_1 und a_2 sowie vom Phasenwinkel φ abhängig.

Der stationäre Arbeitspunkt des ganzen Systems wird durch die drei Laufwinkel und die zwei Feldgrößen oder an deren Stelle durch die beiden Geschwindigkeiten u_1 und u_2 gegeben. Der Feldverlauf zeigt im stationären Zustand eine lineare Abhängigkeit vom Laufwinkel mit Unstetigkeitsstellen an den Trennungswänden zwischen je zwei Kammern. Die Feldgeraden in den drei Kammern sind untereinander parallel, und ihre Neigung zur Laufwinkelachse ist nur von dem Laufwinkel in der Vorbeschleunigungskammer abhängig. Im raumladungsschwachen Zustand verlaufen die Feldgeraden nahezu parallel zur Laufwinkelachse. Der beherrschende Einfluß, den die logarithmische Beschleunigung — wie bereits im ersten Teil festgestellt werden konnte — auf das Wechselstromverhalten ausübt, tritt bei den Zweikreissystemen besonders deutlich zu Tage. Sie geht in Form des Beschleunigungssprunges γ_{12} in die Wechselstromgleichungen ein. Es werden hinsichtlich des Beschleunigungssprunges vier verschiedenartige Betriebszustände erörtert. Der eine von ihnen entspricht der Triode, aus einem anderen läßt sich die Bremsfeldröhre durch eine Spiegelung ableiten. Werden die Elektronen am Ende des ersten Entladungsraumes bis auf Null abgebremst, so nimmt der Beschleunigungssprung beliebig große Werte an.

Durch Bildung des Linienintegrals über die elektrische Feldstärke entlang des Arbeitsraumes ergibt sich die Spannung als eine lineare Funktion der Ströme in Steuer- und Arbeitsstrecke. Unter Hinzunahme der entsprechenden Beziehungen für die Steuerstrecke werden zwei lineare Beziehungen zwischen den Wechselströmen und Wechselspannungen hergeleitet. Aus ihnen entnimmt man unmittelbar die Elemente des dem Zweikreis-System entsprechenden linearen Vierpoles. Seine beiden Leerlaufwiderstände $\mathfrak{r}_1$ und $\mathfrak{r}_2$ (Fundamentalwiderstände) sind identisch mit den beiden Diodenwiderständen der Steuer- bzw. Arbeitsstrecke. In dem dritten Element $\mathfrak{r}$ (Fundamentalwirkung) kommt die Influenzwirkung zum Ausdruck, welche die in die Arbeitsstrecke eintretenden Elektronen dort hervorrufen. Die Fundamentalwirkung ist der Stromdichte proportional und setzt sich aus drei Anteilen zusammen. Es ist

$$\mathfrak{r} = A \left[\mathfrak{t}_C (w_1; w_2) + \mathfrak{t}_H (w_1; w_2) + \gamma_{12}\, \mathfrak{t}_D (w_1; w_2) \right].$$

Verschwindet der Sprung der logarithmischen Beschleunigung, dann ist die Fundamentalwirkung vom C- oder H-Typus, je nach der speziellen Größe der Laufwinkel w_1 und w_2. Dieser Fall liegt näherungsweise bei äußerlich feldfreien Entladungsräumen vor, vorausgesetzt, daß sie raumladungsschwach sind.

Ist hingegen ein von Null verschiedener Wert des Beschleunigungssprunges vorhanden, und haben beide Laufwinkel in den Hochfrequenzkammern die Größe eines ganzzahligen Vielfachen von 2π, dann verschwinden die C- und H- Anteile und. es tritt der reine D-Typus in Erscheinung.

In allen anderen Fällen liegt ein Gemisch vom Typus C-H-D vor. Es wird gezeigt, daß die dem C- bzw. H-Typus entsprechenden Vektoren t_C bzw. t_H mit dem zum D-Typus gehörigen Vektor t_D immer einen stumpfen Phasenwinkel bilden. Demnach erfolgt in einem C-H-D-Gemisch bei positivem γ_{12} eine teilweise Kompensation der drei Anteile, bei negativem γ_{12} hingegen eine Verstärkung. Aus dieser Erkenntnis läßt sich zwanglos die Tatsache erklären, daß äußerlich feldfreie Systeme bei Überschreiten einer gewissen Stromdichte in ihrer Wirkung stark nachlassen. Mit zunehmender Stromdichte entsteht nämlich ein Beschleunigungssprung von positivem Vorzeichen!

Ist das System ein charakteristisches, d. h. genügen die Laufwinkel in beiden Entladungsräumen der Gleichung

$$\operatorname{tg} \frac{\zeta}{2} = \frac{\zeta}{2},$$

dann bilden die Vektoren t_C und t_D einerseits, sowie t_H und t_D anderseits einen Winkel von der Größe π. Bei negativem Vorzeichen des Beschleunigungssprunges kommen daher die drei Wirkungen vom Typus C, H und D voll zur Geltung. Die Triode mit verschwindend kleinen Laufwinkeln stellt einen speziellen Näherungsfall (quasicharakteristisch) dieser Gruppe dar.

Ein charakteristisches System, dessen Entlasungsräume beide an der Stabilitätsgrenze liegen, weist einen positiven Beschleunigungssprung von solcher Größe auf, daß die kombinierte C-H-Wirkung durch die gegensinnige D-Wirkung gerade aufgehoben wird. Dieser Fall stellt die einzige Möglichkeit einer vollständigen Auslöschung der Influenzwirkung dar.

Die Fundamentalwirkung r ist eine symmetrische Funktion der Laufwinkel w_1 und w_2, vorausgesetzt, daß die Elektronen am Ende der Arbeitsstrecke dieselbe Geschwindigkeit besitzen, wie bei ihrem Eintritt in die Steuerstrecke ($u_2 = 1$). Zwei reziproke Systeme, die sich nur durch die Vertauschung von Steuer- und Arbeitsstrecke voneinander unterscheiden, ergeben demnach bei sonst gleichen Verhältnissen dieselbe Influenzwirkung. Ihre Widerstandsmatrizen gehen durch eine Spiegelung an der Nebendiagonale ineinander über.

Wird ein symmetrisches System ($w_1 = w_2$; $u_2 = 1$) mit der vollen Spannung rückgekoppelt, so entsteht aus dem ursprünglichen Vierpol ein Zweipol, der in bestimmten Laufwinkelbereichen einen negativen Eingangsleitwert annimmt und daher bei geeigneter Belastung zur Selbsterregung kommt. Aus einem solchen

System läßt sich durch Spiegelung die Bremsfeldröhre ableiten. Ihr erstes Schwinggebiet reicht von $w_1 = 0$ bis etwa $3\,\pi/4$. Die folgenden Gebiete liegen in Abständen von der Größe π auseinander. Die gewonnenen Ergebnisse weichen stark von den bekannten Theorien der Bremsfeldröhre ab, und zwar einerseits hinsichtlich der Lage der Schwingbereiche, anderseits in der absoluten Größenordnung des Anfachungsleitwertes. Die Tatsache, daß sich mit Bremsfeldröhren außer den *Barkhausen-Kurz*-Schwingungen auch Schwingungen mit erheblich größerer Wellenlänge erregen lassen und eine Anfachung oft mit kleineren Stromdichten möglich ist, als nach den bekannten Theorien zu erwarten wäre, wird durch die gewonnenen Ergebnisse zwanglos erklärt.

Literaturverzeichnis.

4. König, H. W.: Lineare Laufzeiterscheinungen in Einkreissystemen. (s. S. 1 dieses Buches.)

5. Feldtkeller, R.: Einführung in die Vierpoltheorie der elektrischen Nachrichtentechnik. Leipzig 1937.

6. Fuchs, W. H. J., R. Kompfner: On space charge effects in velocity modulated electron beams. Proc. Phys. Soc. *54*, 303, S. 135—150, 1942.

7. Borgnis, F. und E. Ledinegg: Zur Theorie des dichtemodulierten Elektronenstrahls bei endlicher Stromdichte. Ann. d. Physik *43*, 4, S. 296, 1943.

8. Kleinsteuber, W.: Die Bremsfeldanfachung bei großen Wechselspannungen. Hochfr. u. Elektroak. *57*, S. 1—10, 1941.

9. Gundlach, F. W. u. W. Kleinsteuber: Über den Elektronenmechanismus bei der Bremsfeldröhre. Zeitschr. f. Physik *22/3*, S. 57—65, 1941.

III. Lineare Laufzeiterscheinungen in Zweikreis-Dreikammersystemen.

1. Problemstellung.

Bei einem einfachen Zweikreissystem treten die Elektronen nach dem Verlassen der Steuerstrecke in den unmittelbar dahinterliegenden Arbeitsraum ein. Solche Zweikreis-Zweikammersysteme können die Kathode am Anfang der Steuerstrecke selbst enthalten, oder aber mit einer Vorbeschleunigungskammer ausgerüstet sein. Der Mechanismus dieser Systeme wurde in der Arbeit „Lineare Laufzeiterscheinungen in Zweikreis-Zweikammersystemen" [10] eingehend behandelt. Die Influenzwirkung, welche die Elektronen im Arbeitsraum hervorrufen, wird durch die Fundamentalwirkung r gekennzeichnet. Ihr absoluter Wert liegt zwischen den Grenzen Null und Unendlich.

Als Erweiterung der dort angestellten Untersuchungen sollen in der vorliegenden Arbeit solche Anordnungen behandelt werden, bei denen zwischen dem Steuerraum und dem Arbeitsraum noch eine Laufkammer eingeschaltet ist. Hierdurch wird aus dem einfachen Zweikreissystem ein Zweikreis-Dreikammersystem. Die Laufkammer unterscheidet sich von den Schwingungskreisen dadurch, daß die Elektronen auf dieser Strecke keinem äußeren Wechselfeld ausgesetzt sind, sondern nur ihren eigenen Abstoßungskräften unterliegen. Die Laufkammer ist daher ein äußerlich feldfreier Raum, soweit dies das Wechselfeld betrifft. Ihre Wirkung beruht auf dem bekannten Auflaufeffekt, durch den eine Zusammenballung der Ladungsträger hervorgerufen wird [12].

Die Ergebnisse der zu Anfang zitierten Arbeit lassen sich, insbesondere soweit sie den stationären Zustand betreffen, hier entweder direkt anwenden oder aber auf die vorliegenden Verhältnisse in einfacher Weise übertragen. Die Numerierung der Formeln wird fortlaufend weitergeführt.

2. Gleichstromverhalten. Übertragungen.

Die in [10] für den stationären Zustand abgeleiteten Gleichungen

$$w_0{}^2 F = 2\,(a_2 + w)$$

$$w_0{}^2 u = w_0{}^2 u_1 + 2\,a_2 w + w^2 \qquad 0 \leqq w \leqq w_2$$

$$3\,w_0{}^2 z = 3\,w_0{}^2 u_1 w + 3\,a_2 w^2 + w^3 \,,$$

welche sich auf den zweiten Entladungsraum des Zweikreissystems beziehen, können sofort auf ein System mit beliebig vielen Kammern erweitert werden.[1] Bezeichnet k die Nummer der betreffenden Kammer, j die der davorliegenden, so gilt

$$w_0^2\,F = 2\,(a_k + w)$$
$$w_0^2\,u = w_0^2\,u_j + 2\,a_k\,w + w^2 \qquad 0 \leqq w \leqq w_k \tag{287}$$
$$3\,w_0^2\,z = 3\,w_0^2\,u_j\,w + 3\,a_k\,w^2 + w^3 \, . \tag{288}$$

In den hier behandelten Dreikammersystemen benützen wir nach wie vor die Indizes 1 bzw. 2 für die Steuer- bzw. Arbeitskammer; die dazwischen liegende Laufkammer erhält den Index 3.

Für das Ende des Entladungsraumes k erhält man aus (287) und (288) mit $w = w_k$ die entsprechenden Beziehungen

$$w_0^2\,F_k = 2\,(a_k + w_k)$$
$$w_0^2\,u_k = w_0^2\,u_j + 2\,a_k\,w_k + w_k^2 \tag{289}$$
$$3\,w_0^2\,z_k = 3\,w_0^2\,u_j\,w_k + 3\,a_k\,w_k^2 + w_k^3 \, . \tag{290}$$

Aus der zweiten Gleichung von (289) ergibt sich in Analogie zu (148)

$$a_k = \frac{1}{2\,w_k}\,\left[w_0^2\,(u_k - u_j) - w_k^2\right] , \tag{291}$$

durch Elimination von a_k aus den beiden letzten Gleichungen des Systems eine zu (150) entsprechende Gleichung

$$u_k = \frac{3\,w_0^2\,(2\,z_k - u_j\,w_k) + w_k^3}{3\,w_0^2\,w_k} \, . \tag{292}$$

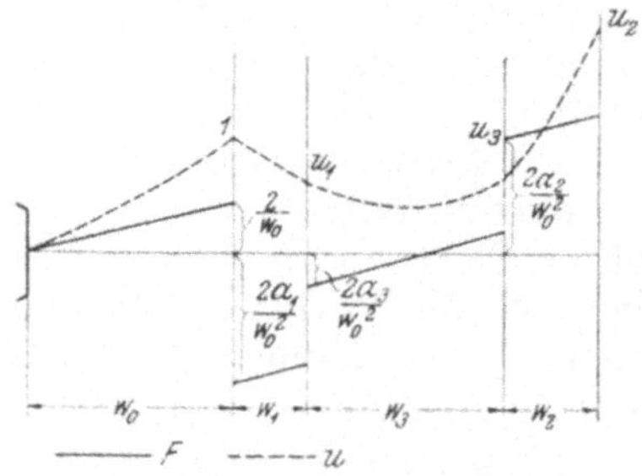

Abb. 44. Arbeitspunkt.

Der reduzierte Arbeitspunkt des Dreikammersystems ist durch die vier Laufwinkel w_0; w_1; w_3; w_2 und die drei Feldgrößen a_1; a_3; a_2 festgelegt, wobei sich der Index 3 auf den Laufraum bezieht. Wie bei den Zweikammersystemen können wir auch hier den Arbeitspunkt auf drei verschiedene Arten fixieren:

1. Art: $(w_0; w_1; w_3; w_2; a_1; a_3; a_2)$
2. Art: $(w_0; w_1; w_3; w_2; u_1; u_3; u_2)$
3. Art: $(w_0; w_1; w_3; w_2; z_1; z_3; z_2)$.

---

[1] Die Raumladungskonstante q_0 hängt mit dem Laufwinkel w_0 zusammen durch die Gleichung
$$w_0^2 = 2\,q_0.$$
Beide Größen werden nebeneinander benutzt, ohne daß auf diesen Zusammenhang besonders hingewiesen wird.

Die wechselseitige Umrechnung erfolgt mit Hilfe der Gleichungen (291) und (292). Abb. 44 zeigt den Feld- und Geschwindigkeitsverlauf in einem Dreikammersystem. Alle eingezeichneten Größen ergeben sich unmittelbar durch entsprechende Übertragung aus den Ergebnissen von [10].

Der Sprung der logarithmischen Beschleunigung an der Trennungswand zwischen den Kammern j und k hat nach (172) den Wert

$$\gamma_{jk} = \frac{2}{w_0^2 \, u_j} \, (a_j + w_j - a_k) \, . \tag{293}$$

Bezeichnet i die Nummer der vor der Kammer j liegenden Kammer, so ist nach (291)

$$a_j = \frac{1}{2 \, w_j} \, [w_0^2 \, (u_j - u_i) - w_j^2]$$

und

$$a_k = \frac{1}{2 \, w_k} \, [w_0^2 \, (u_k - u_j) - w_k^2] \, .$$

Damit wird aus (293)

$$\gamma_{jk} = \frac{1}{w_0^2 \, w_j w_k \, u_j} \, [w_j \, w_k \, (w_j + w_k) + w_0^2 \, w_j \, (u_j - u_k) +$$
$$+ \, w_0^2 \, w_k \, (u_j - u_i)] \, . \tag{294}$$

Bei den Dreikammersystemen nach Abb. 44 interessieren die Beschleunigungssprünge γ_{13} und γ_{32}.

Der Entladungsraum k ist nach (151) raumladungsschwach, wenn die Größenbeziehung

$$w_k^2 \ll w_0^2 \, |u_k - u_j| \tag{295}$$

eingehalten ist. Der Raum ist nach (155) feldfrei, falls

$$|u_k - u_j| \ll u_j \tag{296}$$

gilt.

Alle angeführten Beziehungen sind nur gültig, solange die Verhältnisse stabil sind. Stabilität liegt nach (158) vor für

$$w_k^2 \leqq w_0^2 \, (u_k + u_j). \tag{297}$$

Das Gleichheitszeichen bezieht sich auf die Stabilitätsgrenze.

An der Stabilitätsgrenze hat das Geschwindigkeitsminimum u_m nach (160) den Wert

$$u_m = \frac{u_j \, u_k}{u_j + u_k} \, , \tag{298}$$

und es gilt der Satz: Am Anfang bzw. Ende des Entladungsraumes k hat die logarithmische Beschleunigung die Größe $-2/w_k$ bzw. $+ 2/w_k$. Das Geschwindigkeitsminimum läßt sich nach Abb. 23 in einfacher Weise konstruieren.

3. Wechselstromverhalten. Wirkungsweise der Laufstrecke.

Wir beginnen mit der Untersuchung der Verhältnisse in der Laufkammer. Zur Beschreibung des Feld- und Geschwindigkeitsverlaufes können die Gleichungen (184) und (185) unmittelbar benutzt werden; sie beziehen sich nämlich auf den an die Steuerstrecke anschließenden Entladungsraum 2 des in *[10]* behandelten Zweikreissystems. Da die Laufkammer als Spezialfall des Schwingungskreises, und zwar des stromfreien Schwingungskreises, aufzufassen ist, haben wir $p_2 = 0$ zu setzen. Außerdem ist der Index 2 durch den Index 3 abzulösen. Wir erhalten also:

$$F = F_3 - \frac{(w_3\,\gamma_{13} - 1)\,f\,(w_1;\varphi - w_3) + w_3\,g\,(w_1;\varphi - w_3)}{q_0\,u_3}\,\frac{p_1}{q_0} \qquad (299)$$

$$u = u_3 + \{\,\gamma_{13}\,f\,(w_1;\varphi - w_3) + g\,(w_1;\varphi - w_3) -$$

$$-\gamma_3\,[\,(w_3\,\gamma_{13} - 1)\,f\,(w_1;\varphi - w_3) + w_3\,g\,(w_1;\varphi - w_3)]\} \cdot \frac{p_1}{q_0}\,. \qquad (300)$$

Dabei bedeutet gemäß (186)

$$\gamma_3 = \frac{a_3 + w_3}{q_0\,u_3} \qquad (301)$$

die logarithmische Beschleunigung in der Laufstrecke. γ_{13} gibt den Beschleunigungssprung an der Trennungswand zwischen Steuer- und Laufkammer. Es sei daran erinnert, daß die stationären Größen w_3; F_3; u_3 als Variable anzusehen sind, die obenstehenden Gleichungen also für jeden Punkt im Inneren und am Rande des Entladungsraumes gelten.

Wir bestimmen zunächst den Verschiebungsstrom (5)

$$\frac{J_{3v}}{J_0} = q_0\,\frac{\partial F}{\partial \varphi}\,.$$

Zu diesem Zweck zerlegen wir die in (299) auftretenden Funktionen $f\,(w_1;\varphi - w_3)$ und $g\,(w_1;\varphi - w_3)$ mit Hilfe der Funktionalgleichungen (192) in

$$f\,(w_1;\varphi - w_3) = f_0\,(w_1)\,\cos\,(\varphi - w_3) + f_{\pi/2}\,(w_1)\,\sin\,(\varphi - w_3)$$
$$g\,(w_1;\varphi - w_3) = g_0\,(w_1)\,\cos\,(\varphi - w_3) + g_{\pi/2}\,(w_1)\,\sin\,(\varphi - w_3)\,.$$

Man erhält somit

$$\frac{J_{3v}}{J_0} = \frac{p_1}{q_0\,u_3}\,[(w_3\,\gamma_{13} - 1)\,f_0\,(w_1) + w_3\,g_0\,(w_1)]\,\sin\,(\varphi - w_3) -$$

$$-\frac{p_1}{q_0\,u_3}\,[(w_3\,\gamma_{13} - 1)\,f_{\pi/2}\,(w_1) + w_3\,g_{\pi/2}\,(w_1)]\,\cos\,(\varphi - w_3)\,.$$

Nun ist der Laufraum dadurch ausgezeichnet, daß ihm von außen kein Strom zugeführt wird, also der Gesamtstrom, bestehend aus Konvektionsstrom und Verschiebungsstrom, den Wert J_0 haben muß. Der Verschiebungsstrom und der Wechselanteil des Konvektionsstromes halten sich an jeder Stelle und zu jedem Zeitpunkt gerade die Waage. Ihr gemeinsamer Scheitelwert hat daher die Größe

$$\frac{J_{3v}}{J_0}\bigg|_{max} = \frac{p_1}{q_0\, u_3}\; \sqrt{[(w_3\,\gamma_{13} - 1)\, f_0\,(w_1) + w_3\, g_0\,(w_1)]^2 +}$$

$$\overline{+\, [(w_3\,\gamma_{13} - 1)\, f_{\pi/2}\,(w_1) + w_3\, g_{\pi/2}\,(w_1)]^2}\,. \tag{302}$$

Am Anfang des Laufraumes wird hieraus wegen $w_3 = 0$ und $u_3 = u_1$:

$$\frac{p_1}{q_0\, u_1}\; \sqrt{f_0^2\,(w_1) + f_{\pi/2}^2\,(w_1)}\,.$$

Mit wachsender Entfernung vom Anfangspunkt nimmt der Wechselstrom zu, und zwar in erster Näherung proportional mit w_3, vorausgesetzt, daß nicht gerade $\gamma_{13} = 0$ und $w_1 = 2\,\pi\,n$ wird. Denn in diesem Fall ist

$$g_0\,(2\,\pi\,n) = g_{\pi/2}\,(2\,\pi\,n) = 0$$

und

$$\frac{J_{3v}}{J_0}\bigg|_{max} = \frac{p_1}{q_0\, u_3}\; \sqrt{f_0^2\,(2\,\pi\,n) + f_{\pi/2}^2\,(2\,\pi\,n)}\,.$$

Außerdem ist der Ausdruck (302) noch umgekehrt proportional der Geschwindigkeit u_3, die im allgemeinen eine quadratische Funktion von w_3 ist. Nur im stationär feldfreien Laufraum — ein Spezialfall, der bei derartigen Untersuchungen meist ins Auge gefaßt wird — bleibt u_3 angenähert gleich dem Anfangswert u_1. Werden die Elektronen hingegen gebremst, so nimmt u_3 mit wachsendem w_3 ab, und der Scheitelwert des Wechselstromes nimmt stärker als linear mit dem Laufwinkel zu. Da es nun für die Erzeugung der Influenzwirkung im Arbeitsraum immer darauf ankommt, bereits an dessen Eintrittsstelle eine starke Schwankung der Ladungsdichte hervorzurufen, stellt die Einschaltung der Laufkammer das geeignete Mittel dar, das diesem Zwecke dienen kann.

Die Wirkung der Laufkammer beruht also auf einer Verstärkung des in sie eintretenden Wechselstromes. Ihre Verstärkungswirkung ist umso bedeutender, je grösser der Laufwinkel ist und kann durch Abbremsen der Elektronen noch erhöht werden.

Man ist vom „Klystron" her gewohnt, daß in der Laufkammer gewisse ausgezeichnete Stellen (Brennpunkte) auftreten, an denen die Zusammenballung der Ladung oder — was dieser Formulierung annähernd gleichkommt — an denen der Wechselstrom relative Maxima annimmt. Daß diese Eigenschaften hier nicht zu Tage treten, hat seinen Grund in dem linearen Charakter unserer Betrachtung. Würde man nämlich die Reihenentwicklungen über die linearen Glieder von p_1 hinausführen, insbesondere also das zu p_1^2 gehörige Glied berücksichtigen, dann ergäben sich diese Maxima ebenso wie nach der bekannten Theorie. Dieser

Sachverhalt ist in Abb. 45 schematisch gezeigt. Die Laufwinkelentfernung der Brennpunkte vom Anfang der Laufstrecke ist abhängig von der Stromaussteuerung p_1 und rückt mit $p_1 \rightarrow 0$ gegen Unendlich. Was dann übrig bleibt, sind nur die hier behandelten linearen Eigenschaften. Damit soll aber keineswegs gesagt sein, daß die linearen Ergebnisse ihren Sinn verlieren, wenn auch zur vollständigen Beschreibung der Vorgänge die Glieder höherer Ordnung in p_1 herangezogen werden müssen, falls p_1 nicht als genügend klein betrachtet werden kann. Die linearen Eigenschaften behalten ihre Bedeutung ebenso wie die Tangente einer Kurve, wenn deren Krümmung auch noch so groß ist. Ihre lineare Eigenschaft, nämlich ihre Steigung, ist daraus jederzeit zu erkennen.

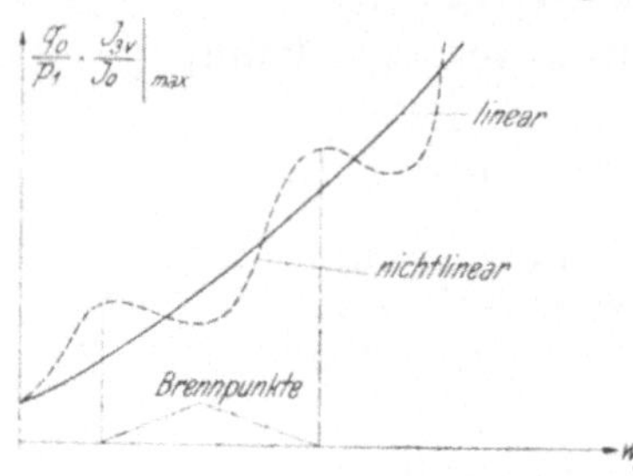

Abb. 45. Laufwinkelabhängigkeit des Wechselstromes.

Die Fokaleigenschaften gehören also zu den typisch nichtlinearen Eigenschaften. Das Bemerkenswerte hieran ist, daß offenbar ein Effekt von mindestens zweiter Ordnung den Ausgangspunkt für die Ausnützung der Laufraumwirkung gebildet hat. Die primäre und wesentlichste Wirkung der Laufkammer hingegen ist in dem weiter oben angeführten Satz enthalten.

Was den Gültigkeitsbereich der bekannten Theorien betrifft, die auf die Fokaleigenschaften Bezug haben, ist noch folgendes zu bemerken: Wegen der komplizierten analytischen Verhältnisse gelingt eine geschlossene Darstellung der funktionalen Abhängigkeit von p_1 nur in ganz wenigen speziellen Fällen. Diese haben durchwegs den stationär feldfreien Zustand des Laufraumes zur Voraussetzung und beschränken sich meist auf verschwindend kleine Laufwinkel in der Steuerstrecke. Unsere Untersuchungen dagegen umfassen *alle* Betriebszustände unter *voller* Berücksichtigung der Raumladung.

4. Wechselstromverhältnisse im Arbeitsraum.

Wir untersuchen nun die Strömungsverhältnisse im Arbeitsraum. Dazu sind die Funktionen G und H in den Gleichungen

$$q_0 F = \psi - p_2 \cos (\varphi + \delta_2)$$

$$2 q_0 u = \psi^2 + G (\psi - \varphi) - 2 p_2 \sin (\varphi + \delta_2)$$

$$6 q_0 z = \psi^3 + H (\psi - \varphi) + 3 \varphi G (\psi - \varphi) + 6 p_2 \cos (\varphi + \delta_2)$$

zu bestimmen. Die beiden Funktionen ergeben sich aus den Randbedingungen am Anfang des Arbeitsraumes. Sie bestehen bekanntlich in der Forderung, daß an der Trennungsstelle zwischen

Laufkammer und Arbeitsraum die Geschwindigkeit und Dichte der Ladungsträger stetig ineinander übergehen. Nach Abschnitt 2 *[10]* muß neben u die Stetigkeit von

$$\frac{\partial \psi}{\partial \varphi}$$

verlangt werden. Nun hat die Funktion ψ am Ende der Laufkammer nach (299) den Wert

$$q_0 F_3 - \frac{p_1}{q_0 u_3} \left[(w_3 \gamma_{13} - 1) f(w_1; \varphi - w_3) + w_3 g(w_1; \varphi - w_3) \right] ,$$

welcher sich vom Anfangswert im Arbeitsraum nur um eine willkürliche Konstante unterscheiden kann. Die Geschwindigkeit ist durch die Formel (300) gegeben. Unsere Randbedingungen sind also[1]:

$$6 q_0 z = 0$$

$$\psi = a_2 - \frac{p_1}{q_0 u_3} \left[(w_3 \gamma_{13} - 1) f(w_1; \varphi - w_3) + w_3 g(w_1; \varphi - w_3) \right]$$

$$2 q_0 u = 2 q_0 u_3 + \left\{ \gamma_{13} f(w_1; \varphi - w_3) + g(w_1; \varphi - w_3) - \right. \tag{303}$$
$$- \gamma_3 \left[(w_3 \gamma_{13} - 1) f(w_1; \varphi - w_3) + \right.$$
$$\left. + w_3 g(w_1; \varphi - w_3) \right] \right\} 2 p_1 .$$

Wir können sie abgekürzt in der Form schreiben:

$$6 q_0 z = 0$$
$$\psi = a_2 + A_3(\varphi) \cdot p_1 \tag{304}$$
$$2 q_0 u = 2 q_0 u_3 + B_3(\varphi) \cdot 2 p_1 .$$

In dieser Gestalt legen wir die Randbedingungen unseren folgenden Betrachtungen zugrunde. Das Verfahren, nach dem die Funktionen G und H gewonnen werden, entspricht vollkommen dem bei den Zweikreissystemen eingeschlagenen Rechnungsgang. Wir können uns hier daher kürzer fassen. Unter Berücksichtigung von (304) wird aus der zweiten Gleichung von (132)

$$2 q_0 u_3 + 2 p_1 B_3(\varphi) = a_2{}^2 + 2 a_2 p_1 A_3(\varphi) +$$
$$+ G \left[a_2 - \varphi + p_1 A_3(\varphi) \right] - 2 p_2 \sin(\varphi + \delta_2) .$$

Die Substitution

$$\xi = a_2 - \varphi + p_1 A_3(\varphi) \tag{305}$$

führt auf die in p_1 lineare Umkehrung

$$\varphi = a_2 - \xi + p_1 A_3(a_2 - \xi) . \tag{306}$$

Setzt man in der oben stehenden Gleichung ξ an Stelle von φ ein und berücksichtigt nur die linearen Glieder in p_1 und p_2, so folgt wegen (138)

---

[1] Alle Größen mit dem Index 3 wie z. B. w_3; u_3 . . . beziehen sich von nun an auf das Ende der Laufkammer.

$$2\,q_0\,u_3 + 2\,p_1\,B_3\,(a_2 - \xi) = a_2{}^2 + 2\,p_1\,a_2\,A_3\,(a_2 - \xi) +$$
$$+ G\,(\xi) - 2\,p_2\sin(a_2 - \xi + \delta_2)$$

oder

$$G\,(\xi) = 2\,q_0\,u_3 - a_2{}^2 + 2\,p_1\,[B_3\,(a_2 - \xi) - a_2\,A_3\,(a_2 - \xi)] +$$
$$+ 2\,p_2\sin(a_2 - \xi + \delta_2).$$

Aus (133) ergibt sich mit Benutzung der Randbedingungen

$$0 = a_2{}^3 + 3\,a_2{}^2\,p_1\,A_3\,(\varphi) + H\,[a_2 - \varphi + p_1\,A_3\,(\varphi)] +$$
$$+ 3\,\varphi\,G\,[a_2 - \varphi + p_1\,A_3\,(\varphi)] + 6\,p_2\cos(\varphi + \delta_2).$$

Die Einführung von ξ nach (305) und (306) liefert

$$H\,(\xi) = - a_2{}^3 - 3\,a_2{}^2\,p_1\,A_3\,(a_2 - \xi) -$$
$$- 3\,[(a_2 - \xi + p_1\,A_3\,(a_2 - \xi)]\,G\,(\xi) - 6\,p_2\cos(a_2 - \xi + \delta_2).$$

Ersetzt man das Argument ξ durch $\psi - \varphi$, so findet man

$$G\,(\psi - \varphi) = 2\,q_0\,u_3 - a_2{}^2 +$$
$$+ 2\,p_1\,[B_3\,(a_2 - \psi + \varphi) - a_2\,A_3\,(a_2 - \psi + \varphi)] +$$
$$+ 2\,p_2\sin(a_2 - \psi + \varphi + \delta_2).$$

Für das in (133) benötigte Aggregat erhält man nach einfacher Rechnung

$$H\,(\psi - \varphi) + 3\,\varphi\,G\,(\psi - \varphi) = - a_2{}^3 + 6\,q_0\,u_3\,(\psi - a_2) - 3\,a_2{}^2\,(\psi - a_2) +$$
$$+ 6\,p_1\,\{(\psi - a_2)\,[B_3\,(a_2 - \psi + \varphi) - a_2\,A_3\,(a_2 - \psi + \varphi)] -$$
$$- q_0\,u_3\,A_3\,(a_2 - \psi + \varphi)\,\} +$$
$$+ 6\,p_2\,[(\psi - a_2)\sin(a_2 - \psi + \varphi + \delta_2) - \cos(a_2 - \psi + \varphi + \delta_2)]\,.$$

Mit

$$\psi - a_2 = W \tag{307}$$

ergibt sich schließlich für die Gleichungen (132) und (133):

$$q_0\,F = a_2 + W - p_2\cos(\varphi + \delta_2)$$
$$2\,q_0\,u = 2\,q_0\,u_3 + 2\,a_2\,W + W^2 + \tag{308}$$
$$+ 2\,p_1\,[B_3\,(\varphi - W) - a_2\,A_3\,(\varphi - W)] + 2\,p_2\,g\,(W\,;\,\varphi + \delta_2)$$

$$6\,q_0\,z = 6\,q_0\,u_3\,W + 3\,a_2\,W^2 + W^3 +$$
$$+ 6\,p_1\,\{W\,[B_3\,(\varphi - W) - a_2\,A_3\,(\varphi - W)] - q_0\,u_3\,A_3\,(\varphi - W)\} -$$
$$- 6\,p_2\,f\,(W\,;\,\varphi + \delta_2)\,. \tag{309}$$

Wir stellen nun noch den Zusammenhang zwischen W und dem Laufwinkel w her. Dieser ist gegeben durch die Differenz aus den zu z und $z = 0$ gehörigen ψ-Werten. Am Rand ist nach (304)

$$\psi = a_2 + A_3\,(\varphi)\,p_1,$$

also gilt

$$\psi - a_2 - A_3\,(\varphi)\,p_1 = w$$

oder mit (307)

$$W = w + A_3\,(\varphi)\,p_1. \tag{310}$$

Hieraus entnimmt man, daß für $p_1 = 0$ die Größe W mit dem stationären Laufwinkel w_2 übereinstimmt:

$$W\,|_{p_1 = 0} = w_2\,.$$

Zur Auflösung der Laufwinkelgleichung (309) nach W sind die partiellen Ableitungen

$$\frac{\partial W}{\partial p_1}\bigg|_{\substack{p_1=0\\p_2=0}} \qquad \text{und} \qquad \frac{\partial W}{\partial p_2}\bigg|_{\substack{p_1=0\\p_2=0}}$$

zu ermitteln. Man findet:

$$\frac{\partial W}{\partial p_1}\bigg|_{0,0} = -\frac{1}{q_0\,u_2}\left\{w_2\left[B_3\left(\varphi-w_2\right)-a_2\,A_3\left(\varphi-w_2\right)\right]-\right.$$
$$\left. -q_0\,u_3\,A_3\left(\varphi-w_2\right)\right\}$$

$$\frac{\partial W}{\partial p_2}\bigg|_{0,0} = \frac{1}{q_0\,u_2}\,f\left(w_2;\varphi+\delta_2\right).$$

Es wird also

$$W = w_2 - \frac{p_1}{q_0\,u_2}\left\{w_2\left[B_3\left(\varphi-w_2\right)-a_2\,A_3\left(\varphi-w_2\right)\right]-\right.$$
$$\left. -q_0\,u_3\,A_3\left(\varphi-w_2\right)\right\} + \frac{p_2}{q_0\,u_2}\,f\left(w_2;\varphi+\delta_2\right). \qquad (311)$$

Setzt man diesen Ausdruck in (308) ein und berücksichtigt (289), so erhält man

$$q_0 F = q_0 F_2 - p_2 \cos\left(\varphi+\delta_2\right) - \left\{w_2\left[B_3\left(\varphi-w_2\right)-\right.\right.$$
$$\left. -a_2 A_3\left(\varphi-w_2\right)\right] - q_0\,u_3\,A_3\left(\varphi-w_2\right)\left\}\,\frac{p_1}{q_0\,u_2}+\right.$$
$$+ f\left(w_2;\varphi+\delta_2\right)\frac{p_2}{q_0\,u_2} \qquad (312)$$

$$2\,q_0\,u = 2\,q_0\,u_2 + \left\{B_3\left(\varphi-w_2\right)-a_2 A_3\left(\varphi-w_2\right)-\right.$$
$$-\gamma_2\left[w_2\left(B_3\left(\varphi-w_2\right)-a_2 A_3\left(\varphi-w_2\right)\right)-q_0\,u_3\,A_3\left(\varphi-w_2\right)\right]\right\}\,2\,p_1+$$
$$+ \left\{\gamma_2 f\left(w_2;\varphi+\delta_2\right)+g\left(w_2;\varphi+\delta_2\right)\right\}\,2\,p_2. \qquad (313)$$

Hierbei ist wieder

$$\gamma_2 = \frac{a_2+w_2}{q_0\,u_2}.$$

Die Gleichungen (312) und (313) entsprechen vollständig den Gleichungen (184) und (185), die ebenfalls für den Arbeitsraum gelten. Ein Vergleich zeigt, daß die stationären Glieder und die zu p_2 proportionalen Terme überhaupt identisch sind. Die Abweichung erstreckt sich ausschließlich auf die mit p_1 multiplizierten Glieder und enthält gerade die Wirkung, welche durch die eingeschaltete Laufkammer hervorgerufen wird. Dieser Unterschied muß daher verschwinden, wenn man w_3 gleich Null setzt. Davon kann man sich mit Hilfe von (303) und (304) leicht überzeugen. Hieraus können wir sofort den Schluß ziehen, daß die Fundamentalwiderstände r_1 und r_2 mit denen der Zweikammersysteme übereinstimmen. Nur in der Fundamentalwirkung weichen die Zwei- und Dreikammersysteme voneinander ab.

5. Berechnung der Fundamentalwirkung.

Durch Bildung des Linienintegrals der Feldstärke berechnen wir jetzt die Spannung, welche an der Arbeitskammer auftritt. Aus (7) und (312) erhält man

$$\frac{U_2}{U_0} = 2 \int_0^{z_2} F \, dz_2 = 2 \int_0^{z_2} F_2 \, dz_2 -$$

$$- \frac{2\,p_1}{q_0{}^2} \int_0^{z_2} \left\{ [B_3\,(\varphi - w_2) - a_2\,A_3\,(\varphi - w_2)]\,w'_2 - q_0\,u_3\,A_3\,(\varphi - w_2) \right\} \frac{dz_2}{u_2}$$

$$- \frac{2\,p_2\,z_2}{q_0} \cos\,(\varphi + \delta_2) + \frac{2\,p_2}{q_0{}^2} \int_0^{z_2} f\,(w_2;\,\varphi + \delta_2)\,\frac{dz_2}{u_2} \,.$$

Aus den Gleichungen (289) und (290) folgt

$$dz_k = u_k\,dw_k$$
$$du_k = F_k\,dw_k \,,$$

oder

$$F_k\,dz_k = u_k\,du_k \,.$$

Durch Wechsel der Integrationsvariablen wird also

$$\int_0^{z_2} F_2\,dz_2 = 2 \int_{u_3}^{u_2} u_2\,du_2 = u_2{}^2 - u_3{}^2$$

$$\int_0^{z_2} f\,(w_2;\,\varphi + \delta_2)\,\frac{dz_2}{u_2} = \int_0^{w'_2} f\,(w_2;\,\varphi + \delta_2)\,dw_2 = \varDelta_{\pi/2 - \varphi - \delta_2}\,(w_2) \,.$$

Wir ermitteln nun den zu p_1 proportionalen Spannungsanteil, welcher nach Wechsel der Integrationsvariablen $z_2 \to w_2$ gegeben ist durch:

$$P = - \int_0^{w_2} \left\{ [B_3\,(\varphi - w_2) - a_2\,A_3\,(\varphi - w_2)]\,w_2 - q_0\,u_3\,A_3\,(\varphi - w_2) \right\} dw_2 \,.$$

Zunächst wird der Integrand berechnet. Nach (303) und (304) ist:

$$A_3 (\varphi - w_2) = - \frac{1}{q_0\, u_3}\, [(w_3\, \gamma_{13} - 1)\, f\, (w_1;\, \varphi - w_3 - w_2) +$$

$$+ w_3\, g\, (w_1;\, \varphi - w_3 - w_2)] \tag{314}$$

$$B_3 (\varphi - w_2) = \gamma_{13}\, f\, (w_1;\, \varphi - w_3 - w_2) + g\, (w_1;\, \varphi - w_3 - w_2) -$$

$$- \gamma_3\, [(w_3\, \gamma_{13} - 1)\, f\, (w_1;\, \varphi - w_3 - w_2) + w_3\, g\, (w_1;\, \varphi - w_3 - w_2)]\,. \tag{315}$$

In den Funktionen A_3 und B_3 ist das Argument $\varphi - w_2$, in f und g ist das erste Argument w_1, das zweite $\varphi - w_3 - w_2$. Um kürzer schreiben zu können, lassen wir die Argumente vorübergehend fort. Aus (314) und (315) entnehmen wir die Beziehung

$$B_3 = \gamma_{13}\, f + g + \gamma_3\, q_0\, u_3\, A_3\,.$$

Deswegen läßt sich der Integrand

$$(B_3 - a_2\, A_3)\, w_2 - q_0\, u_3\, A_3 = B_3\, w_2 - (a_2\, w_2 + q_0\, u_3)\, A_3$$

auch in der Form schreiben:

$$(\gamma_{13}\, f + g)\, w_2 + [w_2\, \gamma_3\, q_0\, u_3 - a_2\, w_2 - q_0\, u_3]\,.\, A_3\,.$$

Durch Einführung des Beschleunigungssprunges γ_{32} kann der Koeffizient von A_3 noch vereinfacht werden. Es gilt nämlich

$$w_2\, \gamma_3\, q_0\, u_3 - a_2\, w_2 - q_0\, u_3 = q_0\, u_3 \left\{ w_2 \left[\gamma_3 - \frac{a_2}{q_0\, u_3} \right] - 1 \right\}.$$

Nach (293) und (301) ist aber

$$\gamma_3 - \frac{a_2}{q_0\, u_3} = \gamma_{32}\,.$$

Der Integrand erhält also die Form

$$(\gamma_{13}\, f + g)\, w_2 + (w_2\, \gamma_{32} - 1)\, q_0\, u_3\, A_3\,.$$

Setzt man hierin nach (314) die Bedeutung von A_3 ein und faßt die Glieder geeignet zusammen, so bekommt man für den Integranden von P:

$$- f + w_2\, g + (\gamma_{13} + \gamma_{32})\, w_2\, f -$$

$$- w_3\, [- g - \gamma_{13}\, f + \gamma_{32}\, w_2\, g + \gamma_{13}\, \gamma_{32}\, w_2\, f]\,.$$

Nun können wir das Integral P leicht bestimmen. Bei seiner Berechnung können die Faktoren γ_{13}; γ_{32}; w_3 vor das Integralzeichen genommen werden, und man erhält eine lineare Kombination, die gebildet wird aus den folgenden vier Integralen:

$$\int_0^{w_2} f\, dw_2;\quad \int_0^{w_2} w_2\, f\, dw_2;\quad \int_0^{w_2} g\, dw_2;\quad \int_0^{w_2} w_2\, g\, dw_2\,.$$

Die vorübergehend weggelassenen Argumente der Funktionen f und g sind w_1 und $\varphi - w_3 - w_2$. Mit Hilfe der Formeln (187) bis (190) findet man:

$$\int\limits_{0}^{w_2} f\,(w_1;\,\varphi - w_3 - w_2)\,dw_2 = C_{\pi/2 - \varphi + w_3}\,(w_1;\,w_2)$$

$$-\int\limits_{0}^{w_2} w_2\,f\,(w_1;\,\varphi - w_3 - w_2)\,dw_2 = D_{\pi/2 - \varphi + w_3}\,(w_1;\,w_2)$$

$$\int\limits_{0}^{w_2} g\,(w_1;\,\varphi - w_3 - w_2)\,dw_2 = G_{\pi/2 - \varphi + w_3}\,(w_1;\,w_2)$$

$$-\int\limits_{0}^{w_2} w_2\,g\,(w_1;\,\varphi - w_3 - w_2)\,dw_2 = H_{\pi/2 - \varphi + w_3}\,(w_1;\,w_2)\,.$$

Damit wird

$$P = C_{\pi/2 - \varphi + w_3} + H_{\pi/2 - \varphi + w_3} + (\gamma_{13} + \gamma_{32})\,D_{\pi/2 - \varphi + w_3} -$$
$$- w_3\,[G_{\pi/2 - \varphi + w_3} + \gamma_{13}\,C_{\pi/2 - \varphi + w_3} + \gamma_{32}\,H_{\pi/2 - \varphi + w_3} +$$
$$+ \gamma_{13}\,\gamma_{32}\,D_{\pi/2 - \varphi + w_3}\,]\,.$$

Unter Mitberücksichtigung der am Anfang dieses Abschnittes
berechneten Integrale erhalten wir daher für die Spannung

$$\frac{U_2}{U_0} = u_2{}^2 - u_3{}^2 + \frac{2p_1}{q_0{}^2}\{C_{\pi/2 - \varphi + w_3}\,(w_1;\,w_2) + H_{\pi/2 - \varphi + w_3}\,(w_1;\,w_2) +$$
$$+ (\gamma_{13} + \gamma_{32})\,D_{\pi/2 - \varphi + w_3}\,(w_1;\,w_2) - w_3\,[G_{\pi/2 - \varphi + w_3}\,(w_1;\,w_2) +$$
$$+ \gamma_{13}\,C_{\pi/2 - \varphi + w_3}\,(w_1;\,w_2) + \gamma_{32}\,H_{\pi/2 - \varphi + w_3}\,(w_1;\,w_2) +$$
$$+ \gamma_{13}\,\gamma_{32}\,D_{\pi/2 - \varphi + w_3}\,(w_1;\,w_2)]\} +$$
$$+ \frac{2p_2}{q_0{}^2}\,[- q_0\,z_2\,\cos\,(\varphi + \delta_2) + \varDelta_{\pi/2 - \varphi - \delta_2}\,(w_2)]\,.$$

Die Wechselspannung besteht aus zwei Teilen: Der eine Bestandteil ist proportional der Stromaussteuerung p_1 und enthält einerseits die Steuerwirkung, anderseits die Verstärkungswirkung der
Laufkammer. Der zweite Bestandteil wird durch den Strom im
Arbeitsraum hervorgerufen und ist identisch mit dem entsprechenden Glied der Zweikammersysteme.

Unsere nächste Aufgabe besteht nun darin, aus der oben
stehenden Gleichung den Kernwiderstand des Vierpoles abzuleiten. Der ziemlich umfangreiche Rechnungsgang wurde in *[10]*

in allen Einzelheiten durchgeführt und vollzieht sich in unserem
Falle vollständig gleichartig. Durch Abspalten der vom Phasenwinkel φ abhängigen Faktoren ergibt sich mit (108), (191) und (201)
für die Spannungsgleichung:

$$\frac{U_2}{A J_0} = \frac{q_0^2}{2} (u_2^2 - u_3^2) +$$

$$+ p_1 \sin \varphi \left\{ C_{w_3} + H_{w_3} + (\gamma_{13} + \gamma_{32}) D_{w_3} - \right.$$
$$\left. - w_3 \left[G_{w_3} + \gamma_{13} C_{w_3} + \gamma_{32} H_{w_3} + \gamma_{13} \gamma_{32} D_{w_3} \right] \right\} +$$

$$+ p_1 \cos \varphi \left\{ C_{\pi/2 + w_3} + H_{\pi/2 + w_3} + (\gamma_{13} + \gamma_{32}) D_{\pi/2 + w_3} - \right.$$
$$\left. - w_3 \left[G_{\pi/2 + w_3} + \gamma_{13} C_{\pi/2 + w_3} + \gamma_{32} H_{\pi/2 + w_3} + \gamma_{13} \gamma_{32} D_{\pi/2 + w_3} \right] \right\} +$$

$$+ p_2 \sin \varphi \left[q_0 z_2 \sin \delta_2 + \Delta_{-\delta_2} (w_2) \right] +$$

$$+ p_2 \cos \varphi \left[- q_0 z_2 \cos \delta_2 + \Delta_{\pi/2 - \delta_2} (w_2) \right]. \tag{316}$$

Diese Gleichung entspricht der Gleichung (202), welche sich auf
den Arbeitsraum eines Zweikammersystems bezieht. Die übrigen
drei Beziehungen (203); (204) und (205) bleiben unverändert erhalten. In den Gleichungen (206) und (207) haben daher alle
Koeffizienten hier dieselbe Bedeutung wie dort, mit Ausnahme von

$$A_{21} \text{ und } B_{21}.$$

Diese Größen haben hier den Wert

$$A_{21} = A J_0 \left\{ C_{w_3} + H_{w_3} + (\gamma_{13} + \gamma_{32}) D_{w_3} - \right.$$
$$\left. - w_3 \left[G_{w_3} + \gamma_{13} C_{w_3} + \gamma_{32} H_{w_3} + \gamma_{13} \gamma_{32} D_{w_3} \right] \right\}$$

$$B_{21} = A J_0 \left\{ C_{\pi/2 + w_3} + H_{\pi/2 + w_3} + (\gamma_{13} + \gamma_{32}) D_{\pi/2 + w_3} - \right.$$
$$\left. - w_3 \left[G_{\pi/2 + w_3} + \gamma_{13} C_{\pi/2 + w_3} + \gamma_{32} H_{\pi/2 + w_3} + \gamma_{13} \gamma_{32} D_{\pi/2 + w_3} \right] \right\}.$$

Nach (211) und (218) ist also nur das Vierpolelement $\mathfrak{W}_{21} = - \mathfrak{r}$
abzuändern. Für das Vierpolschema

$$\| \mathfrak{W} \| = \left\| \begin{array}{cc} \mathfrak{r}_1 & 0 \\ - \mathfrak{r} & \mathfrak{r}_2 \end{array} \right\|$$

des Dreikammersystems gelten demnach die Gleichungen

$$\mathfrak{r}_1 = A \left\{ \Delta_0 (w_1) + j \left[- q_0 z_1 + \Delta_{\pi/2} (w_1) \right] \right\}$$
$$\mathfrak{r}_2 = A \left\{ \Delta_0 (w_2) + j \left[- q_0 z_2 + \Delta_{\pi/2} (w_2) \right] \right\}$$

$$\mathfrak{r} = - A \left\{ C_{w_3} (w_1; w_2) + H_{w_3} (w_1; w_2) + (\gamma_{13} + \gamma_{32}) D_{w_3} (w_1; w_2) - \right.$$
$$- w_3 \left[G_{w_3} (w_1; w_2) + \gamma_{13} C_{w_3} (w_1; w_2) + \gamma_{32} H_{w_3} (w_1; w_2) + \right. \tag{317}$$
$$+ \gamma_{13} \gamma_{32} D_{w_3} (w_1; w_2) \right] + j \left[C_{\pi/2 + w_3} (w_1; w_2) + H_{\pi/2 + w_3} (w_1; w_2) + \right.$$
$$+ (\gamma_{13} + \gamma_{32}) D_{\pi/2 + w_3} (w_1; w_2) - w_3 \left[G_{\pi/2 + w_3} (w_1; w_2) + \right.$$
$$+ \gamma_{13} C_{\pi/2 + w_3} (w_1; w_2) + \gamma_{32} H_{\pi/2 + w_3} (w_1; w_2) + $$
$$\left. \left. \left. + \gamma_{13} \gamma_{32} D_{\pi/2 + w_3} (w_1; w_2) \right] \right] \right\}.$$

Bei verschwindendem Laufwinkel w_3 gehen diese Gleichungen in
das System (220) über.

6. Eigenschaften der Fundamentalwirkung.

Setzt man in Verallgemeinerung von (241)

$$\begin{aligned}
\mathfrak{s}_C &= -C_{w_3} - j\,C_{\pi/2 + w_3}\\
\mathfrak{s}_D &= -D_{w_3} - j\,D_{\pi/2 + w_3}\\
\mathfrak{s}_G &= -G_{w_3} - j\,G_{\pi/2 + w_3}\\
\mathfrak{s}_H &= -H_{w_3} - j\,H_{\pi/2 + w_3}\,,
\end{aligned} \tag{318}$$

so ergibt sich für die Fundamentalwirkung

$$\frac{\mathfrak{r}}{A} = \mathfrak{s}_C + \mathfrak{s}_H + (\gamma_{13} + \gamma_{32})\,\mathfrak{s}_D -$$

$$- w_3\,[\mathfrak{s}_G + \gamma_{13}\,\mathfrak{s}_C + \gamma_{32}\,\mathfrak{s}_H + \gamma_{13}\,\gamma_{32}\,\mathfrak{s}_D]\,, \tag{319}$$

Nun ist nach (191)

$$C_{w_3} = C_0 \cos w_3 + C_{\pi/2} \sin w_3$$

und

$$C_{\pi/2 + w_3} = C_{\pi/2} \cos w_3 - C_0 \sin w_3\,,$$

also

$$\mathfrak{s}_C = -C_0 \cos w_3 - C_{\pi/2} \sin w_3 + j\,(-C_{\pi/2} \cos w_3 + C_0 \sin w_3) =$$
$$= -(C_0 + j\,C_{\pi/2})\,(\cos w_3 - j \sin w_3)\,.$$

Der erste Faktor hat nach (241) den Wert $\mathfrak{t}_C$, der zweite den Wert $e^{-j w_3}$. Es gelten also für die $\mathfrak{s}$- und $\mathfrak{t}$-Vektoren die Zusammenhänge

$$\begin{aligned}
\mathfrak{s}_C &= \mathfrak{t}_C\,e^{-j w_3}\\
\mathfrak{s}_D &= \mathfrak{t}_D\,e^{-j w_3}\\
\mathfrak{s}_G &= \mathfrak{t}_G\,e^{-j w_3}\\
\mathfrak{s}_H &= \mathfrak{t}_H\,e^{-j w_3}\,.
\end{aligned} \tag{320}$$

Die absoluten Beträge der $\mathfrak{s}$- und $\mathfrak{t}$-Vektoren sind also gleich groß. Der Phasenwinkel zwischen ihnen ist gleich dem Laufwinkel w_3. Mit (320) erhält man für die Fundamentalwirkung

$$\frac{\mathfrak{r}}{A} = [\mathfrak{t}_C + \mathfrak{t}_H + (\gamma_{13} + \gamma_{32})\,\mathfrak{t}_D]\,e^{-j w_3} -$$

$$- [\mathfrak{t}_G + \gamma_{13}\,\mathfrak{t}_C + \gamma_{32}\,\mathfrak{t}_H + \gamma_{13}\,\gamma_{32}\,\mathfrak{t}_D]\,w_3\,e^{-j w_3}\,. \tag{321}$$

Im ersten Hauptteil der rechts stehenden Anteile bewirkt der Laufwinkel w_3 nur eine Phasendrehung; es sind dies die Glieder von der Form

$$\mathfrak{t}\,e^{-j w_3}\,.$$

Im zweiten Hauptteil wird durch w_3 neben einer gleich großen Phasendrehung eine zu w_3 proportionale Vergrößerung hervorgerufen; hierbei handelt es sich um die Terme von der Form

$$\mathfrak{t}\,w_3\,e^{-j w_3}\,.$$

Die Ortskurve $e^{-j w_3}$ ergibt einen Kreis, $w_3\,e^{-j w_3}$ eine *Archimedi*sche Spirale (Abb. 46). Wir können daher sinngemäß die

Glieder der ersten Art als „Kreisglieder", die der zweiten Art als „Spiralenglieder" bezeichnen. In den Spiralengliedern der Fundamentalwirkung kommt die eigentliche Verstärkungswirkung der Laufkammer zum Ausdruck, die in Abschnitt 3 eingehend untersucht wurde. Sieht man von den Kreisgliedern ab, — was bei großen Werten von w_3 auf alle Fälle zulässig ist — so kann man sagen:

Die Fundamentalwirkung ist dem Laufwinkel in der Laufkammer proportional.

Diese Erkenntnis erklärt die Tatsache, daß Dreikammersysteme mit langer Laufkammer viel leichter zur Selbsterregung zu bringen sind als solche mit kurzer Laufkammer.

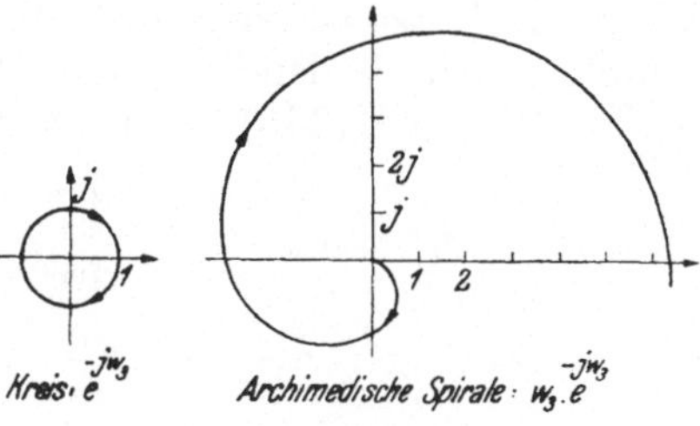

Abb. 46.
Zur Wirkung des Laufraumes.

Die in *[10]* Abschnitt 9 abgeleiteten Phasenbeziehungen zwischen den Vektoren t_C; t_H und t_D haben wir durch die Hinzunahme von t_G noch zu ergänzen. Im Gegensatz zu der dort benutzten Vektorauffassung sollen die Größen t hier als komplexe Zeiger angesehen werden. Es wird sich zeigen, daß man auf diese Weise rascher zum Ziel kommt, und sich außerdem eine einfache Darstellung der t-Vektoren durch die Grundvektoren $\mathfrak{m}$ und $\mathfrak{n}$ gewinnen läßt. Nach (244) ist

$$\mathfrak{m}_1 = f_0(w_1) + j\, f_{\pi/2}(w_1)$$
$$\mathfrak{m}_2 = f_0(w_2) + j\, f_{\pi/2}(w_2)$$
$$\mathfrak{n}_1 = g_0(w_1) + j\, g_{\pi/2}(w_1)$$
$$\mathfrak{n}_2 = g_0(w_2) + j\, g_{\pi/2}(w_2) \ .$$

Hieraus erhält man

$$\mathfrak{m}_1\mathfrak{n}_2 = f_0(w_1)\, g_0(w_2) - f_{\pi/2}(w_1)\, g_{\pi/2}(w_2) +$$
$$+ j\, [f_0(w_1)\, g_{\pi/2}(w_2) + f_{\pi/2}(w_1)\, g_0(w_2)] \ .$$

Durch Übergang zum konjugiert komplexen Wert, den wir durch einen Stern kennzeichnen, und nachträglicher Multiplikation mit j ergibt sich

$$j\, \mathfrak{m}_1^*\, \mathfrak{n}_2^* = f_0(w_1)\, g_{\pi/2}(w_2) + f_{\pi/2}(w_1)\, g_0(w_2) +$$
$$+ j\, [f_0(w_1)\, g_0(w_2) - f_{\pi/2}(w_1)\, g_{\pi/2}(w_2)] \ .$$

Mit (193); (194) und (241) folgt hieraus

$$j\, \mathfrak{m}_1^*\, \mathfrak{n}_2^* = - C_0(w_1; w_2) - j\, C_{\pi/2}(w_1; w_2) = t_C \ .$$

Ganz analoge Beziehungen findet man für die restlichen Zeiger t_H, t_D und t_G. Das Ergebis lautet:

$$t_C = j\,m_1{}^*\,n_2{}^*$$
$$t_D = j\,m_1{}^*\,m_2{}^*$$
$$t_G = j\,n_1{}^*\,n_2{}^* \tag{322}$$
$$t_H = j\,m_2{}^*\,n_1{}^*$$

Damit sind die t-Zeiger auf die Grundzeiger m und n zurück-geführt. Durch Bildung der Absolutwerte ergeben sich sofort die Gleichungen (245). Aus den Verhältnissen

$$\frac{t_C}{t_D} = \frac{n_2{}^*}{m_2{}^*}$$

$$\frac{t_H}{t_D} = \frac{n_1{}^*}{m_1{}^*}$$

$$\frac{t_G}{t_D} = \frac{n_2{}^*}{m_2{}^*} \cdot \frac{n_1{}^*}{m_1{}^*}$$

kann man die Phasenbeziehungen leicht ablesen. Es gilt

$$\sphericalangle\,t_C\,t_D = \sphericalangle\,n_2{}^*\,m_2{}^* = \sphericalangle\,m_2\,n_2 = \chi_2$$
$$\sphericalangle\,t_H\,t_D = \sphericalangle\,n_1{}^*\,m_1{}^* = \sphericalangle\,m_1\,n_1 = \chi_1\,. \tag{323}$$
$$\sphericalangle\,t_G\,t_D = \sphericalangle\,n_2{}^*\,m_2{}^* + \sphericalangle\,n_1{}^*\,m_1{}^* = \sphericalangle\,m_2\,n_2 + \sphericalangle\,m_1\,n_1 =$$
$$= \chi_2 + \chi_1\,.$$

Die beiden ersten Gleichungen enthalten die bereits früher ge-wonnenen Zusammenhänge (249), die dritte gibt uns Auskunft über die Lage von t_G.

Die Zusammenhänge (322) geben uns die Möglichkeit, die Fundamentalwirkung (321) durch die vier Grundzeiger m_1; n_1; m_2 und n_2 darzustellen. Es ergibt sich dann eine Darstellung, in welcher der Spiralenanteil in zwei Faktoren zerlegt erscheint. Für ihn erhält man nämlich mit (322)

$$t_G + \gamma_{13}t_C + \gamma_{32}t_H + \gamma_{13}\gamma_{32}t_D =$$
$$= j(n_1{}^*\,n_2{}^* + \gamma_{13}\,m_1{}^*\,n_2{}^* + \gamma_{32}\,m_2{}^*\,n_1{}^* + \gamma_{13}\gamma_{32}\,m_1{}^*\,m_2{}^*) =$$
$$= j\,m_1{}^*\,m_2{}^* \left(\frac{n_1{}^*}{m_1{}^*} + \gamma_{13}\right)\left(\frac{n_2{}^*}{m_2{}^*} + \gamma_{32}\right).$$

Der Kreisanteil ergibt umgeformt:

$$t_C + t_H + (\gamma_{13} + \gamma_{32})t_D = j\left[m_1{}^*\,n_2{}^* + m_2{}^*\,n_1{}^* + (\gamma_{13} + \gamma_{32})\,m_1{}^*\,m_2{}^*\right] =$$

$$= j\,m_1{}^*\,m_2{}^* \left(\frac{n_1{}^*}{m_1{}^*} + \gamma_{13} + \frac{n_2{}^*}{m_2{}^*} + \gamma_{32}\right).$$

Das Bemerkenswerte hierbei ist, daß in dem Kreisanteil gerade die Summe der in dem Spiralenanteil auftretenden Faktoren er-scheint. Setzt man

$$\mathfrak{x}_{13} = \frac{\mathfrak{n}_1}{\mathfrak{m}_1} + \gamma_{13}$$

$$\mathfrak{x}_{32} = \frac{\mathfrak{n}_2}{\mathfrak{m}_2} + \gamma_{32} \, , \qquad (324)$$

so erhält man für den obenstehenden Spiralenanteil

$$j\, \mathfrak{m}_1{}^* \, \mathfrak{m}_2{}^* \, \mathfrak{x}_{13}{}^* \, \mathfrak{x}_{32}{}^* \, ,$$

für den Kreisanteil dagegen

$$j\, \mathfrak{m}_1{}^* \, \mathfrak{m}_2{}^* \, (\mathfrak{x}_{13}{}^* + \mathfrak{x}_{32}{}^*) \, .$$

Die Formel (321) geht damit über in

$$\frac{\mathfrak{r}}{A} = j\, \mathfrak{m}_1{}^* \, \mathfrak{m}_2{}^* \, [\mathfrak{x}_{13}{}^* + \mathfrak{x}_{32}{}^* - w_3 \, \dot{\mathfrak{x}}_{13}{}^* \, \mathfrak{x}_{32}{}^*] \, e^{-j\,w_3} \, . \qquad (325)$$

Den Inhalt dieses Abschnittes können wir folgendermaßen zusammenfassen: Die Fundamentalwirkung eines Dreikammersystems ist eine lineare Kombination der vier Zeiger t_C; t_D; t_G und t_H. Das Aggregat zerfällt in den Kreisanteil und den Spiralenanteil. Im Kreisanteil bewirkt der Laufwinkel des Laufraumes nur eine Phasendrehung, im Spiralenanteil hingegen außerdem eine zu w_3 proportionale Erhöhung der Influenzwirkung.

7. Fundamentalwirkung vom Typus G.

Zum genaueren Studium der vier Anteile der Fundamentalwirkung untersuchen wir die speziellen Betriebszustände, bei denen möglichst nur ein Typus in Erscheinung tritt.

Wir beginnen mit dem G-Typus. Da man den D-Typus bekanntlich durch keine Laufwinkelkombination w_1; w_2 zum Verschwinden bringen kann, müssen wir

$$\gamma_{13} = \gamma_{32} = 0$$

voraussetzen, um diesen Anteil auszuschalten. Dann treten neben t_G noch die Zeiger t_C und t_H auf. Diese lassen sich nur dann unwirksam machen, wenn die Laufwinkel w_1 und w_2 einen vielfachen Wert von $2\,\pi$ annehmen. Dann verschwindet aber auch t_G. Dieser Typus läßt sich also nicht vollkommen rein herstellen. Er erreicht seine maximale Stärke für

$$w_1 = (2\,m + 1)\,\pi \quad ; \quad w_2 = (2\,n + 1)\,\pi \, .$$

Hierfür erhält man

$$t_G = \qquad\qquad -4\,j$$
$$t_C = \quad 4 + 2\,w_1\,j$$
$$t_H = \quad 4 + 2\,w_2\,j$$
$$t_D = \; -2\,(w_1 + w_2) - (w_1\,w_2 - 4)\,j \; .$$

Unter den genannten Voraussetzungen ergibt sich aus (321)

$$\frac{\mathfrak{r}}{A} = (\mathfrak{t}_C + \mathfrak{t}_H)\, e^{-j\,w_3} - \mathfrak{t}_G\, w_3\, e^{-j\,w_3} \ .$$

Der Kreisanteil, welcher das nicht ausschaltbare C- und H-Glied enthält, kann gegen den durch das G-Glied repräsentierten Spiralenanteil vernachlässigt werden, wenn'

$$|\,\mathfrak{t}_C + \mathfrak{t}_H\,| \ll w_3\,|\,\mathfrak{t}_G\,|$$

gilt.   Durch Einsetzen folgt hieraus

$$16 + (w_1 + w_2)^2 \ll 4\,w_3{}^2 \ .$$

Ist diese Größenbeziehung erfüllt, also der Laufwinkel w_3 „genügend groß“, dann haben wir den reinen Spiralenanteil

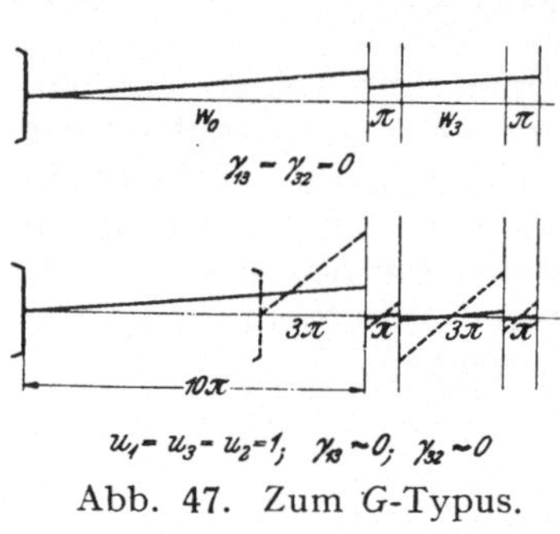

Abb. 47.   Zum G-Typus.

$$\frac{\mathfrak{r}}{A} = -\,\mathfrak{t}_G\, w_3\, e^{-j\,w_3} \ ,$$

somit den reinen G-Typus.

Das Verschwinden der Beschleunigungssprünge erfordert einen Betriebszustand gemäß dem ersten Bild der Abb. 47. Näherungsweise erreicht man dieselben Verhältnisse bei äußerlich feldfreien Entladungsräumen, d. h. für

$$u_1 = u_3 = u_2 = 1 \ .$$

Die Beschleunigungssprünge haben in diesem Falle nach (294) die Größen

$$\gamma_{13} = \frac{(w_1 + w_3)}{w_0{}^2}$$

$$\gamma_{32} = \frac{(w_2 + w_3)}{w_0{}^2}\,.$$

Mit wachsendem Wert von w_0 nehmen die Beschleunigungssprünge immer kleinere Beträge an. Bei einem Arbeitspunkt von

$$(w_0;\, w_1;\, w_3;\, w_2;\, u_1;\, u_3;\, u_2) = (10\,\pi;\, \pi;\, 3\,\pi;\, \pi;\, 1;\, 1;\, 1)$$

erhält man

$$\gamma_{13} = \gamma_{32} \approx 1{,}3\,\% \ .$$

Durch Heranrücken der Kathode auf die Entfernung $w_0 = 3\,\pi$ ergibt sich ein Anstieg auf etwa 13%. Die damit verbundene Zunahme der inneren Feldstärke ist im zweiten Bild der Abb. 47 gestrichelt gezeichnet. Bei äußerlich feldfreien Entladungsräumen erfolgt demnach mit wachsender Raumladung ein Anstieg von γ_{13} und γ_{32}, so daß die im Spiralenteil enthaltenen weiteren Glieder mit berücksichtigt werden müssen. Sie ergeben — ähnlich wie bei den Zweikammersystemen — eine teilweise Kompensation der

Influenzwirkung. Wir wollen uns mit dieser Frage hier nicht weiter beschäftigen, da der Grenzfall einer vollständigen Auslöschung der Influenzwirkung an späterer Stelle eingehend behandelt wird. Prinzipiell liegen die Verhältnisse hier ebenso wie bei den Zweikammersystemen.

Es sei noch darauf hingewiesen, daß es sich bei dem G-Typus gerade um die beim sogenannten Klystron zuerst berechnete Wirkung handelt. Den Anschluß an die bereits bekannten Arbeiten [11] wollen wir im folgenden herstellen. Die ersten Untersuchungen von *Webster* und anderen Autoren beziehen sich auf ein äußerlich feldfreies System von Entladungsräumen:

$$u_1 = u_3 = u_2 = 1.$$

Außerdem ist

$$w_1 \ll \pi/2 \; ; \; w_2 \ll \pi/2 \; ,$$

aber w_3 groß gegen diese beiden Winkel vorausgesetzt. Man erhält dann für die Beschleunigungssprünge

$$\gamma_{13} = \gamma_{32} = \frac{w_3}{w_0{}^2} < 1 \; .$$

Für die $\mathfrak{t}$-Zeiger findet man durch Reihenentwicklung:

$$\mathfrak{t}_C = -\frac{1}{2} w_1{}^2 w_2 \, j$$

$$\mathfrak{t}_D = \frac{1}{4} w_1{}^2 w_2{}^2 \, j$$

$$\mathfrak{t}_G = w_1 w_2 \, j$$

$$\mathfrak{t}_H = -\frac{1}{2} w_1 w_2{}^2 \, j \; .$$

Von diesen hat $\mathfrak{t}_G$ den absolut größten Wert; alle anderen sind um mindestens eine Größenordnung des Laufwinkels kleiner. Wir können daher in der Gleichung für die Fundamentalwirkung alle Glieder gegen $\mathfrak{t}_G$ vernachlässigen und erhalten

$$\frac{\mathfrak{r}}{A} = -\mathfrak{t}_G \, w_3 \, e^{-j\,w_3} = -j \, w_1 w_2 w_3 \, e^{-j\,w_3} \; .$$

Dieser Ausdruck deckt sich mit dem Ergebnis von *Webster* in linearer Hinsicht.

8. Fundamentalwirkung vom Typus C und H.

Wir betrachten nun solche Betriebszustände, die dem C-Typus entsprechen. Zu diesem Zweck erteilen wir den beiden Laufwinkeln die Werte

$$w_1 = 2 \, m \, \pi$$
$$w_2 = (2 \, n + 1) \, \pi \; .$$

Es wird dann

$$t_C = -2\,w_1\,j$$
$$t_G = 0$$
$$t_H = 0$$
$$t_D = 2\,w_1 + w_1\,w_2\,j \; .$$

Macht man noch

$$\gamma_{32} = 0 \; ,$$

so erhält man

$$\frac{\mathfrak{r}}{A} = (t_C + \gamma_{13}\,t_D)\,e^{-j\,w_3} - \gamma_{13}\,t_C\,w_3\,e^{-j\,w_3} \; .$$

Wir wählen nun den Laufwinkel w_3 so groß, daß der hierin noch auftretende D-Anteil vernachlässigt werden kann. Dies trifft zu für

$$|t_D| \ll w_3\,|t_C|$$

oder

$$4 + w_2{}^2 \ll 4\,w_3{}^2$$

Wir haben dann den reinen C-Typus

$$\frac{\mathfrak{r}}{A} = (1 - \gamma_{13}\,w_3) \cdot t_C\,e^{-j\,w_3} \; .$$

Die in den Klammern stehenden beiden Terme ergeben gleiches Vorzeichen für

$$\gamma_{13} < 0;$$

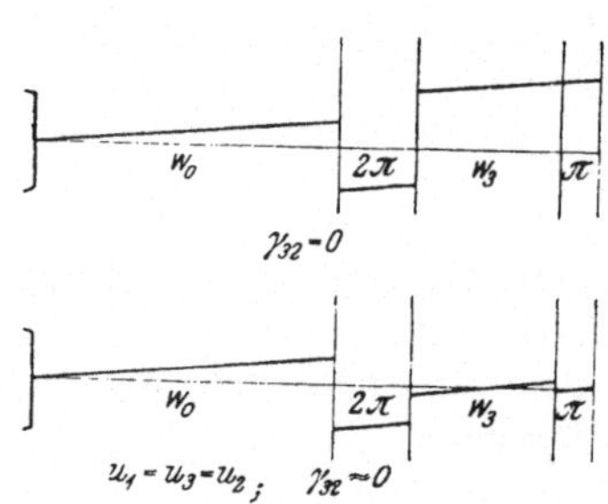

Abb. 48. Zum C-Typus.

diese Wahl liegt der Abb. 48 zugrunde. Das zweite Bild soll zeigen, wie sich in einem raumladungsschwachen System mit äußerlich feldfreiem Laufraum und Arbeitsraum die C-Verhältnisse realisieren lassen; in der Steuerstrecke müssen die Elektronen gebremst werden. Ganz ähnliche Überlegungen gelten für den H-Typus. Mit der Laufwinkelkombination

$$w_1 = (2\,n + 1)\,\pi$$
$$w_2 = 2\,m\,\pi$$

erhält man

$$t_H = -\,2\,w_2\,j$$
$$t_C = 0$$
$$t_G = 0$$
$$t_D = 2\,w_2 + w_1\,w_2\,j \; .$$

Wird der Beschleunigungssprung

$$\gamma_{13} = 0$$

gesetzt, und unterliegen die Laufwinkel der Größenbeziehung

$$4 + w_1{}^2 \ll 4\, w'_3{}^2 \; ,$$

so gilt

$$\frac{\mathfrak{r}}{A} = (1 - \gamma_{32}\, w_3)\, \mathfrak{t}_H\, e^{-j\,w_3} \; .$$

Bei der Darstellung nach Abb. 49 ist ein negativer Wert des Beschleunigungssprunges γ_{32} gewählt, um wieder beiden Gliedern des obenstehenden Klammerausdruckes gleiches Vorzeichen zu erteilen; die Elektronen müssen also im Arbeitsraum beschleunigt werden.

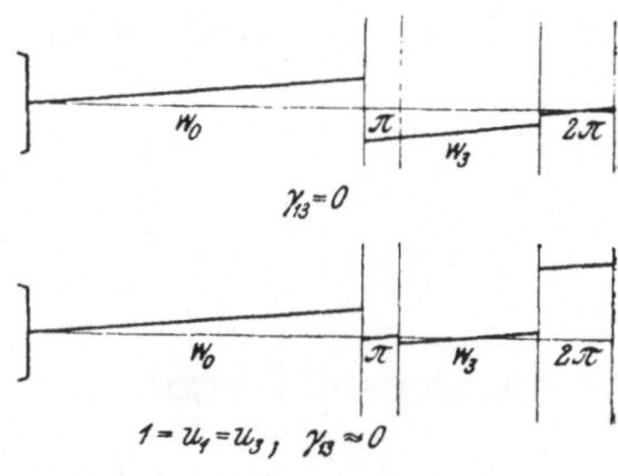

Abb. 49. Zum H-Typus.

9. Fundamentalwirkung vom Typus D.

Wählt man

$$w_1 = 2\,\pi\,m$$
$$w_2 = 2\,\pi\,n,$$

so wird

$$\mathfrak{t}_C = \mathfrak{t}_H = \mathfrak{t}_G = 0$$
$$\mathfrak{t}_D = -\,w_1\,w_2\,j \; ,$$

also

$$\frac{\mathfrak{r}}{A} = [\gamma_{13} + \gamma_{32} - \gamma_{13}\,\gamma_{32}\,w_3]\, \mathfrak{t}_D\, e^{-j\,w_3} \; .$$

Der Kreisanteil und der Spiralanteil haben D-Charakter. Sie wirken in gleichem Sinne, wenn beide Beschleunigungssprünge negative Werte haben. Im zweiten Bild der Abb. 50 ist

$$\gamma_{13} < 0$$

und

$$\gamma_{32} < 0 \; ,$$

die Laufkammer äußerlich feldfrei angenommen. Die Elektronen werden wie beim C-Typus im Steuerraum

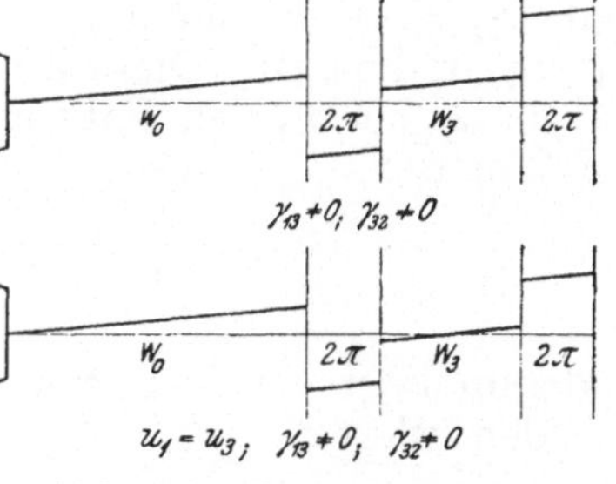

Abb. 50. Zum D-Typus.

gebremst und wie beim H-Typus im Arbeitsraum beschleunigt.

Es sei nun w_0 so groß angenommen, daß alle drei Entladungsstrecken raumladungsschwach sind. Die Laufkammer sei feldfrei, also

$$u_3 = u_1,$$

und die Geschwindigkeit am Ende des Arbeitsraumes so groß wie beim Eintritt in die Steuerkammer, d. h.

$$u_2 = 1.$$

Für diesen Fall erhält man aus (294)

$$\gamma_{13} = \frac{1}{w_1\, u_1}\, (u_1 - 1)$$

$$\gamma_{32} = \frac{1}{w_2\, u_1}\, (u_1 - 1)\,.$$

Der Spiralenanteil ergibt also den Wert

$$\frac{j\,(u_1 - 1)^2}{u_1{}^2}\, w_3\, e^{-j\,w_3}\,.$$

Beim G-Typus erhält man nach Abschnitt 7 einen Spiralenanteil von der Größe

$$4\,j\,w_3\,e^{-j\,w_3}\,.$$

Hieraus können wir leicht einen rohen Vergleich zwischen dem G- und D-Typus ziehen. Zu diesem Zweck betrachten wir ein äußerlich feldfreies System, dessen Laufwinkel in der Steuerstrecke und in der Arbeitsstrecke den Wert π haben. Dann liegt der G-Typus vor, die Fundamentalwirkung hat annähernd den oben angeschriebenen Wert von

$$4\,j\,w_3\,e^{-j\,w_3}\,.$$

Wenn wir unter Beibehaltung aller geometrischen Abmessungen die Elektronen in der Steuerstrecke stark abbremsen ($u_1 \ll 1$) und in der Arbeitsstrecke sie wieder auf ihre Anfangsgeschwindigkeit ($u_2 = 1$) beschleunigen, dann nehmen die drei Laufwinkel w_1; w_3 und w_2 zu. Diese Zunahme ergibt bei w_1 und w_2 rund den Faktor 2, bei w_3 den Faktor $1/u_1$. Die Laufwinkel erhalten also die Werte

$$2\,\pi\;;\; \frac{w_3}{u_1}\;;\; 2\,\pi\,,$$

und nun liegt der D-Typus vor. Die neue Fundamentalwirkung hat den Wert

$$\frac{j\,(u_1 - 1)^2}{u_1{}^2}\, \frac{w_3}{u_1}\, e^{-j\,\frac{w_3}{u_1}}\,.$$

Wegen $u_1 \ll 1$ verhalten sich die absoluten Beträge der Fundamentalwirkungen so wie

$$\frac{1}{u_1{}^2}\, \frac{w_3}{u_1}\; : 4\,w_3 = \frac{1}{u_1{}^3}\; : 4\,.$$

Für $u_1 = 1/5$ ergibt sich also bei dem geschilderten Übergang vom G-Typus zum D-Typus eine Erhöhung der Fundamentalwirkung rund um den Faktor 30! Bemerkenswert hierbei ist, daß die größere Leistungsfähigkeit des D-Typus mit demselben Aufwand an Gleichstromleistung erreicht wird.

10. Charakteristische Systeme. Kompensation.

Die folgenden Betrachtungen sind den charakteristischen Systemen gewidmet. Das sind Anordnungen, bei denen die Laufwinkel w_1 und w_2 charakteristische Werte haben. Es gilt dann bekanntlich

$$\chi_1 = \chi_2 = \pi \, ,$$

die vier Zeiger t_G; t_C; t_H und t_D liegen nach (323) in einer Geraden. Für einen charakteristischen Winkel ζ besteht zwischen den Grundzeigern $\mathfrak{m}$ und $\mathfrak{n}$ ein einfacher Zusammenhang. Aus

$$\mathfrak{m}\,(\zeta) = f_0\,(\zeta) + j\,f_{\pi/2}\,(\zeta)$$
$$\mathfrak{n}\,(\zeta) = g_0\,(\zeta) + j\,g_{\pi/2}\,(\zeta)$$

erhält man mit (261)

$$\mathfrak{m}\,(\zeta) = \frac{\zeta^3}{4+\zeta^2}\left(\frac{2}{\zeta}+j\right)$$

$$\mathfrak{n}\,(\zeta) = -\,\frac{2\,\zeta^2}{4+\zeta^2}\left(\frac{2}{\zeta}+j\right) . \qquad\qquad 326)$$

Hieraus ergibt sich

$$\frac{\mathfrak{n}\,(\zeta)}{\mathfrak{m}\,(\zeta)} = -\,\frac{2}{\zeta} . \qquad\qquad (327)$$

Setzen wir also

$$w_1 = \zeta_1$$
$$w_2 = \zeta_2,$$

so gehen die Gleichungen (324) über in

$$\mathfrak{x}_{13} = \gamma_{13} - \frac{2}{\zeta_1}$$

$$\mathfrak{x}_{32} = \gamma_{32} - \frac{2}{\zeta_2} . \qquad\qquad (328)$$

Aus (325) wird dann unter Berücksichtigung von (322)

$$\frac{\mathfrak{r}}{A} = \left[\gamma_{13} - \frac{2}{\zeta_1} + \gamma_{32} - \frac{2}{\zeta_2} - \right.$$

$$\left. -\,w_3\left(\gamma_{13} - \frac{2}{\zeta_1}\right)\left(\gamma_{32} - \frac{2}{\zeta_2}\right)\right] t_D\,(\zeta_1;\zeta_2)\,e^{-j w_3} \, . \qquad (329)$$

Das ist die Formel für ein charakteristisches Dreikammersystem. Für $w_3 = 0$ geht sie in die bereits bekannte Gleichung (264) über. Dabei hat man nur zu berücksichtigen, daß für $w_3 = 0$ die Summe aus den beiden Beschleunigungssprüngen γ_{13} und γ_{32} gleich dem Sprung γ_{12} wird.

Die Gleichung (329) zeigt uns, daß für

$$\gamma_{13} < 0$$
$$\gamma_{32} < 0$$

der Kreisanteil und der Spiralanteil im selben Sinne wirken, sich also gegenseitig in ihrer Wirkung unterstützen. Alle Ergebnisse, die bereits früher abgeleitet wurden, gelten hier unverändert. So gilt beispielsweise die Näherungsformel (266)

$$t_D \approx 2\,(\zeta_1 + \zeta_2) - j\,\zeta_1\,\zeta_2 \,,$$

falls die dort angegebenen Voraussetzungen erfüllt sind. Die Fundamentalwiderstände r_1 und r_2 bleiben ungeändert erhalten und sind beide rein imaginär. Für die Phasenlage des Zeigers t_D gilt Abb. 37.

Wir untersuchen nun den Fall der vollständigen Auslöschung der Influenzwirkung. Er tritt offenbar ein, wenn die beiden Beschleunigungssprünge die Werte

$$\gamma_{13} = \frac{2}{\zeta_1}$$
$$\gamma_{32} = \frac{2}{\zeta_2} \tag{330}$$

annehmen. Denn dann verschwindet die Fundamentalwirkung nach (329). Im Gegensatz zu den Zweikammernsystemen, bei denen die vollständige Auslöschung einen Betriebszustand erfordert, bei dem Steuerraum und Arbeitsraum an der Stabilitätsgrenze liegen, werden wir hier zeigen, daß die vollkommene Auslöschung nicht nur an der Stabilitätsgrenze erfolgt. Zum Nachweis dieser Behauptung führen wir in (330) für γ_{13} und γ_{32} die Ausdrücke nach (294) ein und erhalten nach einfachen Umformungen

$$w_0^2\,\zeta_1\,(u_3 - u_1) + w_0^2\,w_3\,(u_1 + 1) = \zeta_1\,w_3\,(\zeta_1 + w_3)$$
$$w_0^2\,w_3\,(u_3 + u_2) + w_0^2\,\zeta_2\,(u_1 - u_3) = \zeta_2\,w_3\,(\zeta_2 + w_3). \tag{331}$$

Das sind die Bedingungen für eine vollständige Kompensation. Wir vergleichen sie mit den Stabilitätskriterien für die drei Entladungsräume. Der Zustand der Stabilität verlangt nach (297) das Bestehen der folgenden drei Ungleichungen:

$$w_0^2\,(1 + u_1) \geq \zeta_1^2$$
$$w_0^2\,(u_1 + u_3) \geq w_3^2$$
$$w_0^2\,(u_3 + u_2) \geq \zeta_2^2 \,.$$

Das Gleichheitszeichen gilt nur an der Stabilitätsgrenze. Multipliziert man die erste und dritte Ungleichung mit w_3, die zweite mit ζ_1 bzw. mit ζ_2 und bildet die Summe aus der ersten und zweiten bzw. aus der zweiten und dritten Ungleichung, so erhält man

$$w_0{}^2\,\zeta_1\,(u_3 + u_1) + w_0{}^2\,w_3\,(u_1 + 1) \geqq \zeta_1\,w_3\,(\zeta_1 + w_3)$$
$$w_0{}^2\,w_3\,(u_3 + u_2) + w_0{}^2\,\zeta_2\,(u_1 + u_3) \geqq \zeta_2\,w_3\,(\zeta_2 + w_3). \tag{332}$$

Addiert man zu der ersten Gleichung von (231) auf beiden Seiten $2\,w_0{}^2\,\zeta_1\,u_1$, zu der zweiten $2\,w_0{}^2\,\zeta_2\,u_3$, so erhält man

$$w_0{}^2\,\zeta_1\,(u_3 + u_1) + w_0{}^2\,w_3\,(u_1 + 1) = \zeta_1\,w_3\,(\zeta_1 + w_3) + 2\,w_0{}^2\,\zeta_1\,u_1$$
$$w_0{}^2\,w_3\,(u_3 + u_2) + w_0{}^2\,\zeta_2\,(u_1 + u_3) = \zeta_2\,w_3\,(\zeta_2 + w_3) + 2\,w_0{}^2\,\zeta_2\,u_3.$$

Hieraus erkennt man, daß in (332) die Gleichheitszeichen nicht gelten können, falls $u_1 \neq 0$ und $u_3 \neq 0$ gilt. Dies bedeutet, daß es im allgemeinen Betriebszustände gibt, bei denen eine vollständige Auslöschung der Influenzwirkung erfolgt, ohne daß auch nur eine Entladungsstrecke an der Stabilitätsgrenze betrieben wird.

Wir betrachten ein einfaches Beispiel. Es seien alle drei Entladungsräume äußerlich feldfrei, also

$$u_1 = u_3 = u_2 = 1 \,.$$

Aus (331) wird dann

$$2\,w_0{}^2 = \zeta_1\,(\zeta_1 + w_3)$$
$$2\,w_0{}^2 = \zeta_2\,(\zeta_2 + w_3).$$

Es ist also

$$\zeta_1 = \zeta_2 = \zeta \,.$$

Zwischen den Laufwinkeln w_0 und w_3 muß die Gleichung

$$2\,w_0{}^2 = \zeta\,(\zeta + w_3) \tag{333}$$

erfüllt sein. Betrachtet man hierin ζ als gegeben, dann liegen die Punkte, welche Auslöschung ergeben, auf der Parabel von Abb. 51. Aber nicht alle Punkte dieser Kurve sind physikalisch sinnvoll; sie enthält nämlich auch solche, die bereits über die Stabilitätsgrenze eines Entladungsraumes hinausführen. Die Stabilitätskriterien ergeben in unserem Fall

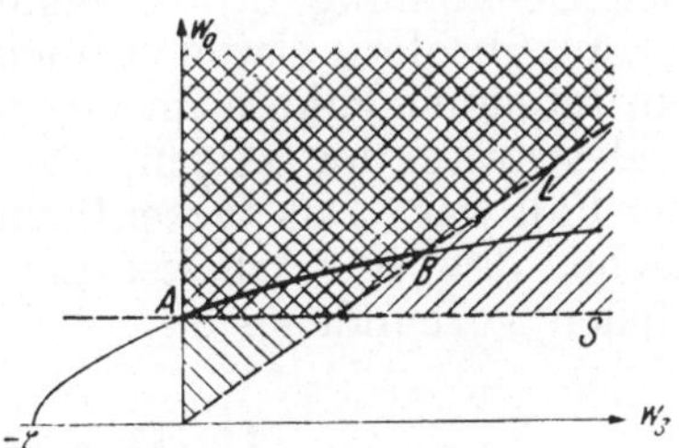

Abb. 51. Kompensation für
$$u_1 = u_3 = u_2 = 1$$

$$2\,w_0{}^2 \geqq \zeta^2$$

und

$$2\,w_0{}^2 \geqq w_3{}^2.$$

Die erste Ungleichung bezieht sich auf die Steuerstrecke und Arbeitsstrecke, die zweite auf die Laufkammer. Die Stabilitätsgrenzen entsprechen in der Abbildung den beiden Geraden S und L. In dem doppelt schraffierten Bereich sind alle Entladungsräume stabil. Der brauchbare Teil der Parabel liegt demnach zwischen den Punkten A und B.

Im Punkt A befinden sich Steuerraum und Arbeitsraum an der Stabilitätsgrenze; es ist

$$w_0 = \frac{1}{\sqrt{2}}\, \zeta$$

$$w_3 = 0\ .$$

Dieser Fall wurde bereits früher behandelt (siehe Abb. 38).

Der Punkt B entspricht der Stabilitätsgrenze der Laufkammer; es ist

$$w_0 = \frac{\zeta}{2}\, \sqrt{3 + \sqrt{5}}$$

$$w_3 = \frac{\zeta}{2}\, (1 + \sqrt{5})\ .$$

Alle übrigen Punkte zwischen A und B entsprechen Betriebszuständen, bei denen keiner der drei Entladungsräume sich an der Grenze der Stabilität befindet, aber eine vollständige Auslöschung der Influenzwirkung erfolgt.

Zusammenfassend können wir den folgenden Satz aussprechen:

In einem charakteristischen Dreikammersystem, dessen Beschleunigungssprünge den Gleichungen (330) genügen, wird die elektronische Wirkung der Steuerstrecke auf Arbeitsstrecke zu Null. Die Auslöschung kann eintreten, ohne dass auch nur ein Entladungsraum an der Stabilitätsgrenze betrieben wird.

Die anschauliche Erklärung dieser Erscheinung haben wir bei der Behandlung der Zweikammersysteme bereits gegeben. Sie ist nur insofern etwas zu modifizieren, als die in den Arbeitsraum eintretenden Pakete im allgemeinen auch noch eine Geschwindigkeitsschwankung zeigen, was bei den Zweikammersystemen nicht der Fall war. Das Wesentliche dabei ist aber nach wie vor die Tatsache, daß im Arbeitsraum gleichzeitig mehrere Verdichtungsstellen vorhanden sind.

11. Der Reziprozitätssatz.

Wir behandeln im folgenden Systeme, bei denen die Elektronen den Arbeitsraum mit der gleichen Geschwindigkeit verlassen, mit der sie in den Steuerraum eintreten; es sei also

$$u_2 = 1.$$

Ein solches System ist durch den Arbeitspunkt

$$P_u = (w_0;\, w_1;\, w_3;\, w_2;\, u_1;\, u_3;\, 1)$$

gegeben. Neben diesem System S betrachten wir das reziproke System S' mit dem Arbeitspunkt

$$P_u' = (w_0; w_2; w_3; w_1; u_3; u_1; 1) .$$

Der Übergang vom einen zum anderen System vollzieht sich also durch die Vertauschungen

$$w_1 \leftarrow\!\cdots\!\rightarrow w_2$$
$$u_1 \leftarrow\!\cdots\!\rightarrow u_3 ,$$

während alle übrigen Koordinaten unverändert bleiben. Mit Hilfe von (291) erhält man für die Arbeitspunkte 1. Art nach einfacher Rechnung:

$$S: \qquad P_a = (w_0; w_1; w_3; w_2; a_1; a_3; a_2)$$
$$S': \qquad P' = [w_0; w_2; w_3; w_1; -(a_2 + w_2); -(a_3 + w_3); -(a_1 + w_1)] .$$

Das Ergebnis dieser Zusammenhänge ist in Abb. 52 dargestellt. Die Elektronen bewegen sich in S' genau so, als ob sie das System S in umgekehrter Richtung durchlaufen würden; der Geschwindigkeitsverlauf in S und S' ist spiegelbildlich kongruent. Die Verhältnisse sind vollständig analog denen bei den Zweikammersystemen. Ebenso wie dort kann man auch hier

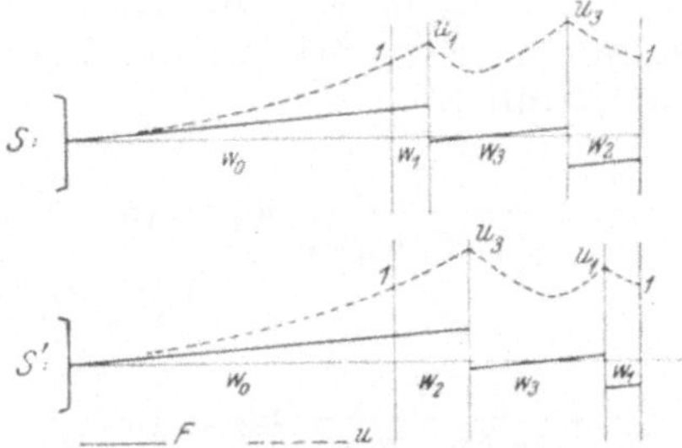

Abb. 52. Reziproke Systeme.

wieder zeigen, daß die vorgenommene Vertauschung der Laufwinkel w_1 und w_2 auch mit einer Vertauschung der virtuellen Laufwinkel z_1 und z_2 verbunden ist. Die einfache Rechnung basiert auf der Gleichung (292), deren Auflösung nach z_k ergibt:

$$2 z_k = w_k (u_j + u_k) - \frac{w_k^3}{3 w_0^2} .$$

Für die drei Kammern lauten sie im einzelnen mit $u_2 = 1$:

$$2 z_1 = w_1 (1 + u_1) - \frac{w_1^3}{3 w_0^2}$$

$$2 z_3 = w_3 (u_1 + u_3) - \frac{w_3^3}{3 w_0^2}$$

$$2 z_2 = w_2 (u_3 + 1) - \frac{w_2^2}{3 w_0^2} .$$

Vertauscht man hierin w_1 mit w_2 und u_1 mit u_3, so bleibt z_3 erhalten, während z_1 in z_2 und z_2 in z_1 übergeht. In den Koordinaten 3. Art erhält man also

$$S: \qquad P_z = (w_0; w_1; w_3; w_2; z_1; z_3; z_2)$$
$$S': \qquad P_z' = (w_0; w_2; w_3; w_1; z_2; z_3; z_1) .$$

Bei den reziproken Systemen wird also die Reihenfolge Steuer-raum—Laufraum—Arbeitsraum einfach umgekehrt. Es sind hier ebenso wie bei den Zweikammersystemen die Fundamentalwider-stände $\mathfrak{r}_1$ und $\mathfrak{r}_2$ miteinander zu vertauschen. Wir zeigen nun noch, daß die Fundamentalwirkung $\mathfrak{r}$ unverändert bleibt. Zunächst wissen wir, daß in der allgemeinen Gleichung (321) für die Fundamentalwirkung die Zeiger $\mathfrak{t}_G$ und $\mathfrak{t}_D$ symmetrische Funktionen von w_1 und w_2 sind, sich also beim Übergang zum reziproken System nicht ändern. Die Zeiger $\mathfrak{t}_C$ und $\mathfrak{t}_H$ dagegen gehen wechsel-seitig ineinander über. Wenn also bei der Vertauschung

$$w_1 \longleftrightarrow w_2$$
$$u_1 \longleftrightarrow u_3$$

sich auch γ_{13} in γ_{32} und γ_{32} in γ_{13} verwandelt, dann bleibt $\mathfrak{r}$ un-verändert. Dies erkennt man sofort aus (294). Mit $u_2 = 1$ erhält man nämlich

$$\gamma_{13} = \frac{1}{w_0^2\, w_1\, w_3\, u_1} \left[w_1\, w_3\, (w_1 + w_3) + w_0^2\, w_1\, (u_1 - u_3) + \right.$$
$$\left. + w_0^2\, w_3\, (u_1 - 1) \right]$$

$$\gamma_{32} = \frac{1}{w_0^2\, w_2\, w_3\, u_3} \left[w_2\, w_3\, (w_2 + w_3) + w_0^2\, w_3\, (u_3 - 1) + \right.$$
$$\left. + w_0^2\, w_2\, (u_3 - u_1) \right] .$$

$$(334)$$

Die Vornahme der Vertauschung bestätigt unmittelbar unsere Be-hauptung.

Reziproke Systeme ergeben also dieselbe Fundamentalwirkung. Ihre Widerstandsmatrizen haben die Form:

$$S: \left\|\begin{matrix} \mathfrak{r}_1 & 0 \\ -\mathfrak{r} & \mathfrak{r}_2 \end{matrix}\right\| \; ; \; S': \left\|\begin{matrix} \mathfrak{r}_2 & 0 \\ -\mathfrak{r} & \mathfrak{r}_1 \end{matrix}\right\| .$$

12. Symmetrische Systeme. *Heil*scher Generator.

Wenn die beiden reziproken Systeme S und S' miteinander identisch sind, dann nennen wir S ein symmetrisches System. Mit einem solchen haben wir es zu tun, wenn

$$u_2 = 1; \, u_3 = u_1 \text{ und } w_2 = w_1$$

gilt. Dann wird

$$\gamma_{32} = \gamma_{13}$$

und

$$\mathfrak{t}_H\,(w_1; w_1) = \mathfrak{t}_C\,(w_1; w_1) .$$

Für die Fundamentalwirkung ergibt sich aus (321)

$$\frac{\mathfrak{r}}{A} = 2\,(\mathfrak{t}_C + \gamma_{13}\,\mathfrak{t}_D)\,e^{-jw_3} - (\mathfrak{t}_G + 2\,\gamma_{13}\,\mathfrak{t}_C + \gamma_{13}{}^2\,\mathfrak{t}_D)\,w_3\,e^{-jw_3} \quad . \quad (335)$$

In der Schreibweise nach (325) erhält man wegen

$$\mathfrak{m}_2 = \mathfrak{m}_1$$
$$\mathfrak{x}_{32} = \mathfrak{x}_{13}$$

die Darstellung

$$\frac{\mathfrak{r}}{A} = j\,\mathfrak{m}_1{}^{*2}\,(2\,\mathfrak{x}_{13}{}^* - w_3\,\mathfrak{x}_{13}{}^{*2})\,e^{-jw_3} \quad . \tag{336}$$

Wir untersuchen die Selbsterregung eines symmetrischen Systems, das mit der vollen Spannung rückgekoppelt ist. Hierbei sind die rechte Begrenzungsebene des Arbeitsraumes mit der linken Begrenzungsebene des Steuerraumes und die linke Begrenzungsebene des Arbeitsraumes mit der rechten Begrenzungsebene des Steuerraumes wechselstrommäßig verbunden (Abb. 53). Diese Verbindungen bestehen beispielsweise bei einer an beiden Enden kurzgeschlossenen koaxialen Leitung, die von einem Elektronenstrahl durchquert wird. Eine Anordnung, bei der eine Spannungsrückkopplung in dem angegebenen Sinne erfolgt, wird meist als *Heil*scher Generator [12] bezeichnet. Beim Klystron [11] handelt es sich dagegen um eine Stromrückkopplung, welche durch eine kleine Schleife vorgenommen wird, die in beiden Schwingungskreisen eintaucht. Die Unterscheidung zwischen dem *Heil*schen Generator und dem Klystron erstreckt sich lediglich auf die Art der Rückkopplung, nicht aber auf den Elektronenmechanismus selbst.

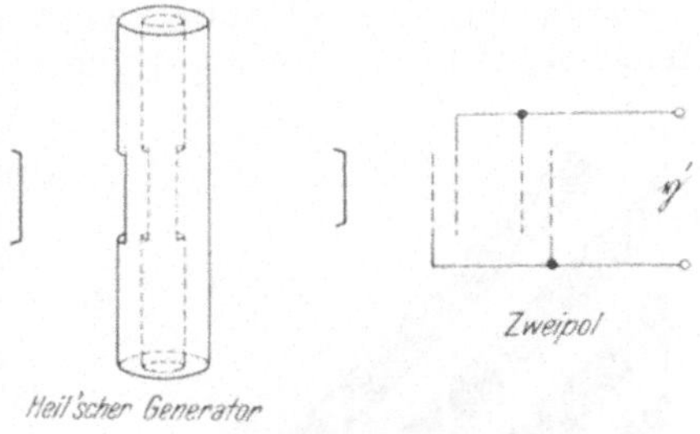

Abb. 53. Rückkopplung.

Beides sind Dreikammersysteme, die durch Einführung einer besonderen Art von Rückkopplung zur Selbsterregung gebracht werden.

Wir bestimmen den Eingangsleitwert unseres Zweipoles, der durch die oben eingeführte Rückkopplung entsteht. Er hat den Wert

$$\mathfrak{Y}' = 2\,\mathfrak{g}_1 - \mathfrak{g} \quad .$$

Wir wollen uns der Einfachheit halber auf raumladungsschwache Systeme beschränken. Dann wird mit (272) und 273)

$$\mathfrak{Y}' = 2\,\mathfrak{g}_{10} + 2\,|\mathfrak{g}_{10}|^2\,\mathfrak{r}_1{}^* + |\mathfrak{g}_{10}|^2\,\mathfrak{r} \quad . \tag{337}$$

Hieraus wird mit 335)

$$\mathfrak{Y}' = 2\,g_{10} + 2\,|\,g_{10}\,|^2\,A\,[\varDelta_0\,(w_1) - j\,\varDelta_{\pi/2}\,(w_1)] +$$
$$+\,|\,g_{10}\,|^2\,A\,\{\,2\,t_C\,(w_1\,;\,w_1) + 2\,\gamma_{13}\,t_D\,(w_1\,;\,w_1) - w_3\,[\,t_G\,(w_1\,;\,w_1) +$$
$$+\,2\,\gamma_{13}\,t_C\,(w_1\,;\,w_1) + \gamma_{13}{}^2\,t_D\,(w_1\,;\,w_1)]\}\,e^{-j\,w_3}\,. \qquad (338)$$

Das ist die Erweiterung zur Formel (274). Wird der Realteil von (338) negativ, dann erfolgt Selbsterregung.

Wir untersuchen das Kriterium für die Schwingungsanfachung zunächst unter der Annahme, daß keine Sprünge der logarithmischen Beschleunigung auftreten. Außerdem setzen wir voraus, daß der Laufwinkel w_3 so groß ist, daß nur die Spiralenanteile berücksichtigt werden müssen.[1] Dann erhält man aus (338) mit $\gamma_{13} = 0$ für die Bedingung der Selbsterregung

$$-\,\mathfrak{R}\,t_G\,(w_1\,;\,w_1)\,e^{-j\,w_3}\,w_3 < 0\,.$$

Mit (241) wird hieraus

$$\mathfrak{R}\,[G_0\,(w_1\,;\,w_1) + j\,G_{\pi/2}\,(w_1\,;\,w_1)]\,(\cos w_3 - j\,\sin w_3)\,w_3 < 0\,,$$

oder $\qquad w_3\,[G_0\,(w_1\,;\,w_1)\,\cos w_3 + G_{\pi/2}\,(w_1\,;\,w_1)\,\sin w_3] < 0\,.$

Nun ist nach (197) und (198)

$$G_0\,(w_1\,;\,w_1) = -\,2\,g_0\,(w_1)\,g_{\pi/2}\,(w_1)$$
$$G_{\pi/2}\,(w_1\,;\,w_1) = -\,g_0{}^2\,(w_1) + g_{\pi/2}{}^2\,(w_1)\,.$$

Zusammen mit (92) erhält man

$$G_0\,(w_1;\,w_1) = 2\,\sin w_1\,(\cos w_1 - 1)$$
$$G_{\pi/2}\,(w_1;\,w_1) = -\,\sin^2 w_1 + (\cos w_1 - 1)^2 = 2\,\cos w_1\,(\cos w_1 - 1).$$

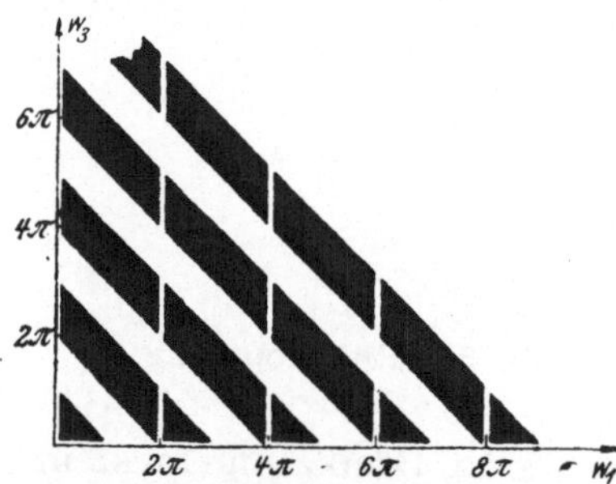

Abb. 54. Schwingbereiche des *Heil*schen Generators. *G*-Typus.

Die Selbsterregungsbedingung nimmt also die Form an

$$w_3\,(\cos w_1 - 1)\,\sin (w_1 + w_3) < 0\,. \qquad (339)$$

Da der zweite Faktor für alle Werte von w_1 negativ ist mit Ausnahme der Fälle, in denen w_1 ein geradzahliges Vielfaches von π ist, können wir auch schreiben

$$\sin (w_1 + w_3) > 0$$

oder

$$w_1 + w_3 = \varrho\,\pi\,. \qquad\qquad 2\,n < \varrho < 2\,n + 1\,. \qquad (340)$$

Die Schwingbereiche sind die schwarz schraffierten Parallelogramme in Abb. 54. Ihre Ränder ergeben die Grenzen des Schwingungseinsatzes; die günstigsten Stellen entsprechen den Mittelpunkten der Parallelogramme. Sie haben die Koordinaten

$$w_1 = (2\,m + 1)\,\pi\ ;\ w_3 = 2\,n\,\pi + 3\,\pi/2\,.$$

____

[1] Vergleiche Abschnitt 7.

Wir behandeln jetzt die Schwingbereiche für die Fälle, in denen die Beschleunigungssprünge nicht verschwinden. Dadurch kommen die C- und D-Anteile mit zur Wirkung. Es sei

$$\gamma_{13} = \gamma_{32} < 0$$

vorausgesetzt. Dies bedeutet bei feldfreiem Laufraum, daß die Elektronen in der Steuerstrecke gebremst, in der Arbeitsstrecke dagegen beschleunigt werden. Der Feldverlauf entspricht dem der Abb. 50. In der bereits zitierten Arbeit von *Heil [12]* ist dieser Betriebszustand nicht behandelt. Die Schwingbereiche, die sich in unserem Fall ergeben, sind in Abb. 55 dargestellt. Die Ab-

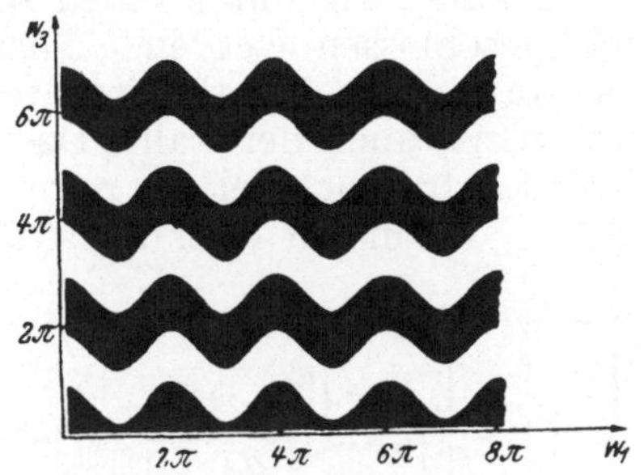

Abb. 55. Schwingbereiche des *Heil*schen Generators für $\gamma_{13} < 0$. Vorwiegend D-Typus.

weichung gegenüber dem reinen G-Typus der Abb. 54 ist verhältnismäßig groß; die geraden Streifen erhalten eine schlangenförmige Gestalt und horizontale Richtung. Die Unterbrechungsstellen bei

$$w_1 = 2\pi n \,,\, n = 1, 2, 3 \ldots .,$$

welche auf dem Aussetzen der G-Schwingung beruhen, sind jetzt durch den reinen D-Schwingungstypus ausgefüllt. In allen übrigen Gebieten liegt ein Gemisch vor des Typus $G\!-\!C\!-\!D$.

Das Klystron, das sich vom *Heil*schen Generator nur bezüglich der Rückkopplung unterscheidet, soll hier nicht weiter behandelt werden. Über diese Fragen wird an anderer Stelle berichtet werden.

Manchmal können noch Schwingungen in den Schwinglücken festgestellt werden. Diese Frage soll in einer Arbeit über Vierkammersysteme behandelt werden.

13. Lineare Sechspole. Schirmgitterröhre.

Wir hatten bis jetzt das Dreikammersystem als einen linearen Vierpol aufgefaßt, für den die Vierpolgleichungen gelten:

$$\mathfrak{U}_1 = \quad \mathfrak{r}_1 \mathfrak{J}_1$$
$$\mathfrak{U}_2 = -\mathfrak{r}\,\mathfrak{J}_1 + \mathfrak{r}_2 \mathfrak{J}_2 \,. \tag{341}$$

Diese Gleichungen entsprechen der Vierpolmatrix (219) und beziehen sich — wie alle unsere Betrachtungen — auf die inneren Spannungen. Sie sind aber insofern noch unvollständig, als sie die innere Laufraumspannung $\mathfrak{U}_3$ nicht enthalten. Außerdem liegt ihnen noch die wesentliche Voraussetzung zugrunde, daß über die

Laufstrecke von außen kein Strom $\mathfrak{J}_3$ zugeführt wird. Dies trifft nun tatsächlich für alle Röhrensysteme zu, die mit so hohen Frequenzen betrieben werden (wie z. B. im Zentimeter-Wellengebiet), daß ein äußerer Strom nur zwischen solchen Punkten fließen kann, die durch einen scharf abgestimmten Schwingungskreis geschlossen werden. Dies ist bei der Verwendung nichtquasistationärer Schaltelemente in Form von Hohlraumresonatoren meist auch der Fall. Dagegen ist die Bedingung des stromfreien Laufraumes bei der normalen Schirmgitterröhre nicht mehr erfüllt. Wenn wir aber auch über den Laufraum Strom führen,

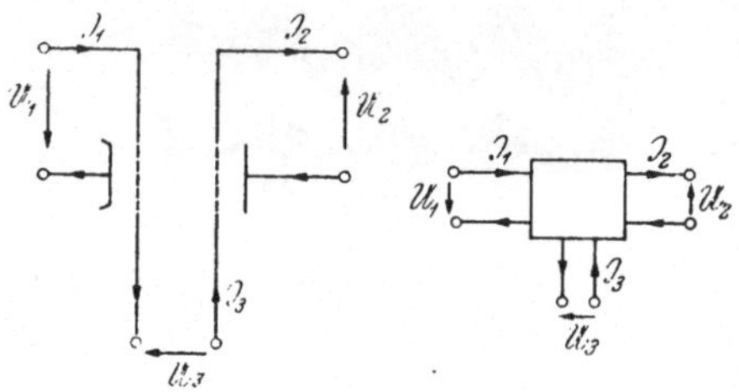

Abb. 56. Lineare Sechspole.

dann wird aus dem linearen Vierpol ein linearer Sechspol entsprechend Abb. 56, dessen Sechspolgleichungen wir aus unseren Ergebnissen leicht gewinnen können. Wir haben es dann mit einem Dreikreis-Dreikammersystem zu tun.

Die erste Gleichung von (341) bleibt unverändert. Die zweite Gleichung bezieht sich auf den Laufraum. Diesen können wir als Arbeitsstrecke eines Zweikreis-Zweikammersystems auffassen und daher die zweite Gleichung von (341) mit entsprechender Umnumerierung benützen. Es wird

$$\mathfrak{U}_3 = - \mathfrak{r}_{13}\mathfrak{J}_1 + \mathfrak{r}_3 \mathfrak{J}_3 \ .$$

Hierin bedeutet $\mathfrak{r}_{13}$ die Fundamentalwirkung vom Raum 1 auf den Raum 3. Sie hat nach (242) den Wert

$$\frac{\mathfrak{r}_{13}}{A} = \mathfrak{t}_\mathrm{C}\,(w_1\ ;w_3) + \mathfrak{t}_\mathrm{H}\,(w_1;w_3) + \gamma_{13}\mathfrak{t}_\mathrm{D}\,(w_1\ ;w_3)\,. \tag{342}$$

Der Fundamentalwiderstand $\mathfrak{r}_3$ ist der Diodenwiderstand der Laufstrecke, also gilt nach (220):

$$\frac{\mathfrak{r}_3}{A} = \varDelta_0\,(w_3) + j\,[-q_0\,z_3 + \varDelta_{\pi/2}\,(w_3)]\,. \tag{343}$$

In der zweiten Gleichung von (341) wählen wir von nun an für die Fundamentalwirkung $\mathfrak{r}$ zur Unterscheidung die Bezeichnung $\mathfrak{r}_{12}$. Durch die beiden Indizes soll zum Ausdruck gebracht werden, daß es sich um eine Wirkung handelt, die von dem Steuermechanismus des Kreises 1 auf den Kreis 2 ausgeübt wird. Nun ist aber gleichzeitig die Laufstrecke auch noch Steuerstrecke für den Arbeitsraum 2, und zwar zum Unterschied von der eigentlichen Steuerstrecke 1 eine solche, die unmittelbar vor dem Arbeitsraum liegt. Die Fundamentalwirkung erhält daher wieder nach (242) die Größe

$$\frac{\mathfrak{r}_{32}}{A} = \mathfrak{t}_\mathrm{C}\,(w_3\ ;w_2) + \mathfrak{t}_\mathrm{H}\,(w_3\ ;w_2) + \gamma_{32}\mathfrak{t}_\mathrm{D}\,(w_3;w_2)\,. \tag{344}$$

Wir haben also auf der rechten Seite der zweiten Gleichung von (341) noch das Glied $-r_{32}\mathfrak{J}_3$ hinzuzufügen. Unsere Sechspolgleichungen erhalten also die Form

$$\begin{aligned}
\mathfrak{U}_1 &= r_1\mathfrak{J}_1 \\
\mathfrak{U}_3 &= -r_{13}\mathfrak{J}_1 + r_3\mathfrak{J}_3 \\
\mathfrak{U}_2 &= -r_{12}\mathfrak{J}_1 - r_{32}\mathfrak{J}_3 + r_2\mathfrak{J}_2\,.
\end{aligned} \tag{345}$$

Die dreireihige Widerstandsmatrix hat die Gestalt

$$\|\mathfrak{W}\| = \left\|\begin{array}{ccc}
r_1 & 0 & 0 \\
-r_{13} & r_3 & 0 \\
-r_{12} & -r_{32} & r_2
\end{array}\right\|. \tag{346}$$

Ganz ähnlich wie bei den Zweikammersystemen können wir auch hier wieder zu den äußeren Spannungen $\mathfrak{U}_1'$, $\mathfrak{U}_3'$, $\mathfrak{U}_2'$ übergehen. Wir bezeichnen die Durchgriffe von Gitter 3 auf das Gitter 1 mit D_{31}, von der Anode durch das Gitter 3 mit D_{23} und den Rückgriff von 1 nach 3 mit D_{13}. Dann gelten die folgenden Zusammenhänge:

$$\begin{aligned}
(1 + D_{31})\,\mathfrak{U}_1 &= \mathfrak{U}_1' + D_{31}\,(\mathfrak{U}_1 + \mathfrak{U}_3) \\
(1 + D_{13} + D_{23})\,(\mathfrak{U}_1 + \mathfrak{U}_3) &= \\
= D_{13}\,\mathfrak{U}_1 + \mathfrak{U}_1' + \mathfrak{U}_3' &+ D_{23}\,(\mathfrak{U}_1 + \mathfrak{U}_3 + \mathfrak{U}_2) \\
\mathfrak{U}_1 + \mathfrak{U}_3 + \mathfrak{U}_2 &= \mathfrak{U}_1' + \mathfrak{U}_3' + \mathfrak{U}_2'.
\end{aligned}$$

Ihre Auflösung ergibt das Gleichungssystem

$$\begin{aligned}
\mathfrak{U}_1' &= \mathfrak{U}_1 - D_{31}\,\mathfrak{U}_3 \\
\mathfrak{U}_3' &= (1 + D_{13} + D_{31})\,\mathfrak{U}_3 - D_{23}\,\mathfrak{U}_2 \\
\mathfrak{U}_2' &= -D_{13}\,\mathfrak{U}_3 + (1 + D_{23})\,\mathfrak{U}_2
\end{aligned} \tag{347}$$

mit der Durchgriffsmatrix

$$\|\mathfrak{D}\| = \left\|\begin{array}{ccc}
1 & -D_{31} & 0 \\
0 & 1 + D_{13} + D_{31} & -D_{23} \\
0 & -D_{13} & 1 + D_{23}
\end{array}\right\|. \tag{348}$$

Setzt man in (347) für die inneren Spannungen die durch (345) gegebenen Ausdrücke ein, oder bildet das Matrizenprodukt

$$\|\mathfrak{W}'\| = \|\mathfrak{D}\|\,\|\mathfrak{W}\|,$$

so erhält man für das Sechspolschema in bezug auf die äußeren Spannungen:

$$\|\mathfrak{W}'\| = \left\|\begin{array}{ccc}
r_1 + D_{31}\,r_{13} & -D_{31}\,r_3 & 0 \\[4pt]
\begin{array}{c}-(1 + D_{13} + D_{31})\,r_{13} \\ + D_{23}\,r_{12}\end{array} & \begin{array}{c}(1 + D_{13} + D_{31})\,r_3 \\ + D_{23}\,r_{32}\end{array} & -D_{23}\,r_2 \\[4pt]
\begin{array}{c}D_{13}\,r_{13} \\ -(1 + D_{23})\,r_{12}\end{array} & \begin{array}{c}-D_{13}\,r_3 \\ -(1 + D_{23})\,r_{32}\end{array} & (1 + D_{23})\,r_2
\end{array}\right\|. \tag{349}$$

Wir können also hier ganz analog wie bei den Zweikammersystemen das Sechspolschema (346) ganz unabhängig von den Durchgriffseigenschaften der beiden Gitter immer als zu Recht bestehend ansehen, weil es sich auf die inneren Spannungen bezieht. Das Sechspolschema (349) hingegen ist von den Durchgriffen abhängig und bezieht sich auf die äußeren Elektrodenspannungen. Mit $D_{31} \rightarrow 0$; $D_{23} \rightarrow 0$ und $D_{13} \rightarrow 0$ gehen beide Matrizen ineinander über.

Als Anwendungsbeispiel betrachten wir eine Schirmgitterröhre. Zur Vereinfachung der folgenden Überlegungen wollen wir annehmen, daß die äußeren und inneren Spannungen miteinander übereinstimmen, d. h. daß alle Durchgriffe verschwinden. Wir können also die Matrix (346) bzw. das Gleichungssystem (345) benützen. Zunächst erinnern wir an die Ergebnisse bei der Triode. In Gitterbasisschaltung ist sie nach (234 B) vollständig rückwirkungsfrei.   Bei der ursprünglicheren Kathodenbasisschaltung dagegen besteht gemäß (239 B) eine Rückwirkung.   Sie rührt bekanntlich daher, daß die eigentliche Arbeitsstrecke nicht unmittelbar außen geschlossen wird, sondern der Arbeitsstrom noch über die Steuerstrecke geführt wird.   Diese Rückwirkung vermeidet man bei der Schirmgitterröhre bekanntlich dadurch, daß man das Schirmgitter durch einen Kurzschlußkondensator mit der Kathode verbindet.   Durch diese Maßnahme erreicht man, daß die Arbeitsstrecke zwischen Schirmgitter und Anode direkt nach außen geführt wird.   Die Rückwirkung vom Arbeitskreis auf die Steuerstrecke fällt also weg. Dies zeigt Abb. 57 b). Der Kondensator bewirkt aber, daß der Steuerstrom sich am Gitter teilt, der eine Teil fließt direkt zur Kathode, der andere Teil gelangt auf dem Umweg über die Laufstrecke (Gitter-Schirmgitter) durch den Kondensator eben dort hin.   In dieser Schaltung der Schirmgitterröhre ist also die Laufkammer nicht stromfrei, sondern stellt eine zweite Steuerstrecke für den dahinterliegenden Arbeitsraum (Schirmgitter-Anode) dar.   Diese beiden Steuerstrecken sind aber außer der bereits erwähnten Stromverzweigung noch auf andere Weise miteinander gekoppelt, und zwar dadurch, daß infolge der Fundamentalwirkung r_{13} in der Laufkammer selbst eine Influenzspannung entsteht.   Die Steuerstrecke und die Laufstrecke bilden also eine Triode in Kathodenbasisschaltung, deren „Anodenkreis" durch den Kondensator kurzgeschlossen ist.   Hier könnte man vielleicht den Einwand vorbringen, daß unser Teilsystem mit einer Triode nicht gleichwertig ist, da bei der Triode die Elektronen auf die Anode auftreffen, während sie hier die „Anode", das ist das Schirmgitter, durchfliegen.   Die Influenzwirkung, welche die

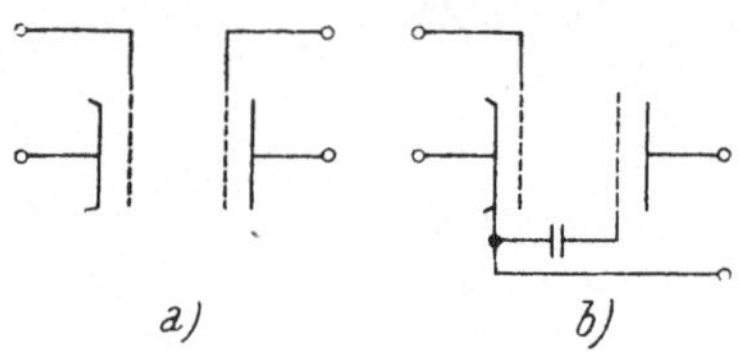

Abb. 57. Zur Schirmgitterröhre.

Elektronen im Gitter-Anodenraum hervorrufen, ist aber ganz unabhängig davon, ob die Elektronen auf die Anode treffen oder durch Löcher wieder austreten. Voraussetzung hierbei ist, daß alle von den Ladungsteilchen ausgehenden Feldlinien auch auf der Anode landen können und nicht zum Teil durch die Löcher in den anschließenden Raum hinaustreten. Dies ist aber bei feldidealen Gittern ($D_{13} = D_{23} = D_{31} = 0$) nicht möglich.

Wir wollen nun die durch die Einschaltung des Kondensators bewirkte Umgestaltung der Sechspolgleichungen (345) berechnen. Die an dem Sechspol vorzunehmende Schaltungsmaßnahme zeigt Abb. 58. Sie entspricht der Kurzschlußverbindung nach Abb. 57 b).

Die Ströme und Spannungen des neu entstandenen Sechspoles sind durch angefügte Striche gekennzeichnet. Zur Vervollständigung der Übersicht sind die im Inneren des Sechspoles bereits bestehenden Verbindungen außen nochmals gestrichelt eingezeichnet. Zwischen den ungestrichenen und den gestrichenen Größen bestehen die folgenden Zusammenhänge:

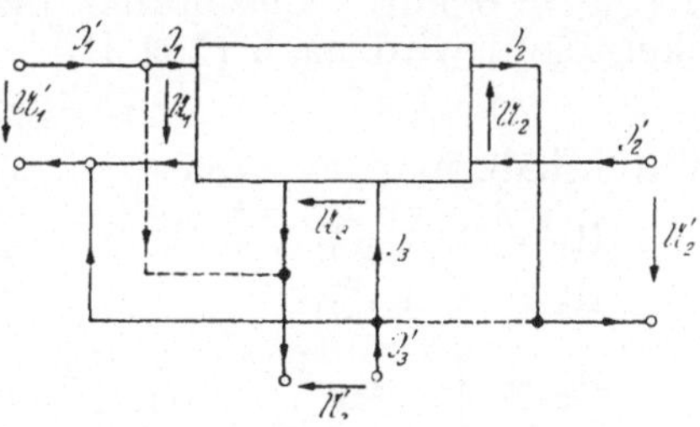

Abb. 58. Umbildung des Sechspoles.

$$\mathfrak{U}_1 + \mathfrak{U}_3 = 0 \qquad \mathfrak{J}_1{}' - \mathfrak{J}_3{}' = \mathfrak{J}_1 - \mathfrak{J}_3$$
$$\mathfrak{U}_1{}' = \mathfrak{U}_1 \qquad\qquad \mathfrak{J}_2{}' = \mathfrak{J}_2 \,.$$
$$\mathfrak{U}_3{}' = \mathfrak{U}_3 \qquad\qquad\qquad\qquad\qquad (350)$$
$$\mathfrak{U}_2{}' = \mathfrak{U}_2$$

Unter Anwendung dieser Beziehungen gehen die Sechspolgleichungen (345) über in

$$\mathfrak{U}_1{}' = \frac{r_1\,r_3}{r_1 + r_3 - r_{13}}\,\mathfrak{J}_1{}' - \frac{r_1\,r_3}{r_1 + r_3 - r_{13}} \cdot \mathfrak{J}_3{}'$$

$$\mathfrak{U}_3{}' = -\frac{r_1\,r_3}{r_1 + r_3 - r_{13}}\,\mathfrak{J}_1{}' + \frac{r_1\,r_3}{r_1 + r_3 - r_{13}} \cdot \mathfrak{J}_3{}'$$

$$\mathfrak{U}_2{}' = -\frac{r_3\,r_{12} + r_{13}\,r_{32} - r_1\,r_{32}}{r_1 + r_3 - r_{13}}\,\mathfrak{J}_1{}' + \qquad\qquad (351)$$

$$+\ \frac{r_3\,r_{12} + r_{13}\,r_{32} - r_1\,r_{32}}{r_1 + r_3 - r_{13}}\,\mathfrak{J}_3{}' + r_2\,\mathfrak{J}_2{}' \,.$$

Der Eingangsleerlaufwiderstand der Steuerstrecke hat den Wert

$$\frac{r_1\,r_3}{r_1 + r_3 - r_{13}} \,.$$

In ihm kommt einmal die vorher bereits geschilderte Stromverzweigung am Steuergitter zum Ausdruck, die allein für den Eingangswiderstand die Parallelschaltung von r_1 und r_3 ergeben würde, d. h. den Ausdruck

$$\frac{r_1 r_3}{r_1 + r_3} \, .$$

Die gefundene Abweichung hiervon beruht auf der Influenzwirkung, welche die Elektronen in dem Raum zwischen Gitter und Schirmgitter hervorrufen und die durch die Fundamentalwirkung r_{13} gegeben ist.

Wir berücksichtigen nun noch, daß im allgemeinen zwischen Steuergitter und Schirmgitter keine äußere Belastung mehr liegt, d. h. $\mathfrak{J}_3' = 0$ gilt. Beschränkt man sich noch auf kleine Laufwinkel, dann wird nach (232 B)

$$r_3 = r_{13} \, .$$

Damit erhält man aus (351)

$$\begin{aligned}
\mathfrak{U}_1' &= r_{13}\mathfrak{J}_1' \\
\mathfrak{U}_3' &= -r_{13}\mathfrak{J}_1' \\
\mathfrak{U}_2' &= \left(-r_{12}\frac{r_{13}}{r_1} - r_{32}\frac{r_{13}}{r_1} + r_{32} \right)\mathfrak{J}_1' + r_2\,\mathfrak{J}_2' \, .
\end{aligned} \qquad (352)$$

Läßt man die mittlere Gleichung weg, so ergibt sich für die mit einem Kondensator beschaltete Schirmgitterröhre nach Abb. 57 b) die Vierpolmatrix

$$\| \mathfrak{W}' \| = \left\| \begin{matrix} r_{13} & 0 \\ -r_{12}\dfrac{r_{13}}{r_1} - r_{32}\dfrac{r_{13}}{r_1} + r_{32} & r_2 \end{matrix} \right\| \, . \qquad (353\ b)$$

In der Schaltung nach Abb. 57 a) dagegen erhält man aus (345) mit $\mathfrak{J}_3 = 0$ und wegen $r_3 = r_{13}$ die Vierpolmatrix

$$\| \mathfrak{W} \| = \left\| \begin{matrix} r_1 & 0 \\ -r_{12} & r_2 \end{matrix} \right\| \, . \qquad (353\ a)$$

Der Kondensator bewirkt also einmal eine Änderung des Eingangswiderstandes von r_1 auf r_{13}, zum anderen wird die Fundamentalwirkung verändert. Ohne Kondensator hat sie den Wert

$$r_{12} \, ,$$

mit Kondensator dagegen den Wert

$$+ r_{12}\frac{r_{13}}{r_1} + r_{32}\frac{r_{13}}{r_1} - r_{32} \, .$$

Durch die Kopplung der Steuerstrecke mit dem anschließenden Laufraum kommen also auch die Fundamentalwirkungen r_{13} und r_{32} zur Geltung, die in dem einfachen Schema (353 a) nicht enthalten sind.

14. Zusammenfassung.

Der stationäre Arbeitspunkt des Dreikammersystems wird durch die vier Laufwinkel w_0; w_1; w_3; w_2 und die drei Feldgrößen a_1; a_3; a_2 oder an deren Stelle durch die Geschwindigkeiten u_1; u_3; u_2 bestimmt. Der Feldverlauf in Abhängigkeit vom Laufwinkel wird durch untereinander parallele Geradenstücke dargestellt, dessen Sprungstellen an den Trennungswänden zwischen je zwei Kammern liegen. An diesen Punkten zeigt die Geschwindigkeitskurve einen Knick. Im raumladungsschwachen Zustand sind die Feldgeraden nahezu parallel zur Laufwinkelachse.

Das Dreikammersystem stellt wechselstrommäßig einen linearen Vierpol dar, dessen Fundamentalwiderstände r_1 und r_2 dieselben Werte haben wie bei den Zweikammersystemen. Die Fundamentalwirkung r hingegen ist vom Laufwinkel in der Laufkammer abhängig. Sie setzt sich additiv aus den „Kreisanteilen" und aus den „Spiralenanteilen" zusammen. Die Spiralenanteile sind dem Laufwinkel w_3 proportional. In ihnen ist die Verstärkungswirkung der Laufkammer enthalten. Bei großen Werten von w_3 liefern die Spiralenanteile den Hauptbeitrag zur Fundamentalwirkung. Diese ist in hohem Maße von der logarithmischen Beschleunigung abhängig, und zwar von den Beschleunigungssprüngen γ_{13} und γ_{32}. Ihre Größe entscheidet neben den Laufwinkeln über die Anteile, welche auf die vier möglichen Influenztypen entfallen.

Den reinen G-Typus erhält man bei äußerlich feldfreien Entladungsräumen, bei denen die beiden Beschleunigungssprünge verschwinden. Die hierfür günstigsten Laufwinkel liegen bei $w_1 = w_2 = \pi$.

Der C-Typus tritt auf, wenn die Elektronen in der Steuerkammer gebremst werden, die Laufkammer und Arbeitskammer äußerlich feldfrei sind. Dabei hat man den Laufwinkeln die Werte $w_1 = 2\pi$; $w_2 = \pi$ zu erteilen.

Der H-Typus verlangt eine starke Beschleunigung in der Arbeitskammer, wobei $w_1 = \pi$ und $w_2 = 2\pi$ zu wählen ist.

Den D-Typus erhält man durch Abbremsen in der Steuerkammer und Beschleunigen in der Arbeitskammer, die Laufwinkel haben dabei die Werte $w_1 = w_2 = 2\pi$.

Im allgemeinen liegt ein Gemisch vor, in dem alle vier Typen enthalten sind. Ist das System ein charakteristisches, dann ergeben die in dem Kreisanteil und im Spiralenanteil enthaltenen Glieder vom Typus C, D, G und H gleichgerichtete Wirkungen, falls die Beschleunigungssprünge γ_{13} und γ_{32} negative Vorzeichen haben.

Charakteristische Systeme mit positiven Beschleunigungssprüngen von der Größe

$$\gamma_{13} = \frac{2}{\zeta_1}$$

$$\gamma_{32} = \frac{2}{\zeta_2}$$

ergeben dagegen eine gegenseitige Auslöschung der Influenzwirkungen.

Zu jedem System, bei welchem die Elektronen den Arbeitsraum mit derselben Geschwindigkeit verlassen, mit der sie in den
Steuerraum eintreten ($u_2 = 1$) gibt es ein reziprokes System,
welches durch Umkehrung des Elektronenweges entsteht.   In
reziproken Systemen ist die Fundamentalwirkung r eine symmetrische Funktion von w_1 und w_2. Ihre Widerstandsmatrizen gehen
durch Spiegelung an der Nebendiagonale ineinander über.

Der *Heil*sche Generator ist ein symmetrisches System
($u_2 = 1$; $w_1 = w_2$), dessen Arbeitsspannung in voller Höhe auf den
Steuerkreis rückgekoppelt ist.   Die günstigsten Anfachungsverhältnisse des G-Typus (äußerliche feldfreie Entladungsräume) erhält man für

$$w_1 = \pi \quad ; \quad w_3 = 2\pi n + \frac{3}{2}\pi .$$

Die Schwingungslücken an den Stellen $w_1 = 2\pi m$ verschwinden,
wenn die Elektronen im Steuerraum gebremst und im Arbeitsraum beschleunigt werden (D-Typus).

Wird auch dem Laufraum von außen ein Wechselstrom zu-
geführt, so entsteht aus dem ursprünglichen Zweikreis-Dreikammer-
system ein Dreikreis-Dreikammersystem, welches als ein linearer
Sechspol aufzufassen ist.   Das Dreikammersystem enthält drei
Fundamentalwiderstände und drei Fundamentalwirkungen.   Die
Schirmgitterröhre wird als Anwendungsbeispiel näher untersucht.

Literaturverzeichnis.

10. König, H. W.:   Lineare Laufzeiterscheinungen in Zweikreis-Zwei-
    kammersystemen, (s. S. 51 dieses Buches).
11. Webster, L.: The Theory of Klystron Oscillations. Journ. appl. Phys.
    10, S. 864, 1939.
12. Arsenjewa-Heil, A. u. O. Heil: Eine neue Methode zur Erzeugung
    kurzer, ungedämpfter elektromagnetischer Wellen. Zeitschr. f. Physik
    95, S. 752, 1935.

IV. Lineare Laufzeiterscheinungen in Zweikreis-Vierkammersystemen.

1. Problemstellung.

In einem Zweikreis-Dreikammersystem wird der Hauptanteil der Fundamentalwirkung durch die Zusammenballung der Ladungsteilchen in der Laufkammer hervorgerufen. Die Laufkammer liegt zwischen dem Steuerkreis und dem Arbeitskreis und unterscheidet sich im allgemeinen von der Steuerkammer und der Arbeitskammer dadurch, daß ihr von außen kein Wechselstrom zugeführt wird. Die Elektronen unterliegen daher in der Laufkammer nur ihren eigenen Abstoßungskräften und eventuell einem äußeren Gleichfeld. Bei Verwendung quasistationärer Schaltelemente kann es vorkommen, daß der Laufstrecke auch ein äußerer Wechselstrom überlagert wird. Dieser Fall liegt beispielsweise bei der normalen Schirmgitterröhre vor, bei welcher das Schirmgitter und die Kathode durch einen Kondensator kurzgeschlossen sind. Hier wird die Laufkammer ebenfalls zu einem stromführenden Kreis, aus dem ursprünglichen System wird ein Dreikreis-Dreikammersystem. Der Elektronenmechanismus, der den Dreikammersystemen zugrunde liegt, wurde in der Arbeit „Lineare Laufzeiterscheinungen in Zweikreis-Dreikammersystemen" *[13]* behandelt. Die Influenzwirkung, welche die Elektronen in dem Arbeitsraum hervorrufen, wird durch die Fundamentalwirkung r gekennzeichnet. Das gesamte System ist als ein linearer Vierpol aufzufassen, dessen Elemente durch die Fundamentalwirkung r und durch die Fundamentalwiderstände r_1 und r_2 gegeben sind. Dies gilt für den Fall des stromlosen Laufraumes.

Führt hingegen der Laufraum Strom, dann stellt das Dreikreissystem einen linearen Sechspol vor, der durch die drei Fundamentalwirkungen r_{12}; r_{13}; r_{32} und die drei Fundamentalwiderstände r_1; r_3; r_2 bestimmt wird.

Die vorliegende Arbeit befaßt sich mit der Untersuchung von Vierkammersystemen, bei denen die Laufkammer in zwei getrennte Laufstrecken aufgeteilt ist. Wir werden unsere Betrachtungen im wesentlichen auf die Zweikreis-Vierkammersysteme richten, bei denen also beide Laufstrecken stromlos sind. Der allgemeine Fall der stromführenden Laufkammern führt zu den Vierkreis-Vierkammersystemen, auf die wir die gewonnenen Ergebnisse leicht erweitern können. Von der schaltungsmäßigen Seite aus betrachtet, sind die Vierkreissysteme als lineare Achtpole aufzufassen.

2. Gleichstromeigenschaften.

Bei der Untersuchung der Dreikammersysteme wurden die stationären Verhältnisse bereits von einem allgemeinen Standpunkt betrachtet, aus dem sich die stationären Zusammenhänge für ein beliebiges n-Kammersystem ergeben. Es sind dies die Gleichungen (287) bis (298).

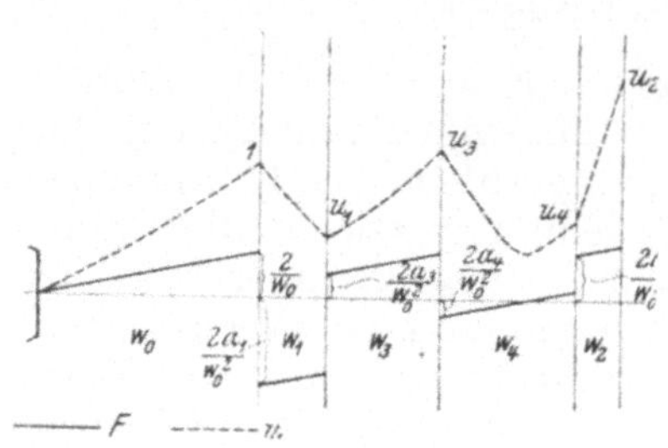

Abb. 59.   Arbeitspunkt.

In den hier behandelten Vierkammersystemen benutzen wir wieder die Indizes 1 bzw. 2 für Steuer- bzw. Arbeitskammer, die Indizes 3 und 4 beziehen sich auf die beiden Laufräume. Der Feld- und Geschwindigkeitsverlauf in einem Vierkammersystem ist in Abb. 59 gezeigt. Es ist hierzu nichts Neues zu bemerken.

Zur Kennzeichnung des Arbeitspunktes sind neun Koordinaten erforderlich. Es sind dies die fünf Laufwinkel w_0; w_1; w_3; w_4; w_2 und die vier Feldgrößen a_1; a_3; a_4; a_2. Entsprechendes gilt für die Koordinaten zweiter und dritter Art.

Die Sprungwerte der logarithmischen Beschleunigung, welche für das Vierkammersystem Bedeutung haben, sind γ_{13}; γ_{34} und γ_{42}. Die Stelle, worauf sie sich jeweils beziehen, geht aus den beiden Indizes hervor. Nach (294) erhält man die Werte

$$\gamma_{13} = \frac{1}{w_0{}^2\,w_1\,w_3\,u_1}\left[\,w_1\,w_3\,(w_1 + w_3) + w_0{}^2\,w_1\,(u_1 - u_3) +\right.$$
$$\left. + w_0{}^2\,w_3\,(u_1 - 1)\right]$$

$$\gamma_{34} = \frac{1}{w_0{}^2\,w_3\,w_4\,u_3}\left[w_3\,w_4\,(w_3 + w_4) + w_0{}^2\,w_3\,(u_3 - u_4) +\right. \qquad (354)$$
$$\left. + w_0{}^2\,w_4\,(u_3 - u_1)\right]$$

$$\gamma_{42} = \frac{1}{w_0{}^2\,w_2\,w_4\,u_4}\left[w_4\,w_2\,(w_4 + w_2) + w_0{}^2\,w_4\,(u_4 - u_2) +\right.$$
$$\left. + w_0{}^2\,w_2\,(u_4 - u_3)\right].$$

Alle Fragen, die sich auf ein eventuell vorhandenes Geschwindigkeitsminimum, auf die Stabilitätsgrenze oder auf die Bedingungen für raumladungsschwache Systeme beziehen, sind bereits durch die Formeln (287) bis (298) beantwortet.

3. Berechnung der Fundamentalwirkung.

Die bei den Dreikammersystemen angestellten Rechnungen ergeben für die Feldstärke und Geschwindigkeit am Ende der stromlosen Laufkammer die Formeln

$$q_0 F = q_0 F_3 + A_3(\varphi)\, p_1$$
$$2\, q_0\, u = 2\, q_0\, u_3 + B_3(\varphi)\, 2\, p_1 \,.$$

Aus ihnen folgen die Gleichungen (312) und (313), aus welchen die Feldstärke und Geschwindigkeit im anschließenden Arbeitsraum hervorgehen. Ersetzt man hierin den Index 2 durch den Index 4 und wählt — wegen der Stromlosigkeit der Laufkammer — $p_4 = 0$, so ergeben sie die entsprechenden Größen für den Laufraum 4. Am Ende der zweiten Laufstrecke haben wir also

$$q_0 F = q_0 F_4 - \big\{ w_4\, [B_3(\varphi - w_4) - a_4\, A_3(\varphi - w_4)] -$$
$$- q_0\, u_3\, A_3(\varphi - w_4)\big\}\, \frac{p_1}{q_0\, u_4}$$
$$2\, q_0\, u = 2 q_0\, u_4 + \big\{ B_3(\varphi - w_4) - a_4\, A_3(\varphi - w_4) -$$
$$- \gamma_4\, [w_4\, (B_3(\varphi - w_4) - a_4\, A_3(\varphi - w_4)) -$$
$$- q_0\, u_3\, A_3(\varphi - w_4)]\big\}\, 2\, p_1 \,. \tag{355}$$

Mit

$$A_4(\varphi) = - \big\{ w_4\, [\, B_3(\varphi - w_4) - a_4\, A_3(\varphi - w_4)] -$$
$$- q_0\, u_3\, A_3(\varphi - w_4)\big\}\, \frac{1}{q_0\, u_4}$$
$$B_4(\varphi) = B_3(\varphi - w_4) - a_4\, A_3(\varphi - w_4) - \tag{356}$$
$$- \gamma_4\, \big\{ w_4\, [B_3(\varphi - w_4) - a_4\, A_3(\varphi - w_4)] - q_0\, u_3\, A_3(\varphi - w_4)\big\}$$

erhalten wir für die Feldstärke und Geschwindigkeit am Ende der Laufkammer 4 entsprechend zu (304) die Darstellung

$$q_0 F = q_0 F_4 + A_4(\varphi)\, p_1$$
$$2\, q_0\, u = 2\, q_0\, u_4 + B_4(\varphi)\, 2\, p_1 \,. \tag{357}$$

Diese Zusammenhänge lassen sich sofort auf eine beliebige Anzahl von Laufkammern erweitern. Bezeichnet j den Index einer beliebigen, k den der anschließenden Laufstrecke, so gilt

für die Kammer j:
$$q_0 F = q_0 F_j + A_j(\varphi)\, p_1$$
$$2\, q_0\, u = 2\, q_0\, u_j + B_j(\varphi)\, 2\, p_1 \,, \tag{358}$$

für die Kammer k:
$$q_0 F = q_0 F_k + A_k(\varphi)\, p_1$$
$$2\, q_0\, u = 2\, q_0\, u_k + B_k(\varphi)\, 2\, p_1 \,. \tag{359}$$

Die Funktionen A_k und B_k werden gemäß (356) auf die entsprechenden Funktionen der Kammer j zurückgeführt, indem man den Index 3 durch j und den Index 4 durch k ersetzt. Es wird

$$A_k(\varphi) = -\left\{ w_k \left[B_j(\varphi - w_k) - a_k A_j(\varphi - w_k) \right] - q_0 u_j A_j(\varphi - w_k) \right\} \frac{1}{q_0 u_k} \qquad (360)$$

$$B_k(\varphi) = B_j(\varphi - w_k) - a_k A_j(\varphi - w_k) - \gamma_k \left\{ w_k \left[B_j(\varphi - w_k) - a_k A_j(\varphi - w_4) \right] - q_0 u_j A_j(\varphi - w_k) \right\}.$$

Aus diesen Rekursionsformeln kann der jeweilige Schritt von einer zur nächsten Laufstrecke durch sukzessive Berechnung vollzogen werden. Ist nun n der Index der letzten vor dem Arbeitsraum 2 gelegenen Laufstrecke, so gilt für die Feldstärke in der Arbeitsstrecke nach (312) offenbar die Beziehung

$$q_0 F = q_0 F_2 - p_2 \cos(\varphi + \delta_2) -$$

$$-\left\{ w_2 \left[B_n(\varphi - w_2) - a_2 A_n(\varphi - w_2) \right] - q_0 u_n A_n(\varphi - w_2) \right\} \frac{p_1}{q_0 u_2} +$$

$$+ f(w_2 ; \varphi + \delta_2) \frac{p_2}{q_0 u_2}. \qquad (361)$$

Durch Bildung des Linienintegrals über die Feldstärke erhält man wie bei den Dreikammersystemen

$$\frac{U_2}{U_0} = 2 \int_0^{z_2} F \, dz_2 = 2 \int_0^{z_2} F_2 \, dz_2 - \frac{2 p_1}{q_0^2} \int_0^{z_2} \left\{ \left[B_n(\varphi - w_2) - a_2 A_n(\varphi - w_2) \right] w_2 - q_0 u_n A_n(\varphi - w_2) \right\} \frac{dz_2}{u_2} -$$

$$- \frac{2 p_2 z_2}{q_0} \cos(\varphi + \delta_2) + \frac{2 p_2}{q_0^2} \int_0^{z_2} f(w_2 ; \varphi + \delta_2) \frac{dz_2}{u_2}.$$

Die rechts stehenden Integrale sind identisch mit den bei den Dreikammersystemen gefundenen ([13], Abschn. 5), mit Ausnahme des Ausdruckes, der zu p_1 proportional ist. Der entsprechende Spannungsteil liefert bekanntlich letzten Endes die Fundamentalwirkung. Setzt man

$$P = - \int_0^{w_2} \left\{ \left[B_n(\varphi - w_2) - a_2 A_n(\varphi - w_2) \right] w_2 - q_0 u_n A_n(\varphi - w_2) \right\} dw_2,$$

$$(362)$$

so kommt unter Berücksichtigung der bei den Dreikammersystemen
gewonnenen Ergebnisse

$$\frac{U_2}{U_0} = u_2{}^2 - u_4{}^2 + \frac{2\,p_1}{q_0{}^2}\,P + \frac{2\,p_2}{q_0{}^2}\,[-q_0 z_2 \cos(\varphi + \delta_2) + \varDelta_{\pi/2-\varphi-\delta_2}(w_2)].$$

$$(363)$$

Diese Gleichung gilt für ein Zweikreis-n-Kammersystem. In dem
Integral P ist die Laufraumwirkung aller $(n\!-\!2)$-Kammern des
Systems enthalten, die in der Fundamentalwirkung in Erscheinung
tritt. Die Fundamentalwiderstände $\mathfrak{r}_1$ und $\mathfrak{r}_2$ sind hiervon ganz
unabhängig und behalten ihre Werte unverändert bei.

Wir schreiten nun zur Berechnung der Fundamentalwirkung
$\mathfrak{r}$ für das Vierkammersystem. Zu diesem Zweck haben wir das
Integral P zu bestimmen. Wir berechnen zunächst den Integranden. Die Funktionen $A_4(\varphi - w_2)$ und $B_4(\varphi - w_2)$ lassen
sich durch die Rekursionsformeln (356) auf $A_3(\varphi - w_4 - w_2)$
und $B_3(\varphi - w_4 - w_2)$ zurückführen. Diese wieder lassen sich
nach (314) und (315) durch die Geschwindigkeitsfunktionen
$f(w_1; \varphi - w_3 - w_4 - w_2)$ und $g(w_1; \varphi - w_3 - w_4 - w_2)$ ausdrücken.. Um kürzer schreiben zu können, lassen wir die Argumente
vorübergehend fort und merken uns für später, daß in A_4 und B_4
das Argument $\varphi - w_2$ einzusetzen ist, daß in f und g dagegen das
erste Argument w_1 ist, das zweite $\varphi - w_3 - w_4 - w_2$. Der erste
Teil des Integranden von P ergibt mit Berücksichtigung von (356)

$$w_2(B_4 - a_2 A_4) =$$
$$= \left\{ B_3 - a_4 A_3 - \left(\gamma_4 - \frac{a_2}{q_0 u_4} \right) \left[w_4(B_3 - a_4 A_3) - q_0 u_3 A_3 \right] \right\} w_2\,.$$

Nun ist

$$\gamma_4 - \frac{a_2}{q_0 u_4} = \gamma_{42}\,,$$

und daher

$$w_2(B_4 - a_2 A_4) = [(1 - w_4 \gamma_{42})(B_3 - a_4 A_3) + \gamma_{42} q_0 u_3 A_3]\,w_2\,.$$

Der zweite Teil des Integranden liefert nach der ersten Gleichung
von (356)

$$-q_0 u_4 A_4 = w_4 [B_3 - a_4 A_3] - q_0 u_3 A_3\,.$$

Für den gesamten Integranden erhält man also

$$w_2(B_4 - a_2 A_4) - q_0 u_4 A_4 =$$
$$= (w_2 + w_4 - w_2 w_4 \gamma_{42})(B_3 - a_4 A_3) - (1 - w_2 \gamma_{42}) q_0 u_3 A_3\,.$$

Hierin haben wir jetzt noch die Funktionen A_3 und B_3 durch f
und g darzustellen. Aus (314) und (315) folgt

$$B_3 - a_4 A_3 = \gamma_{13} f + g - \left(\gamma_3 - \frac{a_4}{q_0 u_3} \right) [(w_3 \gamma_{13} - 1) f + w_3 g]\,,$$

oder wegen

$$\gamma_3 - \frac{a_4}{q_0\,u_3} = \gamma_{34}$$

ergibt sich

$$B_3 - a_4\,A_3 = \gamma_{13}\,f + g - \gamma_{34}\left[(w_3\,\gamma_{13} - 1)\,f + w_3\,g\right].$$

Führt man diesen Ausdruck in die oben angeschriebene Darstellung des Integranden ein und ersetzt ebenso A_3 durch die rechte Seite von (314), so erhält man für den Integranden von P:

$$(w_2 + w_4 - w_2\,w_4\,\gamma_{42})\cdot\{\gamma_{13}\,f + g - \gamma_{34}\left[(w_3\,\gamma_{13} - 1)\,f + w_3\,g\right]\} +$$
$$+ (1 - w_2\,\gamma_{42})\left[(w_3\,\gamma_{13} - 1)\,f + w_3\,g\right].$$

Die hierin enthaltenen Glieder ordnen wir so an, daß zuerst die von w_3 und w_4 freien Terme kommen, dann die zu w_3 proportionalen, hierauf die zu w_4 proportionalen und zum Schluß erst die mit $w_3\cdot w_4$ multiplizierten Glieder angeschrieben werden. Bei derartiger Anordnung ergibt sich

$$-f + (w_2\,g) + (\gamma_{13} + \gamma_{34} + \gamma_{42})\,(w_2\,f) +$$
$$+ w_3\left[g + \gamma_{13}\,f - (\gamma_{42} + \gamma_{34})\,(w_2\,g) - \gamma_{13}\,(\gamma_{42} + \gamma_{34})\,(w_2\,f)\right] +$$
$$+ w_4\left[g + (\gamma_{13} + \gamma_{34})\,f - \gamma_{42}\,(w_2\,g) - \gamma_{42}\,(\gamma_{13} + \gamma_{34})\,(w_2\,f)\right] -$$
$$- w_3\,w_4\,\gamma_{34}\left[g + \gamma_{13}\,f - \gamma_{42}\,(w_2\,g) - \gamma_{13}\,\gamma_{42}\,(w_2\,f)\right].$$

Wir können nun das Integral P leicht ermitteln. Bedenkt man, daß die Größen w_3; w_4; γ_{13}; γ_{34}; γ_{42} von w_2 unabhängig sind, also bei der Integration vor das Integralzeichen gesetzt werden können, so erkennt man, daß P wieder eine lineare Kombination aus den folgenden vier Integralen bildet:

$$\int_0^{w_2} f\,dw_2;\qquad \int_0^{w_2} (w_2\,f)\,dw_2;\qquad \int_0^{w_2} g\,dw_2;\qquad \int_0^{w_2} (w_2\,g)\,dw_2.$$

Die vorübergehend weggelassenen Argumente von f und g sind dabei w_1 und $\varphi - w_3 - w_4 - w_2$. Auf Grund der Formeln (187) bis (190) erhält man:

$$\int_0^{w_2} f\,(w_1;\varphi - w_3 - w_4 - w_2)\,dw_2 = C_{\pi/2 - \varphi + w_3 + w_4}\,(w_1;w_2)$$

$$-\int_0^{w_2} w_2\,f\,(w_1;\varphi - w_3 - w_4 - w_2)\,dw_2 = D_{\pi/2 - \varphi + w_3 + w_4}\,(w_1;w_2)$$

$$\int_0^{w_2} g\,(w_1;\,\varphi - w_3 - w_4 - w_2)\,dw_2 = G_{\pi/2 - \varphi + w_3 + w_4}\,(w_1;\,w_2)$$

$$-\int_0^{w_2} w_2\,g\,(w_1;\,\varphi - w_3 - w_4 - w_2)\,dw_2 = H_{\pi/2 - \varphi + w_3 + w_4}\,(w_1;\,w_2)\,.$$

Es wird also

$$\begin{aligned}
P = {}& C_{\pi/2 - \varphi + w_3 + w_4}\,(w_1;\,w_2) + H_{\pi/2 - \varphi + w_3 + w_4}\,(w_1;\,w_2) + \\
& + (\gamma_{13} + \gamma_{42} + \gamma_{34})\,D_{\pi/2 - \varphi + w_3 + w_4}\,(w_1;\,w_2) - \\
& - w_3\,[G_{\pi/2 - \varphi + w_3 + w_4}\,(w_1;\,w_2) + \gamma_{13}\,C_{\pi/2 - \varphi + w_3 + w_4}\,(w_1;\,w_2) + \\
& \qquad + (\gamma_{42} + \gamma_{34})\,H_{\pi/2 - \varphi + w_3 + w_4}\,(w_1;\,w_2) + \\
& \qquad + \gamma_{13}(\gamma_{42} + \gamma_{34})\,D_{\pi/2 - \varphi + w_3 + w_4}\,(w_1;\,w_2)] - \\
& - w_4\,[G_{\pi/2 - \varphi + w_3 + w_4}\,(w_1;\,w_2) + (\gamma_{13} + \gamma_{42})\,C_{\pi/2 - \varphi + w_3 + w_4}\,(w_1;\,w_2) + \\
& \qquad + \gamma_{42}\,H_{\pi/2 - \varphi + w_3 + w_4}\,(w_1;\,w_2) + \gamma_{42}(\gamma_{13} + \gamma_{34})\,D_{\pi/2 - \varphi + w_3 + w_4}\,(w_1;\,w_2)] + \\
& + w_3\,w_4\,\gamma_{34}\,[G_{\pi/2 - \varphi + w_3 + w_4}\,(w_1;\,w_2) + \gamma_{13}\,C_{\pi/2 - \varphi + w_3 + w_4}\,(w_1;\,w_2) + \\
& \qquad + \gamma_{42}\,H_{\pi/2 - \varphi + w_3 + w_4}\,(w_1;\,w_2) + \gamma_{13}\gamma_{42}\,D_{\pi/2 - \varphi + w_3 + w_4}\,(w_1;\,w_2)]\,. \quad (364)
\end{aligned}$$

Diesen Ausdruck haben wir nun in (363) einzusetzen und erhalten damit die endgültige Darstellung für das Spannungsverhältnis U_2/U_0, aus welchem sich nach bekanntem Verfahren die Fundamentalwirkung $\mathfrak{r}$ gewinnen läßt. Der weitere Rechnungsgang vollzieht sich nämlich so wie bei den Dreikammersystemen. Dort hatten wir durch Abspaltung der von φ abhängigen Faktoren den Übergang zur komplexen Schreibweise vollzogen. Das Bildungsgesetz für den Kernwiderstand $\mathfrak{r}$ geht unmittelbar aus dem Vergleich zwischen der dritten Gleichung von (317) und der Formel für das Integral P hervor. Es gilt offenbar

$$\mathfrak{r} = - A\,(P\,|_{\varphi = \pi/2} + j\,P\,|_{\varphi = 0})\,. \tag{365}$$

Das Bestehen dieses einfachen Zusammenhanges basiert auf den Funktionalgleichungen (191) und muß natürlich hier ebenso gelten wie dort. Wir erhalten also für die Fundamentalwirkung des Vierkammersystems aus (364) und (365) ohne weitere Rechnung

$$\begin{aligned}
\frac{\mathfrak{r}}{A} = {}& - C_{w_3 + w_4} - H_{w_3 + w_4} - (\gamma_{13} + \gamma_{42} + \gamma_{34})\,D_{w_3 + w_4} + \\
& + w_3\,[G_{w_3 + w_4} + \gamma_{13}\,C_{w_3 + w_4} + (\gamma_{42} + \gamma_{34})\,H_{w_3 + w_4} + \\
& + \gamma_{13}\,(\gamma_{42} + \gamma_{34})\,D_{w_3 + w_4}] + w_4\,[G_{w_3 + w_4} + (\gamma_{13} + \gamma_{34})\,C_{w_3 + w_4} + \\
& + \gamma_{42}\,H_{w_3 + w_4} + \gamma_{42}\,(\gamma_{13} + \gamma_{34})\,D_{w_3 + w_4}] - w_3\,w_4\,\gamma_{34}\,[G_{w_3 + w_4} + \\
& + \gamma_{13}\,C_{w_3 + w_4} + \gamma_{42}\,H_{w_3 + w_4} + \gamma_{13}\gamma_{42}\,D_{w_3 + w_4}] + j\,[- C_{\pi/2 + w_3 + w_4} - \\
& - H_{\pi/2 + w_3 + w_4} - (\gamma_{13} + \gamma_{42} + \gamma_{34})\,D_{\pi/2 + w_3 + w_4} + \text{usw.}]\,.
\end{aligned}$$

Faßt man hierin jeweils das zu ein und derselben Funktion gehörige reelle und imaginäre Glied zusammen, so ergibt sich eine erhebliche Vereinfachung. Es gilt nämlich nach (318) und (320)

$$- C_{w_3 + w_4} - j\, C_{\pi/2 + w_3 + w_4} = \mathfrak{t}_\mathrm{C} \cdot e^{-j(w_3 + w_4)}$$

und eine entsprechende Beziehung für die übrigen drei Funktionen. Damit erhält man schließlich für die Fundamentalwirkung

$$\frac{\mathfrak{r}}{A} = [\mathfrak{t}_\mathrm{C} + \mathfrak{t}_\mathrm{H} + (\gamma_{13} + \gamma_{42} + \gamma_{34})\,\mathfrak{t}_\mathrm{D}]\, e^{-j(w_3 + w_4)} -$$

$$- [\mathfrak{t}_\mathrm{G} + \gamma_{13}\mathfrak{t}_\mathrm{C} + (\gamma_{42} + \gamma_{34})\,\mathfrak{t}_\mathrm{H} + \gamma_{13}\,(\gamma_{42} + \gamma_{34})\,\mathfrak{t}_\mathrm{D}]\, w_3\, e^{-j(w_3 + w_4)} -$$

$$- [\mathfrak{t}_\mathrm{G} + (\gamma_{13} + \gamma_{34})\,\mathfrak{t}_\mathrm{C} + \gamma_{42}\mathfrak{t}_\mathrm{H} + \gamma_{42}\,(\gamma_{13} + \gamma_{34})\,\mathfrak{t}_\mathrm{D}]\, w_4\, e^{-j(w_3 + w_4)} +$$

$$+ \gamma_{34}\,(\mathfrak{t}_\mathrm{G} + \gamma_{13}\mathfrak{t}_\mathrm{C} + \gamma_{42}\mathfrak{t}_\mathrm{H} + \gamma_{13}\,\gamma_{42}\,\mathfrak{t}_\mathrm{D})\, w_3\, w_4\, e^{-j(w_3 + w_4)}. \tag{366}$$

Dies ist die Formel für die Fundamentalwirkung eines Vierkammersystems.

4. Allgemeine Eigenschaften der Fundamentalwirkung.

Die gesamte Fundamentalwirkung ist hier so wie bei den Dreikammersystemen eine lineare Funktion der vier Zeiger $\mathfrak{t}_\mathrm{G}$; $\mathfrak{t}_\mathrm{C}$; $\mathfrak{t}_\mathrm{H}$ und $\mathfrak{t}_\mathrm{D}$. Bei den Dreikammersystemen hatten wir zwei Gruppen unterschieden: Die Kreisanteile und die Spiralenanteile. Hier haben wir es mit insgesamt vier Gruppen zu tun, und zwar mit einer Kreisgruppe und mit drei Spiralengruppen. Von den Spiralengruppen sind zwei von *Archimedi*scher Form:

$$w_3\, e^{-j(w_3 + w_4)} \quad \text{und} \quad w_4\, e^{-j(w_3 + w_4)}.$$

Die Ortskurve

$$w_3\, e^{-j(w_3 + w_4)}$$

ist nämlich in Bezug auf w_3 eine *Archimedi*sche Spirale, in Bezug auf w_4 ein Kreis. Bei der Ortskurve

$$w_4\, e^{-j(w_3 + w_4)}$$

ist es gerade umgekehrt. Die dritte Ortskurve

$$w_3\, w_4\, e^{-j(w_3 + w_4)}$$

ist eine *Archimedi*sche Spirale bezüglich w_3 und bezüglich w_4. Macht man daher die beiden Parameter w_3 und w_4 gleich groß, so behalten die beiden ersten Ortskurven

$$w_3\, e^{-2jw_3}$$

die Eigenschaften der *Archimedi*schen Spirale bei, während die dritte Ortskurve

$$w_3{}^2\, e^{-2jw_3}$$

einen quadratischen Anstieg des Radiusvektors ergibt. Wir können daher die letzte Spiralengruppe als eine solche zweiter Ordnung bezeichnen.

Die Spiralenterme zweiter Ordnung treten nur dann in Erscheinung, wenn $\gamma_{34} \neq 0$ ist. Verschwindet hingegen der Beschleunigungssprung an der Trennungsstelle beider Laufstrecken, so wird aus (366)

$$\frac{\mathfrak{r}}{A} = \mathfrak{t}_C + \mathfrak{t}_H + (\gamma_{13} + \gamma_{42})\, \mathfrak{t}_D\, e^{-j(w_3 + w_4)} -$$

$$- (\mathfrak{t}_G + \gamma_{13}\,\mathfrak{t}_C + \gamma_{42}\,\mathfrak{t}_H + \gamma_{13}\,\gamma_{42}\,\mathfrak{t}_D)\, (w_3 + w_4)\, e^{-j(w_3 + w_4)}.$$

Es geht dann also nur noch der gesamte Laufwinkel $w_3 + w_4$ ein, das System verhält sich also so, wie eines mit nur **einer** Laufstrecke. Formal erkennt man dies daraus, daß die obenstehende Formel in (321) übergeht, wenn man $w_3 + w_4$ durch w_3 und γ_{42} durch γ_{32} ersetzt. Es ist ohne weiteres verständlich, daß eine Unterteilung der Laufkammer eines Dreikammersystems sich in der Fundamentalwirkung nur dann bemerkbar machen kann, wenn durch diese Unterteilung ein Sprung der logarithmischen Beschleunigung hervorgerufen wird.

Ein wirkliches Vierkammersystem, das sich nicht auf ein Dreikammersystem reduziert, setzt also voraus, daß

$$\gamma_{34} \neq 0$$

gilt. Führt man in (366) an Stelle der vier Zeiger $\mathfrak{t}_G$; $\mathfrak{t}_C$; $\mathfrak{t}_H$ und $\mathfrak{t}_D$ die Grundzeiger $\mathfrak{m}_1$; $\mathfrak{m}_2$; $\mathfrak{n}_1$; $\mathfrak{n}_2$ nach (322) ein, so ergibt sich für den Kreisanteil und für die drei Spiralenanteile der Reihe nach:

$$\mathfrak{t}_C + \mathfrak{t}_H + (\gamma_{13} + \gamma_{42} + \gamma_{34})\, \mathfrak{t}_D =$$

$$= j\,\mathfrak{m}_1{}^*\,\mathfrak{m}_2{}^* \left(\frac{\mathfrak{n}_1{}^*}{\mathfrak{m}_1{}^*} + \gamma_{13} + \frac{\mathfrak{n}_2{}^*}{\mathfrak{m}_2{}^*} + \gamma_{42} + \gamma_{34} \right),$$

$$\mathfrak{t}_G + \gamma_{13}\,\mathfrak{t}_C + (\gamma_{42} + \gamma_{34})\,\mathfrak{t}_H + \gamma_{13}\,(\gamma_{42} + \gamma_{34})\,\mathfrak{t}_D =$$

$$= j\,\mathfrak{m}_1{}^*\,\mathfrak{m}_2{}^* \left(\frac{\mathfrak{n}_1{}^*}{\mathfrak{m}_1{}^*} + \gamma_{13} \right) \left(\frac{\mathfrak{n}_2{}^*}{\mathfrak{m}_2{}^*} + \gamma_{42} + \gamma_{34} \right),$$

$$\mathfrak{t}_G + (\gamma_{13} + \gamma_{34})\,\mathfrak{t}_C + \gamma_{42}\,\mathfrak{t}_H + \gamma_{42}\,(\gamma_{13} + \gamma_{42})\,\mathfrak{t}_D =$$

$$= j\,\mathfrak{m}_1{}^*\,\mathfrak{m}_2{}^* \left(\frac{\mathfrak{n}_1{}^*}{\mathfrak{m}_1{}^*} + \gamma_{13} + \gamma_{34} \right) \left(\frac{\mathfrak{n}_2{}^*}{\mathfrak{m}_2{}^*} + \gamma_{42} \right),$$

$$\mathfrak{t}_G + \gamma_{13}\,\mathfrak{t}_C + \gamma_{42}\,\mathfrak{t}_H + \gamma_{13}\,\gamma_{42}\,\mathfrak{t}_D =$$

$$= j\,\mathfrak{m}_1{}^*\,\mathfrak{m}_2{}^* \left(\frac{\mathfrak{n}_1{}^*}{\mathfrak{m}_1{}^*} + \gamma_{13} \right) \left(\frac{\mathfrak{n}_2{}^*}{\mathfrak{m}_2{}^*} + \gamma_{42} \right).$$

Setzt man

$$\mathfrak{x}_{13} = \frac{\mathfrak{n}_1}{\mathfrak{m}_1} + \gamma_{13}$$

$$\mathfrak{x}_{42} = \frac{\mathfrak{n}_2}{\mathfrak{m}_2} + \gamma_{42},$$

(367)

so erhält man für die obenstehenden vier Ausdrücke der Reihe nach:

$$j\,\mathfrak{m}_1{}^*\,\mathfrak{m}_2{}^*\,(\mathfrak{x}_{13}{}^* + \mathfrak{x}_{42}{}^* + \gamma_{34})$$
$$j\,\mathfrak{m}_1{}^*\,\mathfrak{m}_2{}^*\,\mathfrak{x}_{13}{}^*\,(\mathfrak{x}_{42}{}^* + \gamma_{34})$$
$$j\,\mathfrak{m}_1{}^*\,\mathfrak{m}_2{}^*\,\mathfrak{x}^*{}_{42}\,(\mathfrak{x}_{13}{}^* + \gamma_{34})$$
$$j\,\mathfrak{m}_1{}^*\,\mathfrak{m}_2{}^*\,\mathfrak{x}_{13}{}^*\,\mathfrak{x}_{42}{}^* \; .$$

Gleichung (366) geht damit über in

$$\frac{\mathfrak{r}}{A} = j\mathfrak{m}_1{}^*\,\mathfrak{m}_2{}^*\,[\mathfrak{x}_{13}{}^* + \mathfrak{x}_{42}{}^* + \gamma_{34} - w_3\,\mathfrak{x}_{13}{}^*\,(\mathfrak{x}_{42}{}^* + \gamma_{34}) -$$

$$- w_4\,\mathfrak{x}_{42}{}^*\,(\mathfrak{x}_{13}{}^* + \gamma_{34}) + w_3\,w_4\,\gamma_{34}\,\mathfrak{x}_{13}{}^*\,\mathfrak{x}_{42}{}^*]\,e^{-j\,(w_3 + w_4)} \; . \qquad (368)$$

Da für $\gamma_{34} = 0$ das Vierkammersystem als ein Dreikammersystem aufgefaßt werden kann, erkennt man den Einfluß von γ_{34} am besten, wenn in (368) die mit γ_{34} multiplizierten Terme gesondert zusammengefaßt werden. Man erhält dann

$$\frac{\mathfrak{r}}{A} = j\,\mathfrak{m}_1{}^*\,\mathfrak{m}_2{}^*\,[\mathfrak{x}_{13}{}^* + \mathfrak{x}_{42}{}^* - (w_3 + w_4)\,\mathfrak{x}_{13}{}^*\,\mathfrak{x}_{42}{}^*]\,e^{-j\,(w_3 + w_4)} +$$

$$+ j\,\mathfrak{m}_1{}^*\,\mathfrak{m}_2{}^*\,\gamma_{34}\,(1 - w_3\,\mathfrak{x}_{13}{}^*)\,(1 - w_4\,\mathfrak{x}_{42}{}^*)\,e^{-j\,(w_3 + w_4)} \; . \qquad (369)$$

Der erste Hauptteil repräsentiert die Wirkung eines Dreikammersystems, dessen Laufstrecke einen Laufwinkel $w_3 + w_4$ umfaßt, da dieser Anteil mit (325) identisch ist. In dem zweiten Hauptteil ist die Abweichung enthalten, die zwischen dem Dreikammersystem und Vierkammersystem besteht. Sie umfaßt also das Neuartige des Vierkammersystems. Nun sehen wir, daß diese Abweichung außer für

$$\gamma_{34} = 0$$

auch noch in zwei weiteren Fällen verschwinden kann und damit das Vierkammersystem wieder in ein Dreikammersystem degeneriert. Dies tritt ein für

$$\mathfrak{x}_{13}{}^* = \frac{1}{w_3}$$

oder für

$$\mathfrak{x}_{42}{}^* = \frac{1}{w_4} \; . \qquad (370)$$

Wir untersuchen die erste Möglichkeit. Zu ihrem Eintreten muß notwendigerweise $\mathfrak{x}_{13}$ reell sein. Nun ist

$$\mathfrak{x}_{13} = \frac{\mathfrak{n}_1}{\mathfrak{m}_1} + \gamma_{13} \, ,$$

also $\mathfrak{x}_{13}$ nur dann reell, wenn $\mathfrak{n}_1/\mathfrak{m}_1$ reell ist. Es muß also gelten

$$\frac{\mathfrak{n}_1}{\mathfrak{m}_1} = \frac{\mathfrak{n}_1{}^*}{\mathfrak{m}_1{}^*} \, ,$$

oder nach (244)

$$\frac{g_0\,(w_1) + j\,g_{\pi/2}\,(w_1)}{f_0\,(w_1) + j\,f_{\pi/2}\,(w_1)} = \frac{g_0\,(w_1) - j\,g_{\pi/2}\,(w_1)}{f_0\,(w_1) - j\,f_{\pi/2}\,(w_1)} \; .$$

Hieraus folgt nach dem Wegschaffen der Nenner

$$f_0(w_1)\, g_{\pi/2}(w_1) - f_{\pi/2}(w_1)\, g_0(w_1) = 0 \cdot$$

Mit (92) erhält man hierfür

$$2\sin w_1 \left(\operatorname{tg} \frac{w_1}{2} - \frac{w_1}{2} \right) = 0 \cdot$$

Die Lösungen dieser Gleichung sind

$$w_1 = 2\pi\, n$$

und

$$w_1 = \zeta_1 \cdot$$

Für $w_1 = 2\,\pi\, n$ wird

$$\frac{n_1}{m_1} = 0 ,$$

also

$$\mathfrak{x}_{13} = \gamma_{13}$$

oder nach (370)

$$\gamma_{13} = \frac{1}{w_3} \cdot$$

Im zweiten Falle $w_1 = \zeta_1$ wird nach (327)

$$\frac{n_1}{m_1} = -\frac{2}{\zeta_1}$$

und

$$\mathfrak{x}_{13} = \gamma_{13} - \frac{2}{\zeta_1} \cdot$$

Die Bedingung nach (370) lautet daher

$$\gamma_{13} = \frac{2}{\zeta_1} + \frac{1}{w_3} \cdot$$

Ist also

$$w_1 = 2\pi n \quad \text{und} \quad \gamma_{13} = \frac{1}{w_3}$$

oder   (371)

$$w_1 = \zeta_1 \quad \text{und} \quad \gamma_{13} = \frac{2}{\zeta_1} + \frac{1}{w_3},$$

dann verschwindet der mit γ_{34} multiplizierte Term in der Fundamentalwirkung (369). Bedenkt man, daß der größte Wert von $2/\zeta_1 \approx 0{,}2$ ist und daß auch w_3 im allgemeinen recht groß ist, so sind die Sprungwerte von (371) außerordentlich klein. Ganz entsprechend wird das Ergebnis, wenn man die zweite Möglichkeit von (370) ins Auge faßt. Sie tritt ein, wenn

$$w_2 = 2\pi n \quad \text{und} \quad \gamma_{42} = \frac{1}{w_4}$$

oder   (372)

$$w_2 = \zeta_2 \quad \text{und} \quad \gamma_{42} = \frac{2}{\zeta_2} + \frac{1}{w_4}$$

wird.

Wir können also folgendes Ergebnis zusammenfassen: Ein Vierkammersystem ($\gamma_{34} \neq 0$) kann in ein Dreikammersystem degenerieren, wenn der Laufwinkel in der Steuerstrecke ein geradzahliges Vielfaches von π wird und der Beschleunigungssprung zwischen Steuerkammer und erster Laufkammer den Wert

$$\gamma_{13} = \frac{1}{w_3}$$

annimmt oder, wenn der Laufwinkel der Steuerstrecke ein charakteristischer ist und der Beschleunigungssprung die Größe

$$\gamma_{13} = \frac{2}{\zeta_1} + \frac{1}{w_3}$$

besitzt. Derselbe Fall tritt ein, wenn die entsprechend abgewandelten Beziehungen zwischen der Arbeitskammer und der zweiten Laufstrecke bestehen. Dabei ist unter „das Vierkammersystem degeneriert in ein Dreikammersystem" die Tatsache zu verstehen, daß man die Fundamentalwirkung aus der Formel für das Dreikammersystem bestimmen kann, wobei die beiden Laufkammern durch eine einzige mit dem Laufwinkel $w_3 + w_4$ zu ersetzen sind und die Sprungwerte zwischen Steuerstrecke und erstem Laufraum einerseits, sowie zwischen zweitem Laufraum und Arbeitsraum anderseits benützt werden müssen.

Aus den angestellten Überlegungen geht hervor, daß man ein Vierkammersystem als ein Dreikammersystem mit dem Laufwinkel $w_3 + w_4$ in der Laufkammer auffassen kann, zu deren Fundamentalwirkung im allgemeinen noch ein Zusatzglied hinzutritt, das durch den zweiten Hauptterm von (369) gegeben ist. Die Untersuchung des Vierkammersystems läßt sich daher auf die Untersuchung dieses Zusatzgliedes zurückführen, da die Eigenschaften des ersten Hauptterms der Fundamentalwirkung aus der Theorie der Dreikammersysteme bereits als bekannt betrachtet werden können.

Legt man wieder die $\mathfrak{t}$-Zeiger der Darstellung zugrunde, dann ergibt sich aus (366) durch Abspaltung des zu γ_{34} proportionalen Termes

$$\frac{\mathfrak{r}}{A} = [\mathfrak{t}_C + \mathfrak{t}_H + (\gamma_{13} + \gamma_{42})\,\mathfrak{t}_D]\,e^{-j(w_3 + w_4)} -$$

$$- (w_3 + w_4)\,(\mathfrak{t}_G + \gamma_{13}\,\mathfrak{t}_C + \gamma_{42}\,\mathfrak{t}_H + \gamma_{13}\,\gamma_{42}\,\mathfrak{t}_D)\,e^{-j(w_3 + w_4)} +$$

$$+ \gamma_{34}\,w_3\,w_4\left[\mathfrak{t}_G + \left(\gamma_{13} - \frac{1}{w_3}\right)\mathfrak{t}_C + \left(\gamma_{42} - \frac{1}{w_4}\right)\mathfrak{t}_H + \right.$$

$$\left. + \left(\gamma_{13} - \frac{1}{w_3}\right)\left(\gamma_{42} - \frac{1}{w_4}\right)\mathfrak{t}_D\right]e^{-j(w_3 + w_4)}. \tag{373}$$

Das zu untersuchende Zusatzglied hat die Gestalt

$$\frac{\mathfrak{S}}{A} = \gamma_{34}\, w_3\, w_4 \left[\mathfrak{t}_G + \left(\gamma_{13} - \frac{1}{w'_3}\right) \mathfrak{t}_C + \left(\gamma_{42} - \frac{1}{w'_4}\right) \mathfrak{t}_H + \right.$$

$$\left. + \left(\gamma_{13} - \frac{1}{w'_3}\right)\left(\gamma_{42} - \frac{1}{w'_4}\right) \mathfrak{t}_D \right] e^{-j(w_3 + w_4)} . \tag{374}$$

Aus den beiden letzten Gleichungen läßt sich eine einfache Näherungsformel gewinnen, die uns zu einem recht durchsichtigen Zusammenhang zwischen den Drei- und Vierkammersystemen verhilft. Für große Laufwinkel w_3 und w_4 können nämlich deren Reziprokwerte in (374) gegen die Beschleunigungssprünge γ_{13} bzw. γ_{42} vernachlässigt werden, vorausgesetzt, daß diese nicht selbst noch erheblich viel kleiner sind. Dann nimmt das Zusatzglied (374) die Form an

$$\frac{\mathfrak{S}}{A} \approx \gamma_{34}\, w_3\, w'_4 (\mathfrak{t}_G + \gamma_{12}\, \mathfrak{t}_C + \gamma_{42}\, \mathfrak{t}_H + \gamma_{13}\, \gamma_{42}\, \mathfrak{t}_D)\, e^{-j(w_3 + w_4)}.$$

Es ist also, abgesehen von den vor den Klammern stehenden Faktoren mit dem Spiralenanteil des ersten Hauptteiles von (373) identisch. Berücksichtigt man diesen Umstand, dann kann für (373) näherungsweise geschrieben werden

$$\frac{\mathfrak{r}}{A} \approx [\mathfrak{t}_C + \mathfrak{t}_H + (\gamma_{13} + \gamma_{42})\, \mathfrak{t}_D]\, e^{-j(w_3 + w_4)} -$$

$$- (w_3 + w_4 - \gamma_{34}\, w_3\, w_4)\, (\mathfrak{t}_G + \gamma_{13}\, \mathfrak{t}_C + \gamma_{42}\, \mathfrak{t}_H + \gamma_{13}\, \gamma_{42}\, \mathfrak{t}_D)\, e^{-j(w_3 + w_4)} .$$

$$|\gamma_{13}| \gg \frac{1}{w'_3}; \quad |\gamma_{42}| \gg \frac{1}{w'_4} . \tag{375}$$

Hieraus erkennen wir, daß das Zusatzglied nur dann einen gleichsinnigen Beitrag zu dem Spiralenanteil des Dreikammersystems liefert, wenn

$$\gamma_{34} < 0$$

ist. Die gleichen Bedingungen ergaben sich bei den Dreikammersystemen für γ_{13} und γ_{32} (vergl. Abschn. 8 und 9). In gleiche Richtung weist auch die Erkenntnis, daß bei voller Auslöschung der Influenzwirkung Beschleunigungssprünge mit positivem Vorzeichen auftreten. Die kaskadenförmige Zunahme der logarithmischen Beschleunigung in den nacheinander von den Elektronen durchlaufenen Kammern ist offenbar eine notwendige Bedingung, um die verschiedenartigen Influenzeinflüsse im gleichen Sinne zur Wirkung gelangen zu lassen.

Wir haben hier die Fälle untersucht, in denen das Zusatzglied verschwindet. Wir wollen nun noch die umgekehrte Möglichkeit ins Auge fassen, wobei also das Zusatzglied die alleinige Ursache für die Influenzwirkung ergibt. Dies tritt offenbar ein für

$$\mathfrak{x}_{13} = \mathfrak{x}_{42} = 0.$$

Die Erfüllung dieser Bedingungen führt auf die Kompensations-
forderungen der Dreikammersysteme (Abschn. 10). Es bleibt dann
für die Fundamentalwirkung nach (369) nur der Term

$$\frac{\mathfrak{r}}{A} = j\,\mathfrak{m}_1{}^*\,\mathfrak{m}_2{}^*\,\gamma_{34}\,e^{-j\,(w_3 + w_4)} = \gamma_{34}\,\mathfrak{t}_D\,e^{-j\,(w_3 + w_4)}$$

übrig.

In vielen Fällen gilt eine ähnlich einfache Gleichung für die
Fundamentalwirkung. Dies trifft zu, wenn das Zusatzglied den
ersten Hauptterm in seiner Größe weit übertrifft. Diese Möglichkeit wird beispielsweise verwirklicht, wenn man die Elektronen
an der Stoßstelle beider Laufkammern auf eine sehr kleine Geschwindigkeit bringt, sie also in der ersten Laufstrecke stark abbremst. Dann wird γ_{34} im Grenzfall $u_3 = 0$ unendlich groß. Man
erhält dann

$$\frac{\mathfrak{r}}{A} \approx \gamma_{34}\,w_3\,w_4\,\mathfrak{t}_G\,e^{-j\,(w_3 + w_4)}\,,$$

was man am besten aus (373) erkennen kann. Hierauf beruht z. T.
die experimentell bekannte Tatsache, daß man ein aus Dämpfungs-
gründen nicht schwingungsfähiges Dreikammersystem dadurch
zur Selbsterregung bringen kann, daß man die Elektronen in der
Laufstrecke abbremst. Dies wird durch den Einbau einer einfachen Blende im Inneren der Laufstrecke ermöglicht, die mit der
Kathode verbunden ist. Der andere hierdurch hervorgerufene, die
Anfachung unterstützende Einfluß beruht auf einer Vergrößerung
des Laufwinkels w_3.

5. Die Grundtypen der Influenzwirkung.

Auf Grund der Näherungsformel (375) gelingt es uns ohne
weitere Rechnung die vier Grundtypen des Vierkammersystems
auf die des Dreikammersystems zurückzuführen. Formal haben
wir dabei nichts weiter zu tun, als
in den Abb. 47 bis 50 den Laufraum zu unterteilen und die Feldgeraden so anzuordnen, daß ein endlicher Sprungwert der logarithmischen Beschleunigung an der
Stoßstelle zwischen beiden Laufkammern entsteht. Wir wählen
für den Beschleunigungssprung aus
den vorhin erwähnten Gründen
das negative Vorzeichen. In der

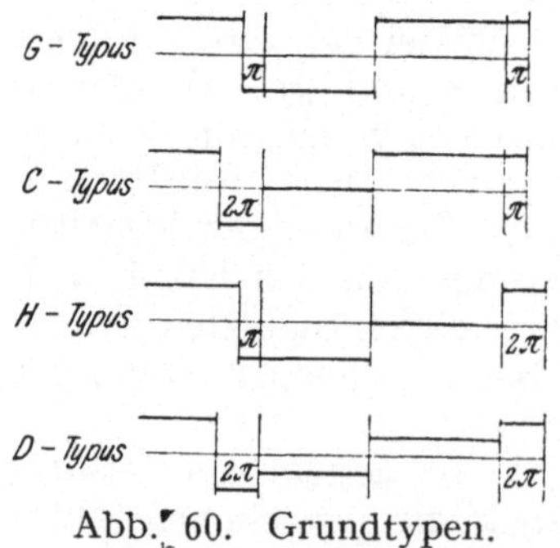

Abb. 60. Grundtypen.

Darstellung der Abb. 60 sind die
Kathoden nicht eingezeichnet. Man hat sie sich links von den
Systemen zu denken. Ferner ist angenommen, daß alle Ent-
ladungsräume raumladungsschwach sind; die Feldgeraden

verlaufen demnach parallel zur Laufwinkelachse. Im einzelnen ist zu den Bildern noch folgendes zu bemerken: Die Laufwinkel in Steuer- und Arbeitskammer haben die bei den Dreikammersystemen ermittelten Werte. Beim G-Typus sind die Feldgeraden so anzubringen, daß die Sprünge γ_{13} und γ_{42} verschwinden. Beim C-Typus ist nur der erste vorhanden, der zweite verschwindet. Der H-Typus verlangt gerade die umgekehrten Verhältnisse. Der D-Typus tritt auf, wenn alle drei Beschleunigungssprünge von Null verschieden sind.

Die hier gewählten speziellen Verhältnisse (raumladungsschwach) sind nur als Beispiele zu betrachten. Die Typisierung gilt natürlich allgemeiner.

6. Charakteristische Systeme. Kompensation.

Die charakteristischen Vierkammersysteme sind rasch zu erledigen, da sich die hierfür geltenden Formeln aus den bei den Dreikammersystemen gewonnenen Ergebnissen ohne viel Rechnung ergeben. Es sei also jetzt

$$w_1 = \zeta_1 \quad \text{und} \quad w_2 = \zeta_2$$

vorausgesetzt. Dann wird nach (327)

$$\frac{n_1}{m_1} = -\frac{2}{\zeta_1}$$

und

$$\frac{n_2}{m_2} = -\frac{2}{\zeta_2}.$$

Aus (367) folgt also

$$\mathfrak{x}_{13} = \gamma_{13} - \frac{2}{\zeta_1}$$

$$\mathfrak{x}_{42} = \gamma_{42} - \frac{2}{\zeta_2}.$$

Die Gleichung (369) geht damit über in

$$\frac{\mathfrak{r}}{A} = \left[\gamma_{13} - \frac{2}{\zeta_1} + \gamma_{42} - \frac{2}{\zeta_2} - \right.$$

$$\left. - (w_3 + w_4) \left(\gamma_{13} - \frac{2}{\zeta_1} \right) \left(\gamma_{42} - \frac{2}{\zeta_2} \right) \right] \mathfrak{t}_\mathrm{D}(\zeta_1; \zeta_2)\, e^{-j(w_3 + w_4)} +$$

$$+ \gamma_{34} \left[1 - w_3 \left(\gamma_{13} - \frac{2}{\zeta_1} \right) \right] \left[1 - w_4 \left(\gamma_{42} - \frac{2}{\zeta_2} \right) \right] \mathfrak{t}_\mathrm{D}(\zeta_1; \zeta_2)\, e^{-j(w_3 + w_4)}.$$

$$(376)$$

Hieraus entnehmen wir, daß für

$$\gamma_{13} < 0; \qquad \gamma_{34} < 0; \qquad \gamma_{42} < 0$$

alle Terme dasselbe Vorzeichen erhalten, also alle einen gleichsinnigen Beitrag für die Influenzwirkung ergeben.   Auch hier finden wir wieder die schon vorhin erwähnte Tatsache, daß die einzelnen Influenzwirkungen in gleichem Sinne wirken, wenn die logarithmische Beschleunigung von Kammer zu Kammer zunimmt.

Das Gegenstück hierzu bildet die vollständige gegenseitige Auslöschung der einzelnen Teile der Fundamentalwirkung.   Eine solche Kompensation tritt offenbar ein für

$$\gamma_{13} = \frac{2}{\zeta_1} + \frac{1}{w_3}$$

$$\gamma_{42} = \frac{2}{\zeta_2} + \frac{1}{w_4}. \tag{377}$$

Dies ist durch Einsetzen in die oben stehende Gleichung für die Fundamentalwirkung leicht zu bestätigen.   Damit soll aber keineswegs gesagt sein, daß die hierdurch festgelegten Betriebszustände die einzigen sind, welche zur vollständigen Auslöschung führen. Bemerkenswert ist, daß bei den hier in Betracht gezogenen Auslöschungsmöglichkeiten der Sprungwert γ_{34} nicht eingeht.   Wir erinnern hier nochmals daran, daß das im 4ten Abschnitt behandelte Verschwinden des Zusatzgliedes nur das Bestehen einer der beiden Gleichungen von (377) voraussetzt.   Dort handelt es sich also nur um „halbcharakteristische Systeme", bei denen die Steuerstrecke oder die Arbeitsstrecke einen charakteristischen Laufwinkel besitzen.

Wir wollen nun wieder zeigen, daß die Bedingungen (377) erfüllbar sind, ohne daß man an die Stabilitätsgrenze herangehen muß, wie es bei den Zweikammersystemen notwendig war.   Mit der ersten und dritten Gleichung von (354) erhält man aus (377) nach Wegschaffen der Nenner die beiden Beziehungen

$$w_0{}^2\,\zeta_1\,u_3 + w_0{}^2\,w_3\,(u_1 + 1) = \zeta_1\,w_3\,(\zeta_1 + w_3)$$

$$w_0{}^2\,\zeta_2\,u_4 + w_0{}^2\,w_4\,(u_4 + u_2) = \zeta_2\,w_4\,(\zeta_2 + w_4). \tag{378}$$

Die Stabilitätsbedingungen für unsere vier Kammern ergeben sich aus (297):

$$w_0{}^2\,(1 + u_1) \geqq \zeta_1{}^2$$

$$w_0{}^2\,(u_1 + u_3) \geqq w_3{}^2$$

$$w_0{}^2\,(u_3 + u_4) \geqq w_4{}^2 \tag{379}$$

$$w_0{}^2\,(u_4 + u_2) \geqq \zeta_2{}^2.$$

Wir erinnern daran, daß das Gleichheitszeichen hierin sich auf die Grenze der Stabilität bezieht.   Multipliziert man die erste Ungleichung mit w_3, die zweite mit ζ_1 und entsprechend die dritte mit ζ_2, die vierte mit w_4 und bildet die Summe aus den beiden ersten, bzw. aus den beiden letzten, so kommt

$$w_0^2 \zeta_1 (u_1 + u_3) + w_0^2 w_3 (1 + u_1) \geqq \zeta_1 w_3 (\zeta_1 + w_3)$$
$$w_0^2 \zeta_2 (u_3 + u_4) + w_0^2 w_4 (u_4 + u_2) \geqq \zeta_2 w_1 (\zeta_2 + w_4) \,. \tag{380}$$

Die Gleichungen (378) können auch in der Gestalt

$$w_0^2 \zeta_1 (u_1 + u_3) + w_0^2 w_3 (1 + u_1) = \zeta_1 w_3 (\zeta_1 + w_3) + w_0^2 \zeta_1 u_1$$
$$w_0^2 \zeta_2 (u_3 + u_4) + w_0^2 w_4 (u_4 + u_2) = \zeta_2 w_4 (\zeta_2 + w_4) + w_0^2 \zeta_2 u_3$$

geschrieben werden. Ihre linken Seiten sind mit den linken Seiten von (380) identisch. Hieraus entnehmen wir, daß bei Erfüllung der Bedingungen (378) in (380) nur die beiden Größerzeichen gelten können. Dies besagt aber, daß wir die Wahl der einzelnen Elemente immer so treffen können, daß auch in jeder der vier Ungleichungen (379) kein Gleichheitszeichen auftritt, also jeder Entladungsraum stabil ist.

Als Beispiel betrachten wir den einfachsten Fall, in dem die Auslöschung bei äußerlich feldfreien Entladungsräumen zustande kommt. Wir haben also $u_1 = u_3 = u_4 = u_2 = 1$ zu setzen. Außerdem sei der Einfachheit wegen angenommen, daß $\zeta_1 = \zeta_2 = \zeta$ und $w_4 = w_3$ gilt, also ein symmetrisches System vorliegt. Dann verschmelzen die Gleichungen (378) zu der Beziehung

$$w_0^2 \zeta + 2 w_0^2 w_3 = \zeta w_3 (\zeta + w_3).$$

Sie ergibt die parabelartige Kurve von Abb. 61, wenn man ζ als eine Konstante betrachtet. In dem Diagramm sind die Stabilitätsgrenzen durch die Geraden L und S gekennzeichnet. Die erste und vierte Ungleichung von (379) ergeben in unserem Falle

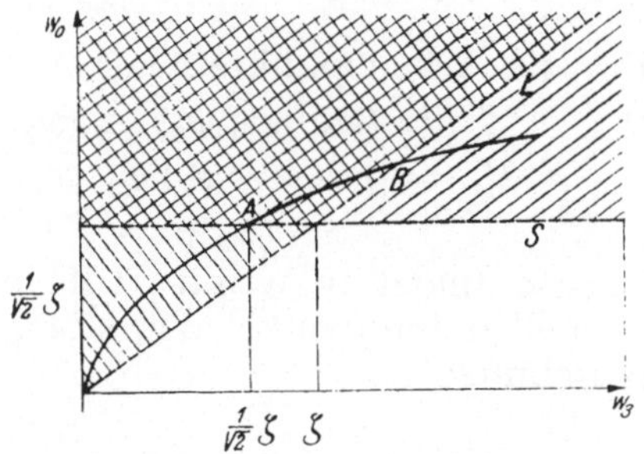

Abb. 61. Kompensation für $u_1 = u_3 = u_4 = u_2 = 1, \zeta_2 = \zeta_1, w_4 = w_3$.

$$S: \quad w_0 \sqrt{2} \geqq \zeta, \quad \text{die zweite und dritte} \quad L: \quad w_0 \sqrt{2} \geqq w_3.$$

Oberhalb der Geraden S sind Steuer- und Arbeitskammer stabil. In dem doppelt schraffierten Gebiet des Diagramms sind daher alle Entladungsstrecken stabil. Dieser Bereich umfaßt also das Existenzgebiet der umkehrfreien Elektronenströmung. Demnach kommt nur der Kurventeil in Betracht, der zwischen den Punkten A und B gelegen ist. Bei A wird der Steuerraum instabil, bei B der Laufraum. Alle Zwischenwerte ergeben Betriebszustände, bei denen die Grenze der Stabilität nicht erreicht wird. Jeder Punkt des Kurvenstückes $\overset{\frown}{AB}$ bedeutet Auslöschung der Influenzwirkungen bei vollkommen stabilen Verhältnissen.

7. Der Reziprozitätssatz.

Es sei jetzt $u_2 = 1$ vorausgesetzt. Die Elektronen verlassen den Arbeitsraum mit derselben Geschwindigkeit, mit der sie in den Steuerraum eintreten. Das System S hat den Arbeitspunkt

$$P_u = (w_0; w_1; w_3; w_4; w_2; u_1; u_3; u_4; 1).$$

In Erweiterung der reziproken Dreikammersysteme bezeichnen wir das System S' mit dem Arbeitspunkt

$$P_u' = (w_0; w_2; w_4; w_3; w_1; u_4; u_3; u_1; 1)$$

als das zu S reziproke System. Der Übergang vom einen zum andern vollzieht sich also durch die Vertauschung

$$w_1 \longleftrightarrow w_2$$
$$w_3 \longleftrightarrow w_4$$
$$u_1 \longleftrightarrow u_4 \, .$$

Für die Feldgrößen a_1'; a_3'; a_4' und a_2' des reziproken Systems S' erhält man demnach unter Anwendung von (291) die Zusammenhänge

$$a_1' = - (a_2 + w_2)$$
$$a_3' = - (a_4 + w_4)$$
$$a_4' = - (a_3 + w_3)$$
$$a_2' = - (a_1 + w_1).$$

Für die Arbeitspunkte 1-ter Art gilt also

$$P_a = (w_0; w_1; w_3; w_4; w_2; a_1; a_3; a_4; a_2)$$
$$P_a' = [w_0; w_2; w_4; w_3; w_1; - (a_2 + w_2); - (a_4 + w_4);$$
$$- (a_3 + w_3); - (a_1 + w_1)] \, .$$

Ebenso findet man mit Hilfe der Gleichung (292), daß für die virtuellen Laufwinkel der Übergang von S zu S' durch die Vertauschungen

$$z_1 \longleftrightarrow z_2$$
$$z_3 \longleftrightarrow z_4$$

erfolgt. In den Koordinaten dritter Art gilt also

$$S: \qquad P_z = (w_0; w_1; w_3; w_4; w_2; z_1; z_3; z_4; z_2)$$
$$S': \qquad P_z' = (w_0; w_2; w_4; w_3; w_1; z_2; z_4; z_3; z_1;) \, .$$

Die reziproken Systeme unterscheiden sich also nur in der Aufeinanderfolge der einzelnen Kammern; die Bewegung der Elektronen verläuft vollkommen gleichartig, aber in umgekehrter Richtung (Abb. 62). Ein Elektron, das an einer bestimmten Stelle einer Kammer in S beschleunigt wird, erleidet an derselben Stelle im System S' eine Verzögerung von absolut gleicher Größe. Die Geschwindigkeiten sind aber gleich groß.

Im reziproken System bleiben die Fundamentalwiderstände erhalten, aber sie vertauschen ihre Rollen. Jetzt wollen wir noch feststellen, daß die Fundamentalwirkung r sich nicht ändert.

Aus (354) ergibt sich nämlich, daß beim Übergang zum reziproken System die Beschleunigungssprünge γ_{13} und γ_{42} wechselseitig ineinander übergehen, γ_{34} aber unverändert bleibt. In der Formel (373) für die Fundamentalwirkung ist daher die Summe

$$\gamma_{13}\, t_C + \gamma_{42}\, t_H$$

invariant, weil bekanntlich durch die Vertauschung der Argumente t_C in t_H übergeführt wird und umgekehrt. Alle übrigen Glieder wie

$$w_3 + w_4;\quad w_3 \cdot w_4;\quad t_G \text{ und } t_D$$

sind symmetrische Funktionen der Laufwinkelargumente und ändern sich daher nicht. ·Wir haben also auch hier wieder den wichtigen Satz:

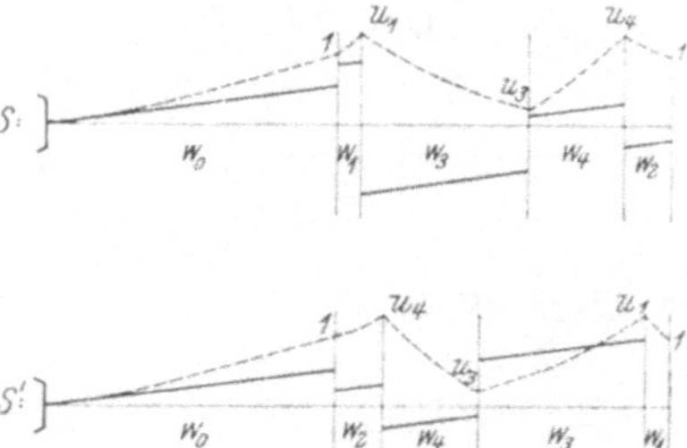

Abb. 62. Reziproke Systeme.

Die Fundamentalwirkungen reziproker Systeme sind gleich gross.
Wir erinnern hier nochmals an den physikalischen Inhalt, der dieser Aussage zugrunde liegt. Er wurde bei den Zweikammersystemen eingehend erörtert. Vertauscht man in einem System mit $u_2 = 1$ die Reihenfolge aller Kammern, dann wird die ursprüngliche Steuerstrecke zur Arbeitsstrecke und die Arbeitsstrecke zur Steuerstrecke. Hierdurch wird aus dem Eingangswiderstand r_1 der Eingangswiderstand r_2. Das ist noch nichts Besonderes. Das Wesentliche ist aber, daß bei dieser Vertauschung, die im Arbeitsraum durch Influenz erzeugte Leerlaufspannung in beiden Fällen gleich groß ist, vorausgesetzt, daß derselbe Strom zur Steuerung benützt wird. Denn die Leerlaufspannung ist

$$- r\,\mathfrak{J}_1.$$

Der Reziprozitätssatz zeigt deutlicher als jede andere Überlegung, daß für die Influenzwirkung nicht allein die Eigenschaften der Steuerstrecke maßgebend sind, sondern alle Strecken an dem Zustandekommen der Influenzwirkung beteiligt sind. Jede Strecke hat daher „Steuereigenschaft", auch die Arbeitskammer selbst. Dies haben wir am eindringlichsten bei den Zweikammersystemen erfahren.

8. Symmetrische Systeme.

Die folgenden Betrachtungen beschränken sich auf die symmetrischen Systeme. Bei ihnen sind die beiden reziproken Systeme S und S' miteinander identisch. Es gilt also

$$u_2 = 1;\; u_4 = u_1\;;\; w_2 = w_1\;;\; w_4 = w_3\,.$$

Dann wird bekanntlich

und

$$\gamma_{13} = \gamma_{42}$$
$$t_H\,(w_1;\,w_1) = t_C\,(w_1;\,w_1)\,.$$

Für die Fundamentalwirkung erhalten wir aus (373)

$$\frac{\mathfrak{r}}{A} = 2\,(t_C + \gamma_{13}\,t_D)\,e^{-2jw_3} - 2\,w_3\,(t_G + 2\,\gamma_{13}\,t_C + \gamma_{13}{}^2\,t_D)\,e^{-2jw_3} +$$

$$+ \gamma_{34}\,w_3{}^2\left[t_G + 2\left(\left(\gamma_{13} - \frac{1}{w_3}\right)t_C + \left(\gamma_{13} - \frac{1}{w_3}\right)^2 t_D\right]e^{-2jw_3}\,. \tag{381}$$

In der Schreibweise nach (369) findet man wegen

$$\mathfrak{m}_2 = \mathfrak{m}_1 \qquad \text{und} \qquad \mathfrak{x}_{42} = \mathfrak{x}_{13}$$

die Darstellung

$$\frac{\mathfrak{r}}{A} = 2\,j\,\mathfrak{m}_1{}^{*2}\,(\mathfrak{x}_{13}{}^* - w_3\,\mathfrak{x}_{13}{}^{*2})\,e^{-2jw_3} + j\,\mathfrak{m}_1{}^{*2}\gamma_{34}\,(1 - w_3\mathfrak{x}_{13}{}^*)^2\,e^{-2jw_3}\,.$$

$$\tag{382}$$

Wie wir wissen, gibt das Zusatzglied die einzige Abweichung, die zwischen dem Dreikammersystem und dem Vierkammersystem besteht. Das Wesen der Vierkammersysteme werden wir daher am besten aus solchen Systemen gewinnen können, in denen das Zusatzglied allein die Fundamentalwirkung bestimmt. Wir können uns deshalb auf Systeme mit $u_3 \ll 1$ beschränken, dann wird nämlich der Beschleunigungssprung $|\gamma_{34}|$ sehr groß, im Grenzfall $u_3 \to 0$ geht $|\gamma_{34}| \to \infty$. Ein solches System mit besonders stark hervortretender Zusatzwirkung ist in Abb. 63 nochmals gezeigt. Hierbei ist der Einfachheit halber $u_1 = 1$ angenommen

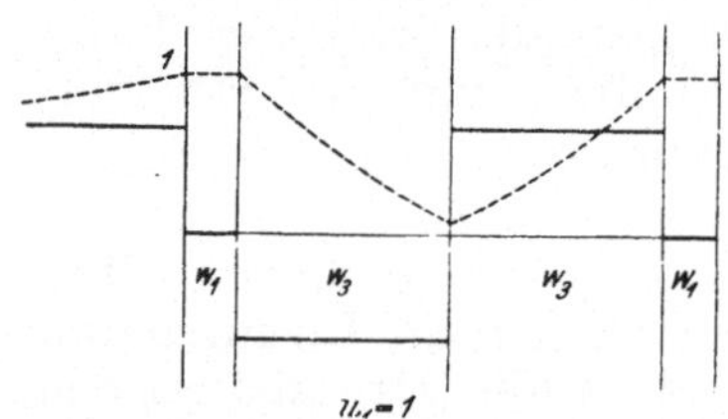

Abb. 63. Raumladungsschwaches Vierkammersystem mit ausgeprägter Zusatzwirkung $u_3 \ll 1$.

und eine weitgehende Unwirksamkeit der Raumladung vorausgesetzt. Die Feldgeraden verlaufen daher parallel zur Achse, im feldfreien Steuerraum und Arbeitsraum ist die Geschwindigkeit der Elektronen örtlich konstant. Für ein solches Gebilde vereinfacht sich die Fundamentalwirkung weitgehend. Zunächst können wir alle Glieder bis auf das Zusatzglied weglassen. Denn dieses hat wegen $u_3 \ll 1$ einen großen absoluten Wert, den wir aus (354) leicht errechnen. Es wird

$$\gamma_{34} = -\frac{2}{w_3\,u_3}\left(1 - \frac{w_3{}^2}{w_0{}^2}\right)\,.$$

Wegen der vorausgesetzten schwachen Raumladung können wir den zweiten Term in der Klammer gegen 1 streichen und erhalten

$$\gamma_{34} = -\frac{2}{w_3\,u_3}\,. \tag{383}$$

Dieser Wert ist absolut genommen umso größer, je kleiner u_3 wird. Je näher wir also mit der Geschwindigkeit u_3 an Null heranrücken, umso bestimmender wird das Zusatzglied. Diesen Fall haben wir hier ins Auge gefaßt. Die in den Klammern stehenden Terme des Zusatzgliedes nach (381) können bis auf t_G alle weggelassen werden, wenn man genügend schwache Raumladung annimmt. Aus (354) ergibt sich nämlich mit $u_3 \ll 1$ und $u_1 = u_4 = 1$

$$\gamma_{13} = \frac{1}{w_0'^2 \, w_1' \, w_3'} \left[w_1' \, w_3' \, (w_1' + w_3') + w_0'^2 \, w_1' \right]$$

oder

$$\gamma_{13} - \frac{1}{w_3'} = \frac{w_1' + w_3'}{w_0'^2} .$$

Mit $w_0 \to \infty$, d. h. mit verschwindender Raumladung verschwinden außer t_G alle Terme des Zusatzgliedes und wir bekommen

$$\frac{\mathfrak{r}}{A} = - \frac{2 \, w_3}{u_3} t_G \, (w_1 ; w_1) \, e^{-2 j \, w_3} . \tag{384}$$

Werden die Elektronen am Ende der ersten Laufkammer bis auf Null gebremst, dann wird $1/u_3 = \infty$. In Wirklichkeit strebt der Ausdruck $1/u_3$ einem sehr großen aber endlichem Grenzwert

$$\lim_{u_3 \to 0} \frac{1}{u_3} = \left[\frac{1}{u_3} \right] \tag{385}$$

zu, weil infolge der starken Verzögerung der Elektronenstrahl „aufplatzt" und daher die Voraussetzung einer ebenen Strömung nicht mehr erfüllt ist. Diesen Grenzfall haben wir bei den Zweikammersystemen näher untersucht. Werden also die Elektronen auf Null gebremst, dann wird

$$\frac{\mathfrak{r}}{A} = - 2 \, w_3 \left[\frac{1}{u_3} \right] t_G \, (w_1 ; w_1) \, e^{-2 j \, w_3} . \tag{386}$$

Wir untersuchen nun die Selbsterregung eines Vierkammersystems, das mit voller Spannung rückgekoppelt ist. Die Art der Rückkopplung möge der des *Heil*schen Generators entsprechen, bei dem der Anfang bzw. das Ende der Steuerstrecke mit dem Ende bzw. mit dem Anfang der Arbeitsstrecke verbunden wird. Die Schaltung geht aus Abb. 53 hervor. Der Eingangsleitwert des so gebildeten Zweipoles hat nach (337) den Wert

$$\mathfrak{Y}' = 2 \, \mathfrak{g}_{10} + 2 \, |\mathfrak{g}_{10}|^2 \, \mathfrak{r}_1{}^* + |\mathfrak{g}_{10}|^2 \, \mathfrak{r} .$$

Mit (386) wird hieraus

$$\mathfrak{Y}' = 2 \, \mathfrak{g}_{10} + 2 \, |\mathfrak{g}_{10}|^2 \, A \, [\varDelta_0 \, (w_1) - j \, \varDelta_{\pi/2} \, (w_1)] -$$

$$- |\mathfrak{g}_{10}|^2 \, A \left[\frac{1}{u_3} \right] t_G \, (w_1 ; w_1) \, 2 w_3 \, e^{-2 j \, w_3} . \tag{387}$$

Wenn wir also nur den vom Zusatzglied herrührenden Anfachungsanteil berücksichtigen, dann ergibt sich als Bedingung für die Selbsterregung

$$- \mathfrak{R} \, t_G \, (w_1 ; w_1) \, e^{-2 j \, w_3} \, 2 w_3 < 0 .$$

Das ist dieselbe Forderung, die wir beim *Heil*schen Generator gefunden hatten. Sie führt zu den Schwingbereichen nach Abb. 54. Der einzige Unterschied besteht nur darin, daß w_3 durch $2\,w_3$ zu ersetzen ist. Dies liegt daran, daß hier w_3 nur den halben Laufwinkel der gesamten Laufstrecke umfaßt. Dementsprechend können wir das Schwingdiagramm nach Abb. 54 direkt übernehmen, wenn wir an die Ordinatenachse $2\,w_3$ schreiben. Die durch das Zusatzglied hervorgerufene Anfachungswirkung ist vom G-Typus und wirkt im selben Sinne wie die ursprüngliche Wirkung des als Dreikammersystem betrachteten *Heil*schen Generators.[1] Auf die Gleichsinnigkeit hatten wir im Zusammenhang mit der Näherungsgleichung (375) bereits hingewiesen.

9. Reflexionssysteme mit Laufkammer.

Aus dem hier behandelten raumladungsschwachen Vierkammersystem können wir durch eine einfache Spiegelung zu der Reflexionsröhre gelangen. Zu diesem Zweck brauchen wir die mit der Geschwindigkeit $u_3 = 0$ in den zweiten Laufraum eintretenden Elektronen in der Richtung nur umzukehren und in diesem Sinne den ersten Weg nochmals durchlaufen zu lassen. Dann bewegen sie sich genau so, wie wenn wir sie in den zweiten Teil des symmetrischen Systems hineinlaufen ließen. Die vorausgesetzte Schwäche der Raumladung sichert uns vor dem Auftreten von Zusatzfeldern, durch die die Bewegung eine Modifikation erfahren würde. Die Verhältnisse liegen hier so wie bei der Spiegelung der Zweikammersysteme. Auch hinsichtlich des Wechselfeldes bleibt die Gleichwertigkeit beider Wege erhalten. In linearer Hinsicht erfolgt an der Reflexionsstelle keine Umgruppierung der Elektronen. Die hierzu notwendigen Überlegungen sind vollständig gleichartig mit den bei den Zweikammersystemen angestellten. Durch die Spiegelung des Vierkammersystems kommt automatisch die vorhin behandelte Rückkopplung

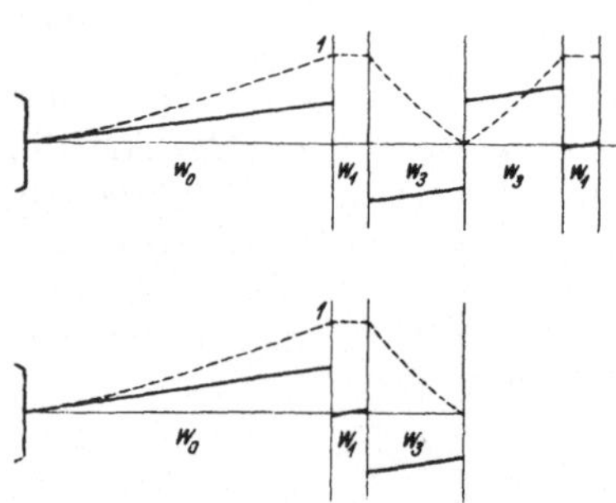

Abb. 64.   Reflexionssysteme.

zustande. Wir können demnach die Formel (387) auch für die in Abb. 64 dargestellte Reflexionsröhre benützen, wenn wir berücksichtigen, daß der dort zweimal gezählte Leitwert g_{10} in-

---

[1] Die ursprüngliche Wirkung des *Heil*schen Generators ist hier allerdings wegen der überwiegenden Stärke des Zusatzgliedes bedeutungslos.

folge der Zusammenlegung beider Kammern durch den einfachen Wert zu ersetzen ist. Für das Reflexionssystem gilt daher

$$\mathfrak{Y}' = \mathfrak{g}_{10} + 2\,|\mathfrak{g}_{10}|^2\,A\,[\varDelta_0\,(w_1) - j\,\varDelta_{\pi/2}\,(w_1)] -$$

$$- |\mathfrak{g}_{10}|^2\,A\left[\frac{1}{u_3}\right]\mathfrak{t}_G\,(w_1;\,w_1)\,2\,w_3\,e^{-2\,j\,w_3}\,. \tag{388}$$

Es ist eine bekannte Tatsache, daß die Reflexionsröhre mit Laufkammer sich zur Anfachung von Schwingungen besonders gut eignet. ·Die Leichtigkeit, mit der auch bei den extrem kurzwelligen Schwingungen des cm-Gebietes eine Anregung zu erzielen ist, wird uns auf Grund der hier gewonnenen Ergebnisse ohne weiteres verständlich. Dies liegt an dem außerordentlich starken Anfachungsmechanismus, der durch das Zusatzglied bedingt ist, welches dem Grenzwert $[1/u_3]$ proportional ist. Seine Größe können wir hier nicht ermitteln. Sie muß aber mit der Frage zusammenhängen, eine wie starke Abweichung von der ebenen Strömung an der Reflexionsstelle auftritt. Je mehr man durch die Anwendung besonderer Hilfsmittel (Elektronenoptik) den ebenen Charakter der Strömung in der Umgebung der Reflexionsstelle aufrechterhalten kann, umso größer muß dieser Grenzwert sein. Im Grenzfall der absolut ebenen Strömung, die allen unseren Überlegungen zugrunde liegt, wird $[1/u_3]$ unendlich groß.

Die über die Reflexionsröhre bis jetzt bekannten Theorien ergeben bekanntlich in vielen Fällen kleinere Anfachungswerte, als zum Einsetzen des Schwingungsvorganges erforderlich sind. Trotzdem zeigt das Experiment das Auftreten heftiger Schwingungen. Zur Beseitigung dieses Widerspruches wird meist zu der ad hoc Annahme der mehrfachen Elektronenpendelung gegriffen. Eine derartige Annahme erscheint nach unseren Ergebnissen vollkommen überflüssig zu sein, womit keineswegs behauptet werden soll, daß nicht ein bescheidener Teil der Elektronen tatsächlich eine Pendelbewegung vollführt. Es soll hier nur die Ansicht vertreten werden, daß das eventuelle Auftreten von Pendelungen nur als eine Nebenerscheinung zu bewerten ist, nicht aber als das eigentliche Agens der leichten Anfachungsmöglichkeit der Bremsfeldröhre aufgefaßt werden darf. Die treibende Kraft ist die starke Kompression der Ladungsträger an der Reflexionsstelle, die in der Größe $[1/u_3]$ ihren numerischen Ausdruck findet.

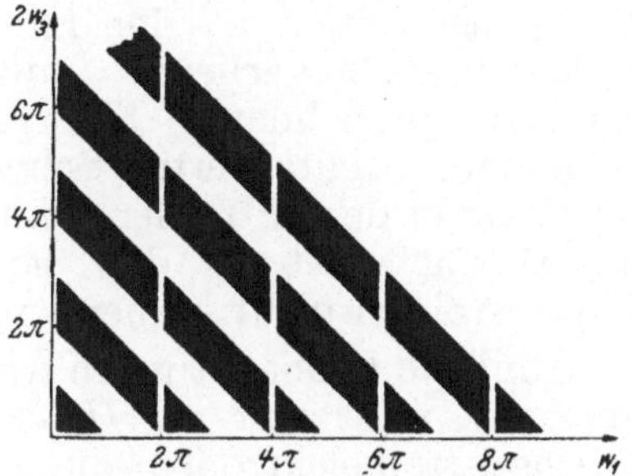

Abb. 65. Schwingbereiche der Reflexionsröhre. G-Typus.

Wir kehren wieder zu den Schwingbereichen zurück, die wir aus Abb. 54 entnehmen und in Abb. 65 nochmals dargestellt haben. Aus diesem Schwingdiagramm erkennen wir, daß bei festgehaltenem Laufwinkel in der Steuerstrecke und kontinuierlicher Veränderung von $2\,w_3$ ein Schwingbereich mit einer Schwinglücke periodisch abwechseln muß. Ist beispielsweise $w_1 \ll \pi/2$, dann liegen die maximalen Schwingwerte bei den Laufwinkeln $2\,w_3 = \pi/2$; $5\,\pi/2$; $9\,\pi/2$; usw., d. h. sie liegen um $2\,\pi$ auseinander. In vielen Fällen zeigt das Experiment eine befriedigende Übereinstimmung mit dieser Gesetzmäßigkeit. In manchen Fällen zeigt sich jedoch, daß außer den hier erfaßten Schwingungen auch in den toten Zonen des Schwingdiagramms noch Schwingungen von annähernd gleicher Intensität festzustellen sind. Zu den in dem Diagramm enthaltenen primären Schwinggebieten treten also u. U. noch sekundäre Schwinggebiete hinzu, die untereinander ebenfalls um 2π auseinanderliegen. So konnte K. Dauner[1] wohl als erster an einer größeren Anzahl von Reflexionsröhren solche sekundäre Schwinggebiete eindeutig feststellen. Die Messungen bezogen sich auf eine Wellenlänge von $\lambda = 9$ cm und $\lambda = 3$ cm. Die benützten Röhren besaßen einen Hohlraumschwingungskreis mit düsenförmiger Bauform, durch die eine elektronenoptische Strahlkonzentration erzielt wird

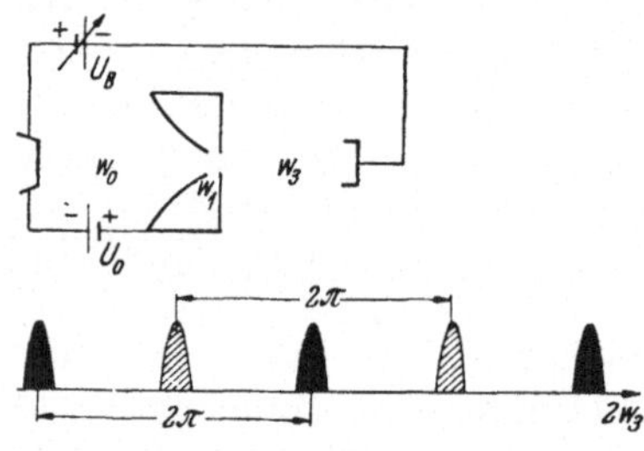

Abb. 66. Sekundäre Schwinggebiete nach K. Dauner.

(Abb. 66). Hält man die Beschleunigungsspannung U_0 konstant und verändert man die Bremsspannung U_B, so läßt sich auf diese Weise bei festem w_1 der Laufwinkel w_3 durch Verschieben der Reflexionsstelle variieren. Außer den primären, in der Darstellung schwarz gezeichneten Schwinggebieten, zeigen sich noch die sekundären, schraffierten Schwingbereiche. Bei diesen Messungen lagen sie in der Mitte der primären Schwinglücken. Es sei jedoch ausdrücklich betont, daß sich Sekundärschwingungen bei Reflexionsröhren nicht immer erregen lassen.

Ähnliche Beobachtungen wurden auch an Dreikammersystemen gemacht, und zwar an Heilschen Generatoren, bei denen alle Wechselstromelektroden dieselbe Gleichspannung führen. Das Durchfahren der verschiedenen Schwinggebiete muß hier durch eine Veränderung der Beschleunigungsspannung U_0 vorgenommen werden, wodurch neben w_3 auch der Laufwinkel w_1 in demselben Maße beeinflußt wird. Hier zeigen sich sehr häufig Sekundärschwingungen. Die reinlichsten Verhältnisse weisen aber wohl die

---

[1] Nach einer unveröffentlichten Untersuchung (1944).

Messungen an Reflexionsröhren auf, da hierbei die Unabhängigkeit der Laufwinkel w_1 und w_3 gewährleistet ist.

Das Auftreten von Sekundärschwingungen hat viel Kopfzerbrechen verursacht und scheint darauf hinzuweisen, daß eine unter Umständen ganz wesentliche Eigenschaft des Anfachungsmechanismus noch nicht mit in Rechnung gestellt sein kann. Es wird sich jedoch herausstellen, daß es sich hierbei nicht um eine primäre Eigenschaft des Anfachungsmechanismus, sondern um eine sekundäre Erscheinung handelt, welche durch den speziellen schaltungsmäßigen Aufbau der Röhre, insbesondere der Laufkammer, hervorgerufen wird. Der Gedanke, welcher uns zur Lösung dieser Schwierigkeit verhelfen wird, ist ganz einfach und wurde bei der Behandlung der Schirmgitterröhre [13] bereits benützt. Dort mußten wir nämlich feststellen, daß sich die Schirmgitterröhre in der bekannten Schaltung mit äußerem Kurzschluß zwischen Kathode und Schirmgitter nicht aus einem Zweikreis-Dreikammersystem gewinnen läßt, weil die Laufstrecke stromführend ist. Erst wenn man die Ergebnisse auf ein System mit stromführenden Laufkammern erweitert, wodurch aus dem Zweikreissystem ein Dreikreissystem wird, lassen sich die bei der Schirmgitterröhre vorliegenden Verhältnisse erfassen.

Wenn wir uns den Aufbau einer wirklichen Röhre ansehen, so müssen wir feststellen, daß die die Laufstrecke umgebenden Teile wohl nur in den seltensten Fällen einen äußeren Stromfluß verhindern können. Denn entweder ist der Elektronenstrahl von einer Metallhülle umschlossen, oder aber frei und nur von den in der Nähe befindlichen Glaswänden der Röhre umgeben. Bei allgemeinster Betrachtung müssen wir daher annehmen, daß die Laufkammer eine äußere Belastung aufweist, sei es durch den Widerstand einer metallischen oder dielektrischen Hülle, sei es durch die nach außen abgestrahlte Leistung. Eine präzise Aussage über die Größe dieses Widerstandes zu machen, ist natürlich ausgeschlossen. Es werden in der Praxis wohl alle möglichen Werte vom Leerlauf über Kurzschluß bis zum Resonanzwert des inneren kapazitiven Blindwiderstandes, je nach Art des Aufbaues, zu erwarten sein. Soweit zunächst die Dreikammersysteme.

Ganz ähnliche Verhältnisse liegen bei der Reflexionsröhre vor. Hierbei tritt allerdings noch eine weitere Komplikation hinzu, die bis jetzt auch noch nicht berücksichtigt wurde. Wenn wir nämlich bei einem symmetrischen Vierkammersystem die erwähnte Rückkopplung anbringen, bzw. durch die Elektronenreflexion für ihre automatische Herstellung sorgen, dann verbinden wir nicht nur die Steuerstrecke mit der Arbeitsstrecke, sondern zwangsläufig damit auch den Anfang der ersten Laufkammer mit dem Ende der zweiten. In stationärer Hinsicht ist dagegen bei einem symmetrischen System nichts einzuwenden. Wechselstrommäßig wird aber in der ersten Laufkammer eine andere Spannung influenziert als in der zweiten, und zwar hier eine erheblich größere. Denn die Influenzwirkung in der zweiten Laufstrecke erfolgt über den dazwischen liegenden enorm großen Beschleunigungssprung γ_{34}. Wenn wir also die beiden Laufkammern miteinander verbinden, schalten wir zwei Strecken mit verschiedenen Spannungen zusammen. Die Folge hiervon muß das Auftreten von Ausgleichströmen in beiden Laufkammern sein. Durch diese „Rückkopplung" werden die bis jetzt als stromlos vorausgesetzten Laufkammern zu stromführenden Kreisen, aus dem Zweikreis-Vierkammersystem wird also schon aus diesem Grund ein Vierkreis-Vierkammersystem. Dazu kommt ein äußerer Stromfluß, der durch die äußere Belastung der bereits zusammen geschalteten Laufkammern hervorgerufen wird.

10. Sekundärschwingungen in Dreikammersystemen.

Bevor wir uns den Sekundärschwingungen zuwenden, müssen wir unsere Aufmerksamkeit auf eine Frage lenken, die durch die Verwendung von Hohlraumresonatoren hervorgerufen wird. Da nämlich die Wandstärke dieser Schwingungskreise um Größenordnungen größer ist als die Eindringtiefe des Feldes, vollzieht sich der gesamte Stromtransport in einer hauchdünnen Schicht an der Innenseite des Resonators. An der Außenfläche der metallischen Begrenzung ist von dem Schwingungsvorgang nicht das Geringste festzustellen.

Wir können daher jede Metallplatte ersetzen durch zwei Metallfolien von der Dicke der Eindringtiefe, die sich in einem Abstand gegenüberstehen, welcher der Dicke der ursprünglichen Metallplatte entspricht. Zwischen ihnen befindet sich ein Isolator, und zwar einer der besten, den man sich denken kann, nämlich ein „Metallisolator", der überhaupt kein elektromagnetisches Feld beherbergen kann.

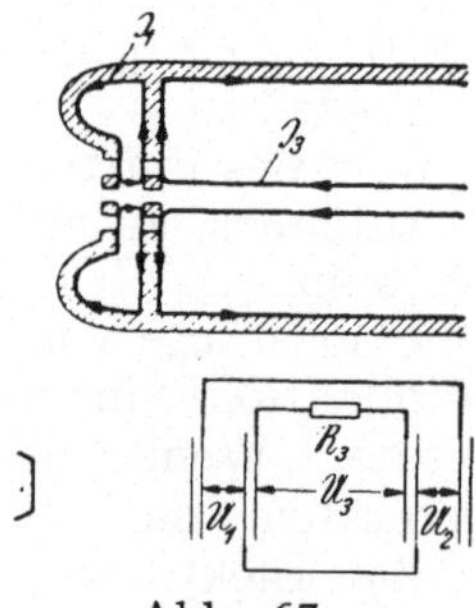

Abb. 67.
Zum Metallisolator.

Abb. 67 veranschaulicht die Verhältnisse an der Grenzstelle zwischen dem Steuerkreis und der anschließenden Laufstrecke. Das zweite Bild soll zeigen, daß die bei dem *Heil*schen Generator vorliegende Rückkopplung zwischen dem Steuerkreis und dem Arbeitskreis noch keineswegs zu einer Kurzschlußbelastung der Laufstrecke führt. Denn der Belastungswiderstand[1] steht nicht mit den untereinander verbundenen Metallfolien des Steuer- und Arbeitskreises in Verbindung.

Wir gehen jetzt zur Untersuchung der Sekundärschwingungen über. Hierzu haben wir von den Gleichungen für das Dreikreis-

---

[1] Es sei daran erinnert, daß für $\Re_3$ der auf die Einheit des Strömungsquerschnittes umgerechnete Wert des Widerstandes ($\Omega\,\mathrm{cm}^2$) einzusetzen ist.

Dreikammersystem auszugehen. Es sind dies die Gleichungen

$$\mathfrak{U}_1 = \mathfrak{r}_1 \mathfrak{J}_1$$
$$\mathfrak{U}_3 = - \mathfrak{r}_{13}\mathfrak{J}_1 + \mathfrak{r}_3 \mathfrak{J}_3$$
$$\mathfrak{U}_2 = - \mathfrak{r}_{12}\mathfrak{J}_1 - \mathfrak{r}_{32}\mathfrak{J}_3 + \mathfrak{r}_2 \mathfrak{J}_2.$$

Die Laufstrecke sei nun mit dem Widerstand $\mathfrak{R}_3$ belastet. Mit

$$\mathfrak{U}_3 = - \mathfrak{R}_3 \mathfrak{J}_3$$

ergibt sich aus der zweiten Gleichung

$$\mathfrak{J}_3 = \frac{\mathfrak{r}_{13}}{\mathfrak{r}_3 + \mathfrak{R}_3}\mathfrak{J}_1 \, .$$

Setzt man dies ein, so ergeben sich für unseren Vierpol die Gleichungen

$$\mathfrak{U}_1 = \mathfrak{r}_1 \, \mathfrak{J}_1$$
$$\mathfrak{U}_2 = - \left(\mathfrak{r}_{12} + \frac{\mathfrak{r}_{13}\,\mathfrak{r}_{32}}{\mathfrak{r}_3 + \mathfrak{R}_3} \right) \mathfrak{J}_1 + \mathfrak{r}_2 \mathfrak{J}_2 \, .$$

Die Fundamentalwirkung hat also den Wert

$$\mathfrak{r}_{12} + \frac{\mathfrak{r}_{13}\,\mathfrak{r}_{32}}{\mathfrak{r}_3 + \mathfrak{R}_3} \, . \tag{389}$$

Für ein symmetrisches System wird hieraus wegen $\mathfrak{r}_{32} = \mathfrak{r}_{13}$

$$\mathfrak{r}_{12} + \frac{\mathfrak{r}_{13}{}^2}{\mathfrak{r}_3 + \mathfrak{R}_3} \, . \tag{390}$$

Diese Formel können wir sofort auf den *Heil*schen Generator anwenden. Zu diesem Zweck brauchen wir uns nach (337) nur daran zu erinnern, daß Selbsterregung auftritt, wenn der Realteil der Fundamentalwirkung negativ wird. Wir vereinfachen unsere Betrachtung in bekannter Weise wieder durch die Annahme verschwindender Beschleunigungssprünge. Dann ist

$$\mathfrak{r}_{12} \approx - A \, w_3 \, \mathfrak{t}_G \, (w_1 ; w_1) \, e^{-i w_3} \, .$$

Aus (342) folgt

$$\mathfrak{r}_{13} \approx A \, [\mathfrak{t}_C \, (w_1 ; w_3) + \mathfrak{t}_H \, (w_1 ; w_3)] \, .$$

Nach (247) ist

$$| \mathfrak{t}_C \, (w_1 ; w_3) | \approx 2 \, w_1 \left| \sin \frac{w_3}{2} \right|$$

$$| \mathfrak{t}_H \, (w_1 ; w_3) | \approx 2 w_3 \left| \sin \frac{w_1}{2} \right| .$$

Da wir den Laufwinkel in der Laufstrecke als groß gegenüber dem in der Steuerstrecke voraussetzen, können wir $\mathfrak{t}_C$ gegen $\mathfrak{t}_H$ streichen und erhalten

$$\mathfrak{r}_{13} \approx A \, \mathfrak{t}_H \, (w_1 ; w_3) \, .$$

Für die Fundamentalwirkung erhalten wir also näherungsweise den Ausdruck

$$ - A\,w_3\,\mathfrak{t}_\mathrm{G}\,(w_1;w_1)\,e^{-j\,w_3} + \frac{A^2\,\mathfrak{t}_\mathrm{H}^2\,(w_1;w_3)}{\mathfrak{r}_3 + \mathfrak{R}_3} \tag{391} $$

Ist die Laufstrecke nicht stromführend ($\mathfrak{R}_3 = \infty$), dann bleibt nur das schon bekannte erste Glied vom Typus G übrig. Es liefert die Schwingbereiche nach Abb. 54. Bei konstantem w_1 folgen sie im Abstand $w_3 = 2\,\pi$ aufeinander.

Wenn wir nun dem Widerstand $\mathfrak{R}_3$ eine induktive Komponente erteilen, derart, daß sich die Blindanteile von $\mathfrak{r}_3$ und $\mathfrak{R}_3$ kompensieren, dann bleibt nur der Resonanzwiderstand über. Daraus geht hervor, daß man durch eine genügend starke Annäherung an den Resonanzzustand den zweiten Term des obenstehenden Ausdruckes so groß machen kann, daß er bei nicht zu schlechten Dämpfungsverhältnissen den ersten Term weit übertrifft. Dabei haben wir uns noch daran zu erinnern, daß der Realteil von $\mathfrak{r}_3$ in gewissen Intervallen des Laufwinkels w_3 auch negative Werte annehmen und daher eine teilweise Entdämpfung des Realteiles von $\mathfrak{R}_3$ bewirken kann. Treffen diese Voraussetzungen zu, dann entscheidet der Faktor (Typus H^2)

$$ \mathfrak{t}_\mathrm{H}^2\,(w_1;w_3) $$

allein die Frage über die Anfachung. Nun ist nach (322)

$$ \mathfrak{t}_\mathrm{H}\,(w_1;w_3) = \mathfrak{t}_{\mathrm{H}13} = j\,\mathfrak{n}_1{}^*\,\mathfrak{m}_3{}^* = j\,\mathfrak{n}^*\,(w_1)\,\mathfrak{m}^*\,(w_3)\,. $$

Die Abhängigkeit von w_3 steckt nur in dem letzten Faktor. Dieser hat nach (244) die Form

$$ \mathfrak{m}^*\,(w_3) = f_0\,(w_3) - j\,f_{\pi/2}\,(w_3)\,. $$

Für große Werte von w_3 können wir nach (92) schreiben

$$ f_0\,(w_3) \approx w_3\,\sin w_3 $$
$$ f_{\pi/2}\,(w_3) \approx - w_3\,\cos w_3 $$

oder

$$ \mathfrak{m}^*\,(w_3) \approx w_3\,(\sin w_3 + j\,\cos w_3) = j\,w_3\,e^{-j\,w_3}\,. $$

Es ist also

$$ \mathfrak{t}_\mathrm{H}^2\,(w_1;w_3) \approx \mathfrak{n}^{*2}\,(w_1)\,w_3{}^2\,e^{-2j\,w_3}\,. $$

Damit haben wir gezeigt, daß das von der Belastung der Laufkammer abhängige Glied der Fundamentalwirkung dem komplexen Zeiger

$$ w_3{}^2\,e^{-2j\,w_3} $$

proportional ist, der mit der doppelten Winkelgeschwindigkeit umläuft, als der Zeiger

$$ w_3\,e^{-j\,w_3}\,, $$

welcher das von $\mathfrak{R}_3$ unabhängige Glied bestimmt. Wir können daher den Satz aussprechen:

Wenn das durch die äussere Belastung der Laufkammer bedingte Glied in der Fundamentalwirkung das Übergewicht erhält, dann folgen die einzelnen Schwinggebiete des Heilschen Generators im Laufwinkelabstand $w_3 = \pi$ aufeinander. Alle Schwinggebiete sind dann vorwiegend vom Typus H^2.

Aus diesen Überlegungen geht hervor, daß aus dem Auftreten von Schwinggebieten im Abstand $w_3 = \pi$ der Schluß gezogen werden kann, daß der Laufraum eine wesentliche Belastung aufweist.

11. Vierkreis-Vierkammersysteme. Lineare Achtpole.

In den folgenden Betrachtungen soll das bis jetzt behandelte Zweikreis-Vierkammersystem zum Vierkreis-Vierkammersystem ergänzt werden. Aus ihm werden wir dann später die Sekundärschwingungen der Reflexionsröhre gewinnen.

Die vorzunehmende Ergänzung bezieht sich auf die Vierpolgleichungen

$$\mathfrak{U}_1 = \mathfrak{r}_1 \mathfrak{J}_1$$
$$\mathfrak{U}_2 = - \mathfrak{r} \mathfrak{J}_1 + \mathfrak{r}_2 \mathfrak{J}_2.$$

Wir haben die entsprechenden Gleichungen für die beiden Laufstrecken noch hinzuzunehmen. Die erste Gleichung bleibt unverändert. In dem an die Steuerstrecke anschließenden ersten Laufraum entsteht eine Spannung $\mathfrak{U}_3$, die sich aus der Influenzwirkung der in ihn eintretenden Elektronen und aus dem Spannungsabfall des Stromes $\mathfrak{J}_3$ zusammensetzt. Die hierfür maßgebende Fundamentalwirkung von 1 nach 3 bezeichnen wir mit $\mathfrak{r}_{13}$, den Widerstand der Laufstrecke mit $\mathfrak{r}_3$. Dann erhalten wir

$$\mathfrak{U}_3 = - \mathfrak{r}_{13}\,\mathfrak{J}_1 + \mathfrak{r}_3 \mathfrak{J}_3.$$

Dieselbe Überlegung ist auf die zweite Laufstrecke anzuwenden. Die entstehende Spannung setzt sich aus drei Teilen zusammen. Der erste Anteil rührt her von dem Steuerstrom $\mathfrak{J}_1$, wobei die Strecke 3 als Laufkammer aufzufassen ist. Die hierfür maßgebende Fundamentalwirkung sei $\mathfrak{r}_{14}$, der zugehörige Spannungsanteil ist also $- \mathfrak{r}_{14} \mathfrak{J}_1$. Ebenso wirkt die Strecke 3 als Steuerstrecke mit einer Fundamentalwirkung $\mathfrak{r}_{34}$ und dem Steuerstrom $\mathfrak{J}_3$; der Spannungsanteil ist $- \mathfrak{r}_{34} \mathfrak{J}_3$. Als letzter Anteil ist noch der Spannungsabfall $\mathfrak{r}_4 \mathfrak{J}_4$ hinzuzufügen. Es wird daher

$$\mathfrak{U}_4 = - \mathfrak{r}_{14}\,\mathfrak{J}_1 - \mathfrak{r}_{34}\,\mathfrak{J}_3 + \mathfrak{r}_4 \mathfrak{J}_4.$$

Die letzte Gleichung bezieht sich auf die Spannung $\mathfrak{U}_2$ im Arbeitsraum. Sie setzt sich sinngemäß aus drei Influenzanteilen zusammen, die von den Steuerwirkungen in den Räumen 1, 3 und 4 hervorgerufen werden. Hinzu tritt der eigene Spannungsabfall $\mathfrak{r}_2 \mathfrak{J}_2$. Man erhält also

$$\mathfrak{U}_2 = - \mathfrak{r}_{12}\,\mathfrak{J}_1 - \mathfrak{r}_{32}\,\mathfrak{J}_3 - \mathfrak{r}_{42}\,\mathfrak{J}_4 + \mathfrak{r}_2 \mathfrak{J}_2.$$

Hierbei haben wir die bis jetzt alleine berücksichtigte Fundamentalwirkung $\mathfrak{r}$ mit $\mathfrak{r}_{12}$ bezeichnet. Wegen ihrer besonderen Wichtigkeit wollen wir sie Hauptfundamentalwirkung (HFW) nennen. Die übrigen $\mathfrak{r}_{ik}$ bezeichnen wir als Nebenfundamentalwirkungen (NFW). Zusammengefaßt haben wir die folgenden vier linearen Gleichungen:

$$\begin{aligned}
\mathfrak{U}_1 &= \mathfrak{r}_1\mathfrak{J}_1 \\
\mathfrak{U}_3 &= -\mathfrak{r}_{13}\mathfrak{J}_1 + \mathfrak{r}_3\mathfrak{J}_3 \\
\mathfrak{U}_4 &= -\mathfrak{r}_{14}\mathfrak{J}_1 - \mathfrak{r}_{34}\mathfrak{J}_3 + \mathfrak{r}_4\mathfrak{J}_4 \\
\mathfrak{U}_2 &= -\mathfrak{r}_{12}\mathfrak{J}_1 - \mathfrak{r}_{32}\mathfrak{J}_3 - \mathfrak{r}_{42}\mathfrak{J}_4 + \mathfrak{r}_2\mathfrak{J}_2 \; .
\end{aligned} \tag{392}$$

Das sind die Gleichungen unseres linearen Achtpoles. Seine Widerstandsmatrix

$$\mathfrak{X} = \left\| \begin{array}{cccc}
\mathfrak{r}_1 & 0 & 0 & 0 \\
-\mathfrak{r}_{13} & \mathfrak{r}_3 & 0 & 0 \\
-\mathfrak{r}_{14} & -\mathfrak{r}_{34} & \mathfrak{r}_4 & 0 \\
-\mathfrak{r}_{12} & -\mathfrak{r}_{32} & -\mathfrak{r}_{42} & \mathfrak{r}_2
\end{array} \right\| . \tag{393}$$

enthält insgesamt 10 Elemente, davon sind 4 Fundamentalwiderstände und 6 Fundamentalwirkungen. In der linken unteren Ecke der Matrix steht der negative Wert der HFW. Der erste Index der $\mathfrak{r}_{ik}$ gibt an, von welcher Strecke die Wirkung herrührt, der zweite, in welcher Strecke sie zur Geltung kommt. Zur Berechnung der $\mathfrak{r}_{ik}$ hat man die bekannten Formeln der Zweikammer-, Dreikammer- und Vierkammersysteme zu benützen, wobei nur darauf zu achten ist, daß die richtigen Indizes eingesetzt werden. Bei $\mathfrak{r}_{12}$ ist die Sache klar; es ist die Gleichung (373) oder eine zu ihr äquivalente anzuwenden. Dabei sind die Argumente der $\mathfrak{t}$-Zeiger w_1 und w_2. Wir berechnen nun $\mathfrak{r}_{14}$. Es handelt sich also um die FW vom Raum 1 zum Raum 4. Zwischen beiden Strecken liegt die als Laufstrecke zu bewertende Kammer 3. Wir benützen also die Gleichung (321) für die Dreikammersysteme. Sie gilt für die Indizesfolge 1, 3, 2. Wir haben die Folge 1, 3, 4, also ist der Index 2 durch 4 zu ersetzen. Die in der Formel nicht hervorgehobenen Argumente der $\mathfrak{t}$-Zeiger sind w_1 und w_2, in unserem Falle also w_1 und w_4. Wir berechnen jetzt das Element $\mathfrak{r}_{34}$. Es handelt sich um die NFW von 3 nach 4. Dazwischen liegt keine Laufkammer. Wir können also die einfache Gleichung (242) für die Zweikammersysteme verwenden. Sie bezieht sich auf die Räume 1 und 2. Der Index 1 ist also durch 3, der Index 2 durch 4 zu ersetzen. Die Argumente der $\mathfrak{t}$-Zeiger sind in unserem Falle w_3 und w_4. Die Berechnung der Widerstände $\mathfrak{r}_1$, $\mathfrak{r}_3$, $\mathfrak{r}_4$ und $\mathfrak{r}_2$ erfolgt mit Hilfe von Gleichung (107).

Die 10 verschiedenen Elemente der Widerstandsmatrix reduzieren sich auf 7, wenn es sich um ein symmetrisches System handelt. Auf Grund des Reziprozitätssatzes ist nämlich die

Wirkung von 1 nach 3 genau so groß, wie die von 3 nach 1. Diese wieder muß aus Symmetriegründen der Wirkung von 4 nach 2 gleich sein. In Formeln ausgedrückt, besagt das:

$$r_{13} = r_{31} = r_{42}$$

und ebenso

$$r_{14} = r_{32}.$$

Außerdem gilt noch

$$r_4 = r_3$$
$$r_2 = r_1 .$$

Die Widerstandsmatrix eines symmetrischen Systems hat daher die Gestalt

$$\mathfrak{X} = \begin{Vmatrix} r_1 & 0 & 0 & 0 \\ -r_{13} & r_3 & 0 & 0 \\ -r_{14} & -r_{34} & r_3 & 0 \\ -r_{12} & -r_{14} & -r_{13} & r_1 \end{Vmatrix}. \tag{394}$$

Die 7 Elemente dieser Matrix sind symmetrisch zur Nebendiagonale angeordnet.

Wir wollen nun die Umgestaltung der Achtpolgleichungen (392) berechnen, die sich aus der Rückkopplung der beiden Laufstrecken und durch deren Belastung ergibt. Die Schaltung, die dieser Umbildung entspricht, zeigt Abb. 68. Es ist ohne weiteres ersichtlich, daß es sich hierbei um die Verbindungen handelt, die beim Übergang von einem symmetrischen Vierkammer-

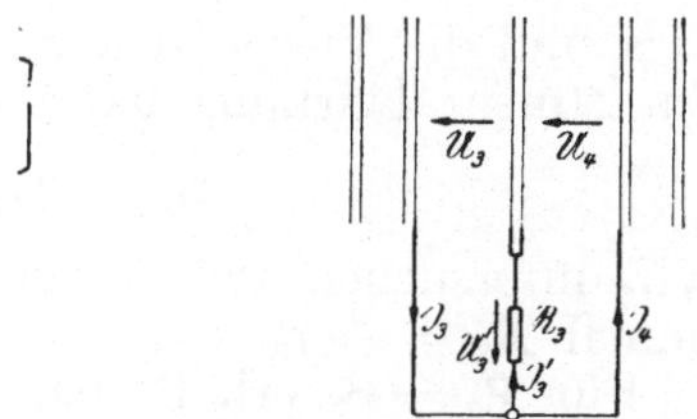

Abb. 68. Zur Kopplung der Laufkammern.

system zu der Reflexionsröhre herzustellen sind. Die Rückkopplung vom Arbeitskreis auf den Steuerkreis wollen wir vorläufig nicht in unsere Betrachtungen aufnehmen.

Für ein symmetrisches System gelten nach (394) die Gleichungen

$$\begin{aligned} \mathfrak{U}_1 &= \quad r_1 \mathfrak{J}_1 \\ \mathfrak{U}_3 &= -r_{13}\mathfrak{J}_1 + r_3 \mathfrak{J}_3 \\ \mathfrak{U}_4 &= -r_{14}\mathfrak{J}_1 - r_{34}\mathfrak{J}_3 + r_3 \mathfrak{J}_4 \\ \mathfrak{U}_2 &= -r_{12}\mathfrak{J}_1 - r_{14}\mathfrak{J}_3 - r_{13}\mathfrak{J}_4 + r_1 \mathfrak{J}_2. \end{aligned} \tag{395}$$

Aus der Abbildung entnimmt man das Bestehen der folgenden Beziehungen:

$$\mathfrak{U}_3{}' = \mathfrak{U}_3 = -\mathfrak{U}_4 = -\mathfrak{R}_3 \mathfrak{J}_3{}'$$
$$\mathfrak{J}_3{}' = \mathfrak{J}_3 - \mathfrak{J}_4.$$

Hieraus folgt

$$\mathfrak{U}_2 = \mathfrak{R}_3 (\mathfrak{J}_4 - \mathfrak{J}_3)$$
$$\mathfrak{U}_4 = \mathfrak{R}_3 (\mathfrak{J}_3 - \mathfrak{J}_4)$$

Setzt man diese Ausdrücke für die Spannungen in die zweite und dritte Gleichung von (395) ein, so erhält man zwei Beziehungen von der Form

$$(r_3 + \mathfrak{R}_3)\mathfrak{J}_3 - \mathfrak{R}_3\mathfrak{J}_4 = r_{13}\mathfrak{J}_1$$
$$- (r_{34} + \mathfrak{R}_3)\mathfrak{J}_3 + (r_3 + \mathfrak{R}_3)\mathfrak{J}_4 = r_{14}\mathfrak{J}_1.$$

Aus ihnen lassen sich die Ströme $\mathfrak{J}_3$ und $\mathfrak{J}_4$ als Funktionen von $\mathfrak{J}_1$ bestimmen. Ihre Auflösung ergibt:

$$\mathfrak{J}_3 = \frac{r_3\,r_{13} + \mathfrak{R}_3\,(r_{13} + r_{14})}{r_3{}^2 + \mathfrak{R}_3\,(2\,r_3 - r_{34})}\;\mathfrak{J}_1 = \mu_3\mathfrak{J}_1$$

$$\mathfrak{J}_4 = \frac{r_3\,r_{14} + r_{13}\,r_{34} + \mathfrak{R}_3\,(r_{13} + r_{14})}{r_3{}^2 + \mathfrak{R}_3\,(2\,r_3 - r_{34})}\,\mathfrak{J}_1 = \mu_4\mathfrak{J}_1. \tag{396}$$

Setzt man diese Werte in (395) ein und läßt die beiden mittleren Gleichungen fort, so erhält man

$$\mathfrak{U}_1 = r_1\mathfrak{J}_1$$
$$\mathfrak{U}_2 = - (r_{12} + r_{14}\,\mu_3 + r_{13}\,\mu_4)\mathfrak{J}_1 + r_1\mathfrak{J}_2. \tag{397}$$

Dies sind die Vierpolgleichungen des Systems der Abb. 68. Seine Fundamentalwirkung hat die Größe

$$r_{12}{}' = r_{12} + r_{14}\,\mu_3 + r_{13}\,\mu_4. \tag{398}$$

Wir untersuchen zwei Grenzfälle, und zwar einmal $\mathfrak{R}_3 = \infty$ und einmal $\mathfrak{R}_3 = - r_3$.

Für $\mathfrak{R}_3 = \infty$ erhält man aus (396)

$$\mu_4 = \mu_3 = \frac{r_{13} + r_{14}}{2\,r_3 - r_{34}},$$

und für die Fundamentalwirkung

$$r_{12}{}' = r_{12} + \frac{(r_{14} + r_{13})^2}{2\,r_3 - r_{34}}. \qquad \mathfrak{R}_3 = \infty \tag{399}$$

Im Resonanzfall $\mathfrak{R}_3 = - r_3$ ergibt sich

$$\mu_3 = \frac{r_{14}}{r_{34} - r_3}$$

$$\mu_4 = \frac{r_{13}}{r_3}$$

und für die Fundamentalwirkung

$$r_{12}{}' = r_{12} + \frac{r_{14}{}^2}{r_{34} - r_3} + \frac{r_{13}{}^2}{r_3}. \qquad \mathfrak{R}_3 = - r_3 \tag{400}$$

Ohne Rückkopplung zwischen den beiden Laufstrecken war die Fundamentalwirkung r_{12}.

Nach (399) bringt also die reine Kopplung der Laufkammern hinsichtlich der Fundamentalwirkung eine additive Zunahme um das Glied

$$\frac{(r_{13} + r_{14})^2}{2\,r_3 - r_{34}}\,.$$

12. Vollständige Theorie der Reflexionssysteme. Sekundärschwingungen.

Jetzt sind wir in der Lage, die noch unvollständige Theorie der Reflexionssysteme zu vervollständigen. Die Unvollständigkeit bezog sich dabei auf die Tatsache, daß wir in Abschn. 9 die durch die Spiegelung hervorgerufene Rückkopplung der Laufstrecken noch nicht berücksichtigt hatten. Außerdem können wir jetzt auch den Einfluß eines an die Laufkammern angeschlossenen Belastungswiderstandes berücksichtigen. Wie bereits angekündigt, werden wir hierdurch die Klärung für das Auftreten der Sekundärschwingungen gewinnen.

Es ist ohne weiteres ersichtlich, daß die in Abb. 69 gezeichneten Systeme in linearer Beziehung äquivalent sind. Dies geht aus unseren früheren Überlegungen direkt hervor. Aus diesem Grunde können wir alle Untersuchungen an einem Reflexionssystem auf das symmetrische Vierkammersystem zurückführen, aus dem es durch Spiegelung hervorgeht. Wir brauchen uns daher nur mit dem nichtgespiegelten Vierkammersystem zu befassen.

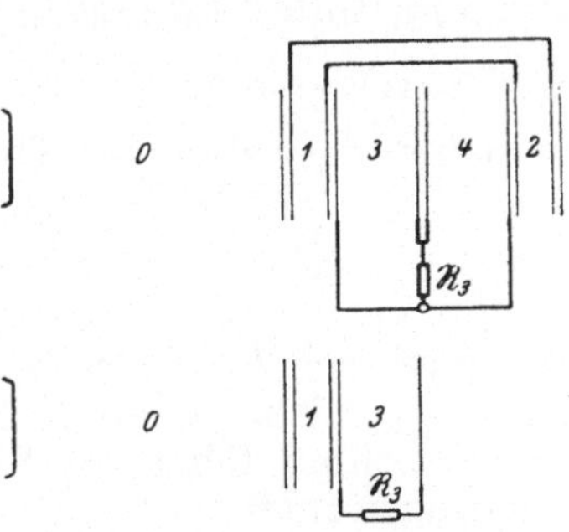

Abb. 69. Zur Äquivalenz.

Der Eingangsleitwert des von der Steuerstrecke 1 aus betrachteten Zweipoles ist durch die Gleichung (337) gegeben. Wir haben für die Fundamentalwirkung den Ausdruck (398) einzusetzen und erhalten:

$$\mathfrak{Y}' = 2\,\mathfrak{g}_{10} + |\mathfrak{g}_{10}|^2\,r_1^* + |\mathfrak{g}_{10}|^2\,(r_{12} + \mu_3\,r_{14} + \mu_4\,r_{13})\,. \tag{401}$$

Selbsterregung tritt ein, wenn der Realteil der gesamten Fundamentalwirkung negativ wird.

Wir untersuchen die Schwingungsanfachung zunächst für den Fall $\mathfrak{R}_3 = \infty$. Um diese Frage zu beantworten, benötigen wir die Fundamentalwirkungen

$$r_{12};\ r_{13};\ r_{14}\ \text{und}\ r_{34}.$$

Bei den folgenden Rechnungen beschränken wir uns wie früher auf das Zusatzglied, welches zu γ_{34} proportional ist und daher den wesentlichen Beitrag liefert. Bei schwacher Raumladung ist nach (383)

$$\gamma_{34} = -\frac{2}{w_3\, u_3}$$

und im Grenzfall $u_3 = 0$, den wir hier immer im Auge haben, gilt

$$\gamma_{34} = -\frac{2}{w_3}\left[\frac{1}{u_3}\right].$$

Aus (381) folgt

$$\mathfrak{r}_{12} = A\,\gamma_{34}\left[w_3{}^2\mathfrak{t}_\mathrm{G}\,(w_1;w_1) + 2\,w_3\,(w_3\,\gamma_{13} - 1)\,\mathfrak{t}_\mathrm{C}\,(w_1;w_1) + \right.$$
$$\left. + (w_3\,\gamma_{13} - 1)^2\,\mathfrak{t}_\mathrm{D}\,(w_1;w_1)\right] e^{-2jw_3}. \tag{402}$$

Wir haben hier alle Terme des Zusatzgliedes angeschrieben, obwohl wir bereits wissen, daß der *G*-Term den Hauptbeitrag ergibt. Für die übrigen drei Fundamentalwirkungen erhält man nach den im vorigen Abschnitt geschilderten Überlegungen die Ausdrücke:

$$\mathfrak{r}_{13} = A\,[\mathfrak{t}_\mathrm{C}\,(w_1;w_3) + \mathfrak{t}_\mathrm{H}\,(w_1;w_3) + \gamma_{13}\,\mathfrak{t}_\mathrm{D}\,(w_1;w_3)]$$

$$\mathfrak{r}_{14} = A\,\gamma_{34}\,[\mathfrak{t}_\mathrm{D}(w_1;w_3) - w_3\,\mathfrak{t}_\mathrm{H}\,(w_1;w_3) - \gamma_{13}\,w_3\,\mathfrak{t}_\mathrm{D}(w_1;w_3)]\,e^{-jw_3} \tag{403}$$

$$\mathfrak{r}_{34} = A\,\gamma_{34}\,\mathfrak{t}_\mathrm{D}\,(w_3;w_3).$$

Zur näherungsweisen Berechnung der Fundamentalwirkung (399)

$$\mathfrak{r}_{12}' = \mathfrak{r}_{12} + \frac{(\mathfrak{r}_{14} + \mathfrak{r}_{13})^2}{2\,\mathfrak{r}_3 - \mathfrak{r}_{34}}$$

kann man sich folgender Abschätzung bedienen: $\mathfrak{r}_{13}$ enthält den Faktor γ_{34} nicht, kann also gegen $\mathfrak{r}_{14}$ gestrichen werden. Der analoge Schluß führt zur Streichung von $2\,\mathfrak{r}_3$ und damit zu der Näherungsformel

$$\mathfrak{r}_{12}' \approx \mathfrak{r}_{12} - \frac{\mathfrak{r}_{14}{}^2}{\mathfrak{r}_{34}}.$$

Setzt man hierin die Ausdrücke nach (402) und (403) ein, so findet man

$$\mathfrak{r}_{12}' \approx A\,\gamma_{34}\,e^{-2jw_3}\left[w_3{}^2\,\mathfrak{t}_{\mathrm{G}11} + 2\,w_3\,(w_3\,\gamma_{13} - 1)\,\mathfrak{t}_{\mathrm{C}11} + \right.$$

$$+ (w_3\,\gamma_{13} - 1)^2\,\mathfrak{t}_{\mathrm{D}11} - \frac{1}{\mathfrak{t}_{\mathrm{D}33}}\,(\mathfrak{t}^2{}_{\mathrm{D}13} + w_3{}^2\mathfrak{t}^2{}_{\mathrm{H}13} + \gamma_{13}{}^2\,w_3{}^2\,\mathfrak{t}^2{}_{\mathrm{D}13} - $$

$$\left. - 2\,w_3\,\mathfrak{t}_{\mathrm{D}13}\,\mathfrak{t}_{\mathrm{H}13} - 2\,\gamma_{13}\,w_3\,\mathfrak{t}^2{}_{\mathrm{D}13} + 2\,\gamma_{13}\,w_3{}^2\,\mathfrak{t}_{\mathrm{H}13}\,\mathfrak{t}_{\mathrm{D}13})\right].$$

Hierbei sind zur Vereinfachung der Schreibweise die Argumente der t-Zeiger durch die zwei angefügten Indizes gekennzeichnet.

Durch geeignete Zusammenfassung der Glieder erhält man aus der letzten Gleichung

$$\frac{r_{12}'}{A\,\gamma_{34}}\,e^{\,2\,j\,w_3} \approx w_3^{\,2}\left(t_{G11}-\frac{t^2_{H13}}{t_{D33}}\right)+2\,w_3\,(w_3\,\gamma_{13}-1)\left(t_{C11}-\frac{t_{H13}\,t_{D13}}{t_{D33}}\right)+$$

$$+\,(w_3\,\gamma_{13}-1)^2\left(t_{D11}-\frac{t^2_{D13}}{t_{D33}}\right).$$

Nun ist wegen (322):

$$t_{G11}=j\,n_1^{*2}$$
$$t_{C11}=j\,m_1^*\,n_1^*$$
$$t_{D11}=j\,m_1^{*2}$$
$$t_{D33}=j\,m_3^{*2}$$
$$t_{H13}=j\,n_1^*\,m_3^*$$
$$t_{D13}=j\,m_1^*\,m_3^*\,.$$

$$(404)$$

Hieraus folgt unmittelbar

$$t_{G11}-\frac{t^2_{H13}}{t_{D33}}=0$$

$$t_{C11}-\frac{t_{H13}\,t_{D13}}{t_{D33}}=0$$

$$t_{D11}-\frac{t^2_{D13}}{t_{D33}}=0$$

und damit gleichzeitig

$$r_{12}' \approx 0.$$

Dies ist ein interessantes Ergebnis. Es besagt nämlich, daß die Anfachungswirkung, welche durch die Rückkopplung zwischen Steuer- und Arbeitskammer hervorgerufen wird, durch die gegensinnig wirkende Kopplung zwischen den beiden Laufkammern nahezu aufgehoben wird. Der erste Anteil hat nämlich den Wert r_{12}, der zweite den Wert $-r_{14}^2/r_{34}$.

Dieses auffallende Ergebnis, das mit dem Experiment in krassem Gegensatz steht, weist darauf hin, daß unsere Voraussetzungen in Wirklichkeit im allgemeinen nicht zutreffen. Eine genauere Überlegung zeigt uns nämlich, daß die Vernachlässigung von r_3 unzulässig sein kann. Dies ist gerade der springende Punkt bei allen unseren folgenden Überlegungen. Dagegen können wir nach wie vor r_{13} gegen r_{14} auf alle Fälle streichen. Denn beide Ausdrücke unterscheiden sich in der Größenordnung um den Faktor γ_{34}. Aus (399) wird also

$$r_{12}'=r_{12}+\frac{r_{14}^2}{2\,r_3-r_{34}}=\frac{2\,r_3\,r_{12}-r_{12}\,r_{34}+r_{14}^2}{2\,r_3-r_{34}}\,.$$

Nach unserem vorigen Ergebnis heben sich der zweite und dritte Term im Zähler gerade auf und wir erhalten

$$r_{12}' = \frac{2\,r_3\,r_{12}}{2\,r_3 - r_{34}}\,. \tag{405}$$

Hier sieht man deutlich, wie wesentlich die Frage ist, welcher von den beiden im Nenner stehenden Summanden überwiegt. Ist r_{34} maßgebend, also

$$2\,|r_3| \ll |r_{34}|\,,$$

so erhält man die Näherung

$$r_{12}' \approx -\,\frac{2\,r_3}{r_{34}}\,r_{12}\,,$$

oder

$$|\,r_{12}'\,| \ll |\,r_{12}\,|.$$

Das ist unser voriges Ergebnis

$$r_{12}' \approx 0\,,$$

da wir ja alle Größen gleich Null setzen, die klein sind gegenüber der Größenordnung von γ_{34}.

Der umgekehrte Grenzfall

$$2\,|\,r_3\,| \gg |\,r_{34}\,| \tag{406}$$

führt auf

$$r_{12}' \approx r_{12}.$$

Hier ergibt sich für die Fundamentalwirkung also derselbe Wert, den wir bei der zu Anfang nicht berücksichtigten Laufraumkopplung erhalten hatten.

Wir untersuchen nun den physikalischen Inhalt der Frage, wann die eine oder andere der beiden Größen r_3 und r_{34} überwiegt. Bekanntlich ist bei großen Werten von w_3 der elektronische Widerstandsanteil von r_3 verschwindend klein gegenüber dem der elektronenfreien Strecke (siehe Abb. 15). Es gilt daher

$$r_3 \approx -\,j\,A\,q_0\,z_3.$$

Da die Elektronen am Ende der Laufkammer die Geschwindigkeit Null haben sollen, ist

$$w_3 \approx 2\,z_3,$$

also

$$r_3 \approx -\,j\,\frac{A\,w_0^{\,2}\,w_3}{4}\,. \tag{407}$$

Für die Fundamentalwirkung r_{34} erhalten wir aus (403) und wegen

$$t_{D33} = j\,m_3^{*2}$$

die Darstellung

$$r_{34} \approx j\,A\,\gamma_{34}\,\mathfrak{m}_3{}^{*2}.$$

Nun kann für

$$\mathfrak{m}_3{}^* \approx j\,w_3\,e^{-jw_3}$$

geschrieben werden.   Unter Berücksichtigung von

$$\gamma_{34} = -\frac{2}{w_3}\left[\frac{1}{u_3}\right]$$

ergibt sich also

$$r_{34} \approx j\,2\,A\,\left[\frac{1}{u_3}\right] w_3\,e^{-2jw_3}\ . \tag{408}$$

Aus (407) und (408) erhalten wir den Zusammenhang

$$\frac{|r_{34}|}{|r_3|} \approx \frac{8\left[\dfrac{1}{u_3}\right]}{w_0{}^2} = \frac{1}{\sigma}\,. \tag{409}$$

Wenn man bedenkt, daß man durch kontinuierliche Verringerung der Raumladung $w_0{}^2$ beliebig groß machen kann, während der Grenzwert $[1/u_3]$ bei diesem Prozeß in erster Näherung als konstant betrachtet werden kann, so ist ohne weiteres einzusehen, daß bei „genügend schwacher Raumladung"

$$|r_{34}| \ll |r_3|$$

ist, d. h. die Größenbeziehung (406) erfüllt wird.   In diesem Falle ist

$$r_{12}{}' \approx r_{12}.$$

Dies bedeutet, daß die bestehende Kopplung der beiden Laufkammern bedeutungslos wird.   Umgekehrt können wir den Schluß ziehen, daß ein Reflexionssystem, dessen Schwingbereiche annähernd den G-Typus gemäß Abb. 65 zeigen, die Größenbeziehung

$$w_0{}^2 \gg 8\left[\frac{1}{u_3}\right]$$

erfüllt sein muß.   Im allgemeinen wird wohl dieser Grenzfall nicht immer erreicht sein, es können also r_3 und r_{34} bestimmend sein. Nun ist natürlich die Erfüllung der Größenbeziehung

$$w_0{}^2 \gg 8\left[\frac{1}{u_3}\right]$$

nicht ausschließlich an einen großen Wert von $w_0{}^2$ gebunden. Denn sie kann offenbar auch bei verhältnismäßig kleinem $w_0{}^2$ eingehalten sein, wenn nur der Grenzwert $[1/u_3]$ klein bleibt dagegen.   Nur in diesem Sinne ist der oben gebrauchte Ausdruck „genügend schwache Raumladung" zu verstehen.   Er hat nichts mit der von Anfang an gemachten Einschränkung auf raumladungsschwache Systeme zu tun.   Hier handelt es sich ausschließlich um eine Größenbeziehung zwischen $w_0{}^2$ und $[1/u_3]$.

In der Praxis hat man es wohl in der Mehrzahl der Fälle mit Systemen zu tun, die dem G-Typus folgen, wo also die Kopplung zwischen den Laufkammern bedeutungslos ist und

$$w_0{}^2 \gg 8 \left[\frac{1}{u_3}\right]$$

gilt. Man kann das auch dahingehend ausdrücken, daß diese Systeme einen „kleinen Wert" von $[1/u_3]$ besitzen. Das Strömungsbild in der Nähe der Reflexionsstelle wird also voraussichtlich erheblich von dem einer ebenen Strömung abweichen. Dies ist auch verständlich, wenn man bedenkt, daß man im allgemeinen keine elektronenoptischen Hilfsmittel benützen wird, um die Elektronen an der Reflexionsstelle zusammenzuhalten.

Wir untersuchen nun den Resonanzfall

$$\Re_3 = -\,\mathfrak{r}_3.$$

Zur Berechnung der Fundamentalwirkung haben wir die Formel (400) zu benützen. Wir können sie noch vereinfachen, da der letzte Bruch nach (403) den Faktor γ_{34} nicht enthält. In den Fundamentalwirkungen $\mathfrak{r}_{12}$ und $\mathfrak{r}_{14}$ berücksichtigen wir nur die überwiegenden Anteile. Dann können wir setzen:

$$\mathfrak{r}_{12} \approx A\,\gamma_{34}\,\mathfrak{t}_{G11}\,w_3{}^2\,e^{-2jw_3}$$

$$\mathfrak{r}_{14} \approx -A\,\gamma_{34}\,\mathfrak{t}_{H13}\,w_3\,e^{-jw_3}\ .$$

Für $\mathfrak{r}_3$ und $\mathfrak{r}_{34}$ benützen wir die Gleichungen (407) und (408). Dann erhält man aus (400)

$$\mathfrak{r}_{12}' = A\,\gamma_{34}\,\mathfrak{t}_{G11}\,w_3{}^2\,e^{-2jw_3} - j\,\frac{4\,A\,\gamma_{34}{}^2\,\mathfrak{t}_{H13}{}^2\,w_3\,e^{-2jw_3}}{w_0{}^2 + 8\left[\dfrac{1}{u_3}\right]e^{-2jw_3}}\ .$$

Wird hierin nach (404) für $\mathfrak{t}_{G11}$ und $\mathfrak{t}_{H13}$ eingesetzt und berücksichtigt, daß

$$\mathfrak{m}_3{}^{*2} \approx -w_3{}^2\,e^{-2jw_3}$$

ist, dann erhält man für die obenstehende Gleichung

$$\mathfrak{r}_{12}' \approx j\,A\,\gamma_{34}\,\mathfrak{n}_1{}^{*2}\,w_3{}^2\left(e^{-2jw_3} - \frac{4\,\gamma_{34}\,w_3\,e^{-4jw_3}}{w_0{}^2 + 8\left[\dfrac{1}{u_3}\right]e^{-2jw_3}}\right).$$

Mit

$$\gamma_{34} = -\frac{2}{w_3}\left[\frac{1}{u_3}\right]$$

und (409) wird daraus

$$\mathfrak{r}_{12}' \approx -2j\,A\,w_3\left[\frac{1}{u_3}\right]\mathfrak{n}_1{}^{*2}\left(e^{-2jw_3} + \frac{e^{-4jw_3}}{\sigma + e^{-2jw_3}}\right).\ \cdot \tag{410}$$

Wir spezialisieren auf einen Laufwinkel in der Steuerstrecke von der Größe

$$w_1 = \frac{\pi}{2}.$$

Diese Annahme entspricht etwa den Verhältnissen, die den Messungen von *K. Dauner* zugrunde liegen. Mit (92) und (244) erhält man

$$\mathfrak{n}_1{}^* = \mathfrak{n}^*\left(\frac{\pi}{2}\right) = -1 + j$$

und

$$\mathfrak{n}_1{}^{*2} = -2\,j.$$

Der vor der Klammer stehende Koeffizient der Gleichung (410) ist negativ reell. Die optimalen Anfachungsverhältnisse treten also auf, wenn der innerhalb der Klammer stehende Ausdruck reell wird und seinen größten positiven Wert erreicht.

Es sei zunächst

$$\sigma \gg 1, \quad \text{d. h. } |\mathfrak{r}_3| \gg |\mathfrak{r}_{34}|,$$

vorausgesetzt. Dann wird aus dem Klammerausdruck von (410)

$$e^{-2jw_3} + \frac{1}{\sigma}\,e^{-4jw_3}.$$

Der erste Term vom Typus G liefert als Ortskurve den Einheitskreis, der einmal umlaufen wird, wenn sich der gesamte Laufwinkel $2\,w_3$ um $2\,\pi$ verändert. Der zweite Term vom Typus H^2 — er rührt nämlich her von dem Quadrat des Zeigers $\mathfrak{t}_H$ — ergibt einen Kreis, der zweimal umlaufen wird, wenn sich der Laufwinkel $2\,w_3$ um $2\,\pi$ verändert. Dieser H^2-Term allein würde also Schwingung ergeben für die Winkel $2\,w_3 = 0,\ \pi,\ 2\,\pi,\ 3\,\pi$. Dieses Ergebnis erklärt bereits die Beobachtungen. Die Anfachungstendenz des H^2-Termes kann aber gar nicht zur Wirkung kommen, weil der Radius des H^2-Kreises

$$\frac{1}{\sigma} \ll 1$$

ist. Die anfachende Wirkung bei einem Winkel $2\,w_3 = \pi$ wird nämlich durch die dämpfende Wirkung des G-Termes weit überkompensiert.

In dem früher erörterten zweiten Grenzfall

$$\sigma \ll 1, \quad \text{d. h. } |\mathfrak{r}_3| \ll |\mathfrak{r}_{34}|$$

wird aus dem Klammerausdruck von (410)

$$2\,e^{-2jw_3}.$$

Die vorhin vorhandene Eigenschaft des Doppelumlaufes des H^2-Termes ist vollkommen verschwunden, es wird aus ihm ein zweiter G-Term.

Nun fassen wir den Fall ins Auge, in dem r_3 und r_{34} von gleicher Größenordnung sind, und zwar sei

$$\sigma > 1, \text{ also } |r_3| > |r_{34}|.$$

Der zweite in der Klammer stehende Summand hat die Form

$$\frac{e^{-4jw_3}}{\sigma + e^{-2jw_3}}.$$

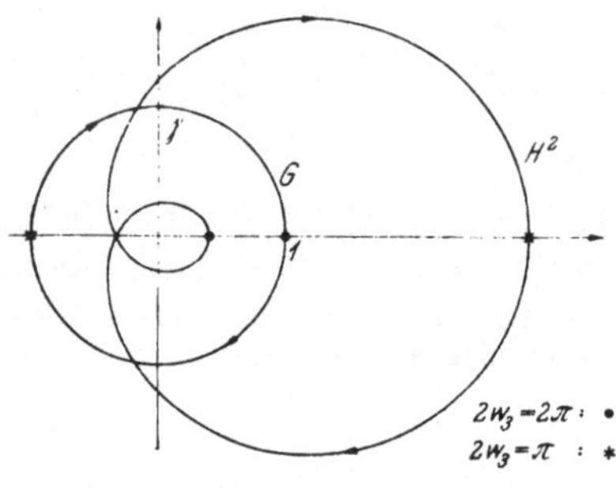

Abb. 70. Sekundärschwingungen für $\sigma = 4/3$.

Abb. 70 zeigt uns schematisch, daß die Ortskurve wie im ersten Grenzfall den Nullpunkt zweimal umschlingt, wenn der Laufwinkel $2\,w_3$ eine Veränderung um $2\,\pi$ erfährt. Die Punkte, die zu den Laufwinkeln $2\,w_3 = 2\,\pi$ und $2\,w_3 = \pi$ gehören, sind besonders hervorgehoben. Zum Vergleich ist der dem G-Typus zugeordnete Einheitskreis

$$e^{-2jw_3}$$

noch eingezeichnet. Man erkennt, daß hier die dämpfende Wirkung des G-Termes durch die anfachende Wirkung des H^2-Termes bei den Laufwinkeln $2\,w_3 = (2\,n + 1)\,\pi$ überkompensiert wird. Wir haben also bei den Laufwinkeln $2\,w_3 = 2\,\pi\,n$ Schwingungen vom Typus G, bei den Laufwinkeln $2\,w_3 = (2\,n + 1)\,\pi$ Schwingungen vom Typus H^2 (Sekundärschwingungen). Die H^2-Kurve schneidet die positive reelle Achse in dem Abstand

$$\frac{1}{\sigma - 1}.$$

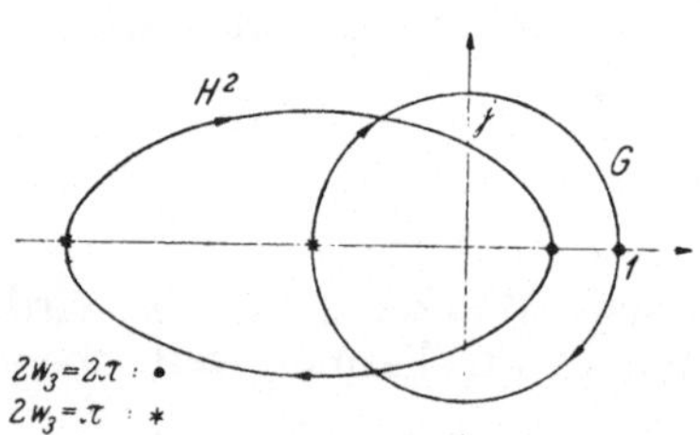

Abb. 71. Zur Dämpfungswirkung des H^2-Termes für $\sigma \approx 2/3$.

Die Sekundärschwingungen werden daher umso stärker erregt, je näher man mit σ an 1 heranrückt.

Unterschreitet σ den singulären Wert 1, dann erfolgt ein Umklappen der H^2-Kurve um die imaginäre Achse, so daß die starke Anfachungswirkung bei den Laufwinkeln π, $3\,\pi$ .... in eine dämpfende Wirkung übergeht. Gleichzeitig wird aus der doppelten Umschlingung des Nullpunktes eine einfache. Es bleibt nur der G-Typus bestehen. Abb. 71 zeigt die neuen Verhältnisse.

Wir haben hier einen ganz speziellen Fall behandelt, in dem Sekundärschwingungen zu erwarten sind. Es ist anzunehmen, daß dies nicht die einzige Möglichkeit ist, bei der sie auftreten.

können. Dies bezieht sich besonders auf die Größe des Belastungswiderstandes $\Re_3$. Wir wollen nochmals auf den Fall der unbelasteten Laufstrecke ($\Re_3 = \infty$) zurückkommen und zeigen, daß wir auch hier eine Art von Sekundärschwingungen vorfinden können. Dies ist insofern interessant, als bei den Dreikammersystemen das Auftreten von Sekundärschwingungen eine wesentliche Belastung, und zwar angenäherte Resonanz, voraussetzt. Für die Fundamentalwirkung erhält man aus (405) unter Berücksichtigung von (407), (408) und (409)

$$\mathfrak{r}_{12}{}' \approx \frac{2\,\sigma}{2\,\sigma + e^{-2jw_3}}\,\mathfrak{r}_{12}\,.$$

Setzt man hierin für $\mathfrak{r}_{12}$ ein, so ergibt sich

$$\mathfrak{r}_{12}{}' \approx -2\,j\,A\,w_3\left[\frac{1}{u_3}\right]\mathfrak{n}_1{}^{*2}\,\frac{2\,\sigma\,e^{-2jw_3}}{2\,\sigma + e^{-2jw_3}}\,. \quad \Re_3 = \infty \quad (411)$$

Ist $\sigma \gg 1$, dann umschlingt die Ortskurve

$$e^{-2jw_3}$$

den Nullpunkt einmal, die Schwinggebiete folgen daher in einem Abstand $2\,w_3 = 2\,\pi$ aufeinander. Ist hingegen

$$\sigma < \frac{1}{2}\,,$$

dann ergibt der im Nenner stehende Ausdruck

$$2\,\sigma + e^{-2jw_3}$$

einen Kreis, der den Nullpunkt einmal umschlingt. Die Folge davon ist, daß die Ortskurve

$$\frac{2\,\sigma\,e^{-2jw_3}}{2\,\sigma + e^{-2jw_3}}\,,$$

das ist ebenfalls ein Kreis, den Nullpunkt nicht umschlingt (Abb. 72). Wenn wir also auch hier die Voraussetzung

$$w_1 \approx \pi/2$$

aufrechterhalten, haben wir Selbsterregung unabhängig von $2\,w_3$; die Schwinggebiete hängen lückenlos aneinander.

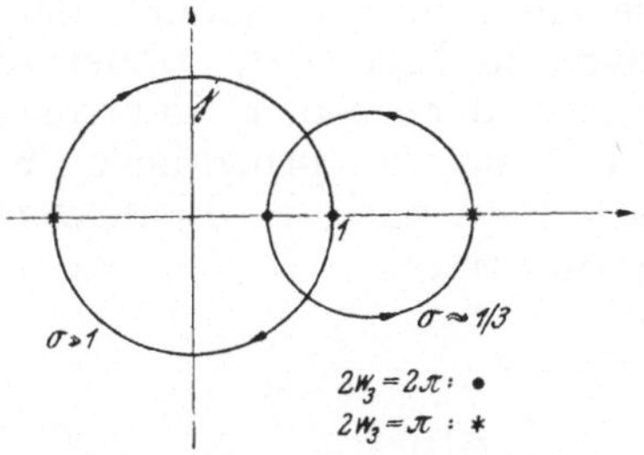

Abb. 72. Zum lückenlosen Schwinggebiet für $\Re_3 = \infty$.

Es ist wahrscheinlich, daß die Ergebnisse von *Dauner* z. T. auf diese Weise zu erklären sind. So wurden bei diesen Untersuchungen an einer Röhre ($\lambda \approx 9$ cm) tatsächlich lückenlose Schwingungen beobachtet, wenn der Laufwinkel $2\,w_3$ um ein Mehrfaches von $2\,\pi$ verändert wurde.

Wir sehen also, daß im Gegensatz zu den Dreikammersystemen bei den Vierkammersystemen die äußere Belastung der Laufkammern nur eine untergeordnete Rolle für das Auftreten von Sekundärschwingungen bzw. lückenlosen Schwingungen spielt. Hier scheint vielmehr der Wert von σ einen entscheidenden Einfluß zu besitzen. Allen Systemen gemeinsam ist aber die Tatsache, daß die Laufkammern Strom führen müssen, um Sekundärschwingungen im allgemeinsten Sinne des Wortes zu ermöglichen. Bei den Dreikammersystemen erfordert dies naturgemäß eine äußere Belastung, während bei den Vierkammersystemen die Kopplung zwischen den Laufkammern bereits den Stromfluß hervorruft.

Zum Abschluß seien noch einige Bemerkungen vorgebracht, welche die Genauigkeit bzw. die Leistungsfähigkeit der hier behandelten Theorie über die Ein-, Zwei-, Drei- und Vierkammersysteme betrifft. An einigen Stellen, insbesondere in vorliegender Arbeit, haben wir ausgiebig von Näherungen Gebrauch gemacht. Soweit es angängig war, wurde diese Tatsache auch durch eine entsprechende Symbolik zum Ausdruck gebracht. Dies könnte nun fälschlicher Weise den Eindruck erwecken, daß die vorgelegte Theorie nur eine „Näherungstheorie" ist. Dies ist aber keineswegs der Fall. Man hat nämlich zweierlei Arten von Näherungen zu unterscheiden. Es gibt Näherungen, die prinzipiell notwendig sind, um an gewissen Stellen die Weiterführung der Rechnung überhaupt zu ermöglichen. Abgesehen hiervon können Näherungen aber auch zweckmäßig sein. Sie dienen dann lediglich dem Ziele, das Wesentliche hervorzuheben, das Unwesentliche aber von vorneherein auszuschließen. Diese Näherungen schränken die Erkenntnis nicht ein, sondern erweitern sie eher, indem nämlich dadurch das gewonnene Ergebnis viel klarer zu Tage tritt. In der vorliegenden Theorie bedeutet die Annahme der ebenen Elektronenströmung in gewissem Sinne eine Näherung von prinzipieller Notwendigkeit. Aus diesem Grunde übersteigt auch die Beantwortung der Frage nach der Größe des Grenzwertes

$$\lim_{u_3 \to 0} \frac{1}{u_3}$$

die Grenzen der Leistungsfähigkeit unserer Theorie. Eine weitere Annahme von prinzipieller Notwendigkeit ist die Beschränkung auf raumladungsschwache Systeme, wenn wir das zur Reflexionsröhre führende Spiegelungsverfahren anwenden wollen. Alle anderen vereinfachenden Voraussetzungen dagegen dienen dem Ziele, auch bei kompliziertesten Zusammenhängen den Überblick zu bewahren. Das Weglassen einer Reihe von Gliedern in der Fundamentalwirkung entspricht beispielsweise diesem Streben.

13. Zusammenfassung.

Die Fundamentalwirkung des Zweikreis-Vierkammersystems setzt sich aus zwei Hauptteilen zusammen. Der erste Hauptteil entspricht einem Dreikammersystem, dessen Laufkammer einen Laufwinkel $w_3 + w_4$ umfaßt. In dem zweiten Hauptteil, welcher dem Beschleunigungssprung γ_{34} proportional ist, kommt der wesentliche Unterschied zum Ausdruck, der zwischen den Vier- und Dreikammersystemen besteht. Dieser Unterschied verschwindet, abgesehen von dem trivialen Fall $\gamma_{34} = 0$, wenn das System halbcharakteristisch ist, d. h., wenn einer der beiden Laufwinkel w_1 und w_2 ein charakteristischer ist, oder wenn einer davon einen vielfachen Wert von 2π annimmt. Außerdem sind bestimmte Größen für einen der beiden Beschleunigungssprünge γ_{13} und γ_{42} vorgeschrieben.

Ist $\gamma_{34} < 0$, dann ergibt der zweite Hauptteil der Fundamentalwirkung (Zusatzglied) eine gleichsinnige Wirkung zum ersten Hauptteil.

Die vier Grundtypen der Influenz (G, C, H, D) werden im einzelnen erörtert.

In charakteristischen Systemen mit positiven Beschleunigungssprüngen von der Größe

$$\gamma_{13} = \frac{2}{\zeta_1} + \frac{1}{w_3}$$

$$\gamma_{42} = \frac{2}{\zeta_2} + \frac{1}{w_4}$$

erfolgt eine vollkommene Kompensation der Influenzwirkungen.

Die Fundamentalwirkung $\mathfrak{r}$ ändert sich nicht, wenn man w_1 mit w_2, w_3 mit w_4 und u_1 mit u_4 vertauscht, vorausgesetzt, daß die Elektronen am Ende der Arbeitsstrecke dieselbe Geschwindigkeit besitzen, mit der sie in den Steuerraum eintreten ($u_2 = 1$). Zwei reziproke Systeme, die sich nur in der Reihenfolge der nacheinander durchlaufenen Kammern voneinander unterscheiden, ergeben unter sonst gleichen Verhältnissen dieselbe Influenzwirkung. Ihre Widerstandsmatrizen gehen durch eine Spiegelung an der Nebendiagonale ineinander über (Reziprozitätssatz).

Aus einem symmetrischen System läßt sich die Reflexionsröhre gewinnen. Es wird gezeigt, daß deren starke Anfachungstendenz durch die großen Werte des Beschleunigungssprunges an der Reflexionsstelle zu erklären ist (Zusatzglied). Die Schwingbereiche der Reflexionsröhre folgen in einem Laufwinkelabstand $2 w_3 = 2\pi$ aufeinander und haben im wesentlichen G-Charakter.

Die Erweiterung auf den Fall der stromführenden Laufkammern führt auf einen linearen Achtpol, dessen Widerstandsmatrix sechs Fundamentalwirkungen und vier Fundamentalwiderstände enthält. Aus dem Zweikreissystem wird ein Vierkreissystem. Bei einem symmetrischen System reduziert sich die Anzahl der Bestimmungselemente auf insgesamt sechs, wovon vier Fundamentalwirkungen und zwei Fundamentalwiderstände sind.

Mit Hilfe dieser allgemeinen Beziehungen kann die Tatsache berücksichtigt werden, daß in einem einer Reflexionsröhre äquivalenten Vierkammersystem außer der Rückkopplung des Arbeitskreises auf den Steuerkreis auch eine Kopplung zwischen den beiden Laufkammern besteht, infolge deren die Laufstrecken Strom führen. Es zeigt sich, daß in besonderen Fällen hierdurch Schwingungen angeregt werden können, die bei einer Änderung des Laufwinkels $2\,w_3$ um ein Mehrfaches von $2\,\pi$ keine Schwinglücken zeigen. Nimmt man noch an, daß die Laufstrecke eine äußere Belastung aufweist, dann zeigt sich für den Resonanzfall $\Re_3 = -\,r_3$, daß außer den Schwingungen vom Typus G, die in einem Laufwinkelabstand von $2\,w_3 = 2\,\pi$ aufeinanderfolgen auch noch Schwingungen vom Typus H^2 (Sekundärschwingungen) angefacht werden können. Sie weisen ebenfalls einen Abstand von $2\,w_3 = 2\,\pi$ auf und liegen in den Schwinglücken der G-Schwingungen, so daß die insgesamt auftretenden Schwinggebiete nur um $2\,w_3 = \pi$ auseinanderliegen. Diese Ergebnisse werden zur Erklärung der experimentell festgestellten Sekundärschwingungen herangezogen. Wesentlich hierbei ist, daß die Größe

$$\sigma = \frac{w_0{}^2}{8\left[\dfrac{1}{u_3}\right]}$$

nicht viel größer als 1 ist. Eine ähnliche Forderung hinsichtlich σ besteht auch bei dem schon erwähnten Fall der lückenlosen Schwingbereiche.

Ähnliche Verhältnisse findet man auch bei den dem *Heil*schen Generator äquivalenten Dreikammersystemen. Auch sie zeigen in der Nähe der Resonanzbelastung der Laufstrecke Sekundärschwingungen, so daß die Schwinggebiete sich in einem Laufwinkelabstand $w_3 = \pi$ aneinanderreihen. Hierdurch erfahren die an *Heil*schen Generatoren gemachten Beobachtungen über die Aufeinanderfolge der Schwinggebiete ebenfalls ihre Aufklärung. Während aber bei dem Dreikammersystem ausschließlich die Größe der Laufkammerbelastung $\Re_3$ für das Zustandekommen von Sekundärschwingungen maßgebend ist, tritt bei den Vierkammersystemen noch als wesentliches Bestimmungselement die Größe σ hinzu. Sie läßt sich in gewissen Grenzen durch die Anwendung elektronenoptischer Strahlkonzentration beeinflußen.

Literaturverzeichnis.

13. König, H. W.: Lineare Laufzeiterscheinungen in Zweikreis-Dreikammersystemen, (s. S. 129 dieses Buches).